原発避難者「心の軌跡」

実態調査10年の〈全〉記録

今井 照・朝日新聞福島総局 編著

公人の友社

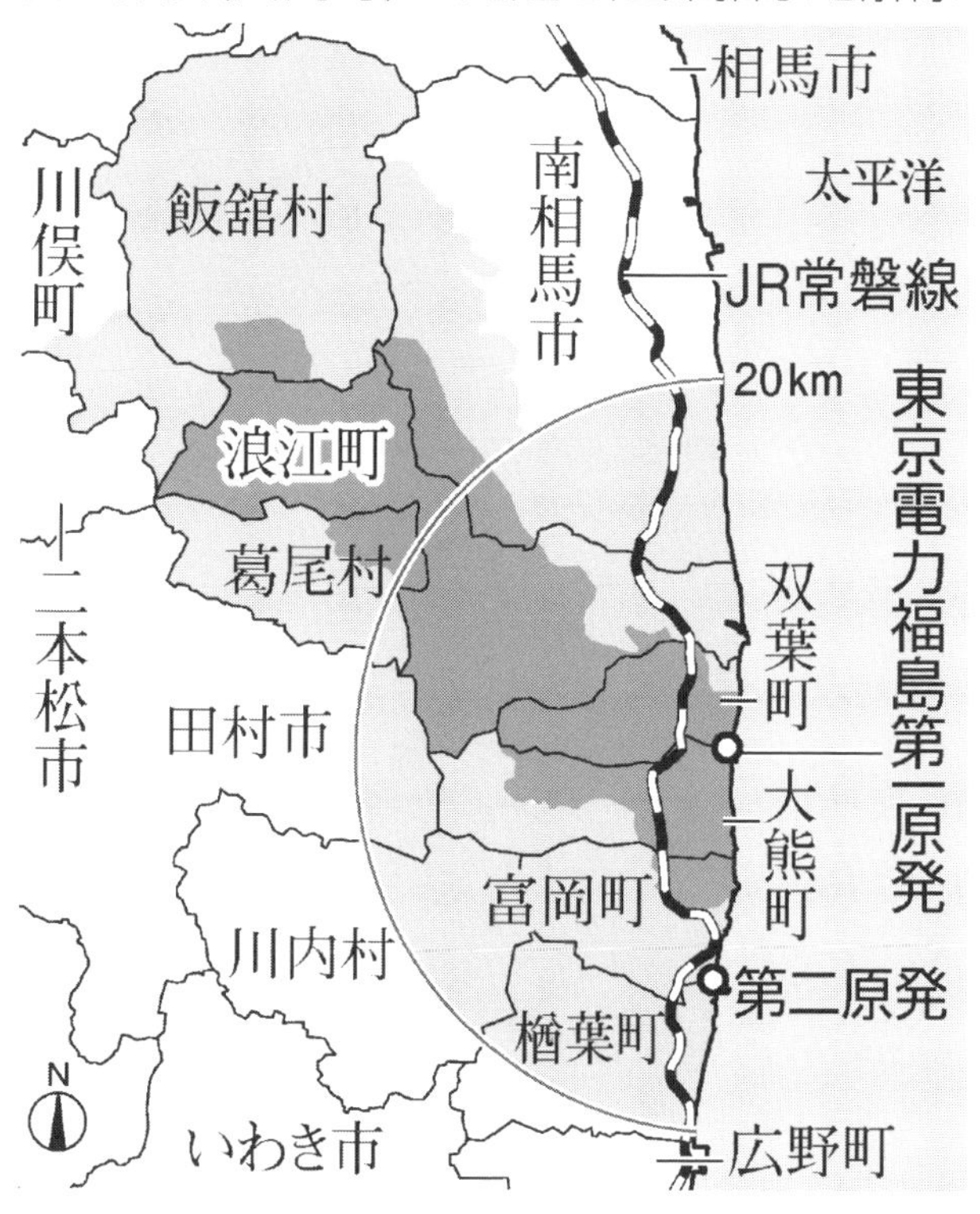
原発事故の避難指示区域
帰還困難区域
避難指示が解除された区域
JR双葉駅（双葉町）、大野駅（大熊町）、
夜ノ森駅（富岡町）の周辺も避難指示を解除
相馬市
太平洋
南相馬市
飯舘村
川俣町
JR常磐線
20km
東京電力福島第一原発
浪江町
葛尾村
二本松市
双葉町
田村市
大熊町
富岡町
川内村
第二原発
楢葉町
N
いわき市
広野町

■福島第一原発事故の避難をめぐる主な経緯

【２０１１年】
３月　１１日に東日本大震災発生。東京電力福島第一原子力発電所に大津波襲来、全電源が喪失し、政府は「原子力緊急事態宣言」を発令。12 ～ 15 日に１、３、４号機の建屋で水素爆発。政府は第一原発から半径 20 キロ圏内に避難指示
４月　第一原発から 20 キロ圏内を住民の立ち入りを禁じる「警戒区域」、その外側で放射性物質の累積量が高い地域を「計画的避難区域」に指定
【２０１２年】
４月　「警戒区域」と「計画的避難区域」について、５年以上戻れない「帰還困難区域」、帰還まで数年程度かかる「居住制限区域」、早期の帰還を目指す「避難指示解除準備区域」に再編
５月　福島県全体の避難者は約 16 万４千人（県内約 10 万２千人、県外約６万２千人）。県の統計上、最多の人数
【２０１４年】
４月　田村市都路地区の避難指示解除。国の避難指示が出た 11 市町村で初
１０月　川内村の避難指示を大部分で解除（16 年６月にすべて解除）
【２０１５年】
９月　楢葉町の避難指示解除
【２０１６年】
６月　葛尾村（帰還困難区域除く）の避難指示解除
７月　南相馬市の避難指示をほぼ全域で解除
【２０１７年】
２月　福島県全体の避難者が８万人を切る。統計上最多の 12 年５月から半減
３月　避難指示によらず自主的な判断で避難した自主避難者への住宅無償支援打ち切り
　浪江町（帰還困難区域除く）、飯舘村（同）、川俣町山木屋地区の避難指示解除
４月　富岡町（帰還困難区域除く）の避難指示解除
５月　福島復興再生特別措置法を改正。帰還困難区域の一部に居住可能な「特定復興再生拠点区域」（復興拠点）を整備し、避難指示を解除する方法を定める。22 年～ 23 年春の避難指示解除を目指し、６町村で除染やインフラ整備の計画が進行
【２０１９年】
４月　大熊町の一部で避難指示解除。第一原発が立地する２町で初
【２０２０年】
３月　双葉町の一部で避難指示解除。住民の帰還開始は 22 年春を予定
５月　復興拠点から外れた帰還困難区域を抱える町村でつくる協議会が、政府に対し、拠点外の避難指示解除に向けた対応方針の明示求める。政府は方針示さず

〈目次〉

（詳細目次）

第2章　20人の「心の軌跡」を読み解く

プロローグ

深津　弘（朝日新聞福島総局）

福島県が制作したＰＲ動画で頭から離れない作品が一つある。１００回以上は見ただろうか。「そろそろお昼にしよう。そうだ、クリームボックス一つ」。少女が手首に付けたブレスレット型の携帯電話に話かけると、ほんの数秒で空からドローン（小型無人機）が飛んで来て、福島県郡山市が発祥の人気の菓子パン「クリームボックス」を届けてくれる。周りは近未来的な白い建築物が空へと伸び、ドローンが飛び交い、最先端の技術があふれている――。

タイトルは「ＭＩＲＡＩ　２０６１」。２０１１年の東日本大震災と東京電力福島第一原子力発電所の事故から復興を遂げた、50年後の福島県をイメージしたミュージカル仕立ての7分余りの動画だ。２０１８年から県の特設サイトで公開されてきた。俳優の豊かな表情とダンス、テンポの良い構成と音楽に引き込まれるが、「復興した福島の姿」を意識して見てしまうと、妙な「違和感」も重なり合って心の中へと染み込んでくるのだ。「原発事故」や「避難」という言葉は作品には出てこない。おばあちゃんが孫の少女に半世紀前のことを語りかける場面での、こんなフレーズが印象的だ。「あの年、ふるさとが大けがをしたの。時間をかけて長い作業を重ねて、発電所もやっと眠りについたわ」——。

２０１１年3月11日の東日本大震災で、福島第一原発は11・5〜15・5メートルの津波に襲われた。全電源が喪失し、翌12日から15日の間に3度、爆発した。放射性物質をまき散らし、大地や水、人々の暮らしは深い傷を負った。

原発事故の翌月、県内にとどまらず、県外にも避難する人が増え続ける中、朝日新聞東京本社の記者が、旧知の今井照・福島大学行政政策学類教授（当時）に声を掛けた。避難者がどういう環境に置かれ、何を考えていて、いま何が必要なのか、至急調べたいので協力してほしい——。こうして始まったのが、のちに10年続くことになる原発避難者の実態調査だ。

混乱の中、調査の対象者をどう選ぶか。急いで始めるには、目に見えやすい場所である避難所にいる人たちに声を掛けるしかなかった。避難者は全国に散らばっていた。朝日新聞の地方総局に声を掛け、全国各地の避難所も対象に加えることで県外に避難している人も網羅した。

２０２１年1月に集計を終えた10次調査までの全10回のうち、最初の4回は、記者が避難者に直接会って質問に答えてもらう「聞き取り」、残りの6回はアンケート用紙を郵送する方法で続けた。経年変化を把握するため、同一の人に対して継続的に調査をするという使命を課した。避難者をめぐる環境や状況は刻々と変化し、時間の経過とともに「住まい」は次の場所へと移っていく。最初の回答数は約４００人。10年の間に１００人台まで減ってしまったが、何とか継続することができた。「避難者を見失わないように」と、同僚たちが熱心にコンタクトを取り続けた結果だ。

◇

実は、私が福島総局に着任したのは２０１８年４月で、原発事故の発生から、すでに7年が経っていた。その頃はちょうど、全域に避難指示が出ていた町村のいくつかで住民の帰還が始まり、政府や福島県はもとより、新聞やテレビなどのメディアでも、「復興」という二文字が多用されるようになった時期だった。以前から震災報道に関わる同僚に聞くと、希望にあふれる「復興をめぐる物語」の報道が多くなったのも、この頃からだという。

原発事故の避難指示は、空間の放射線量が年間20ミリシーベルトを超えた地域などに出された。それを解除するための条件として、政府は、①線量が年間20ミリシーベルト以下に低下、②インフラ整備と除染が十分進む、③地元と十分協議する――の三つを掲げた。

ふるさとを追われ、避難指示の解除により、やっと戻ることができた人。避難先での暮らしが定着したため、もう戻らない人。今後どうするのか、決めかねたままの人。解除の見通しが依然立たず、決断できる状況さえ整わない人――。避難者を取り巻く環境や状況が大きく動き出し、一人ひとりが下す「選択」や「悩み」がクローズアップされるようになったのが、私が福島に着任した頃だったといえる。

そのころ担当した飯舘村で感じたことの一端を紹介したい。いち早く村に戻って肉牛の飼育を再開した60代の男性は、取材にこう答えてくれた。「早く始めないと復興はどんどん遅れる。生活していける収入を得ることが大事で、若い人が後に続いてくれるための責任を感じる。子牛の仕入れ価格が高くなって大変だが、シルバー世代が頑張って、村の牛をつないでいきたい」。同村は住民の帰還が思うように進まない。とりわけ若い子育て世代の姿が一気に減った。故郷でのなりわいの再生には困難が伴う。そうした環境の中、先陣を切って挑んでいこうとする「心意気」を聞くと、「いい記事に仕立てなければ」という使命感が、書く前から自分の中を支配した。

私が飯舘村で見た光景は、「ぴかぴかの過疎地」でもあった。２０１８年春に7年ぶりに地元で授業を再開した村の３小学校と中学校の合同校舎には、取材のため数十回足を運んだ。ファッションデザイナーのコシノヒロコさんがデザインした制服に身を包み、全面改装された斬新な校舎で学ぶ子供たち。その表情は明るく、工夫に満ちた楽しい授業が繰り広げられていた。校内に設置された空気清浄機の前で先生が「これは外国製で数百万円もするんですよ」と紹介してくれた。一方で、1クラスわずか数人の「少人数学級」へと変貌し、大半が村外の避難先からスクールバスで通学していた。片道1時間もかかる子もいて、同乗したバスの中でずっと眠っていた。校舎の正面玄関につながる通路には、大きな線量計が設置され、リアルタイムで表示される放射線量の数値が目に飛び込んでくる。学校現場には何とも不似合いな現実が、そこにあった。

「光」と「影」。福島県の内堀雅雄知事が、被災地のことを語るときに、よく口にする言葉だ。光と影。わかりやすい言葉ではあるが、私は引っかかりを覚えた。本来、光と影、または明と暗は、別々に分かれて存在しているのではなく、いつも混ざり合って「複雑化した現実」として、そこにあるのではないかと。われわれメディアも、光と影を切り分けてわかりやすく物事を提示し、どちらか1点を必要以上に強調して報道する傾向があると思う。そうでないと焦点がぼけてしまい、伝えたいことが伝わりにくくなるからだろう。でもその手法だと、被災地や避難者（すでに帰還した人を含めて）の姿を伝える際、狭く偏った「被災地像」「避難者像」につながってしまうのではないだろうか。自分の記事も含めて、すでにそうなってはいないか、と気にするようになった。それが自分の中で、もやもやとした消化不良として高まっていった。

◇

そんなときに担当が回ってきたのが原発避難者の実態調査だった。避難者一人ひとりのこれまでの回答がファイルに整理されておらず、全回答のデータを出力してコピーし、名寄せして1人ずつファイルにとじる――という何とも非近代的な作業から始めることになったが、逆に、数千枚に上る全員の回答に目を通す機会に恵まれた。

まず気に留まったのが、初回の調査から唯一継続してきた質問「いまのお気持ちに一番近いものはどれですか」に対する回答だった。選択肢として、「頑張ろうと思う」「仕方がないと思う」「気力を失っている」「怒りが収まらない」「その他」の五つが用意されている。避難当初は5割を超えていた「頑張ろうと思う」が、最近は

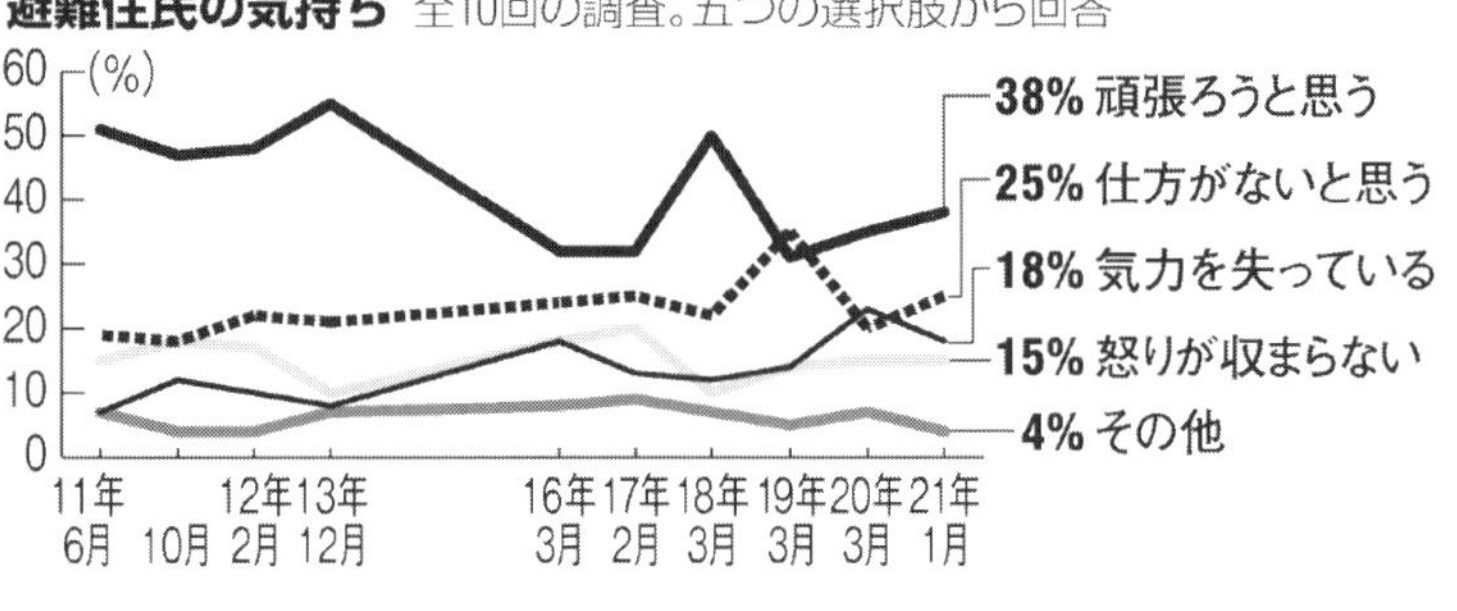

３割台にとどまっていたが、私はそれにはさほど関心を持たなかった。

むしろ意外だったのは、同一の避難者の回答の「変遷」だった。ある女性は、最近３年間の回答が「頑張ろうと思う」→「仕方がないと思う」→「怒りが収まらない」と目まぐるしく変わっていた。ずっと同じ回答の人も見受けられるが、刻々と変遷する人が結構いるのが意外だった。避難という時間の経過とともに、住まいをめぐる状況は、全体的な傾向として「再建」へと動き出しているはずなのに、その後も気持ちが揺れ動く人が相当数いる。「原発事故からの復興」という政府の号令が響く中、避難者たちの気持ちに、何が、どんな影響を与えているのだろうか。もちろん、原発事故の当初と比べ、避難者にとっての関心、課題も変わってきている。10年という「時間軸」を切り口に、その「心の軌跡」とともに、一人ひとりがたどりついた「現在地」の違いを知りたくなった。

アンケートの自由記述欄にも釘づけになった。朝日新聞から送付した用紙には回答が収まらず、何枚も付け加えて返送してくれた男性もいる。政府の姿勢を尋ねる質問の記述欄に、こんな回答を寄せた女性もいた。「東京でのパフォーマンスは飽き飽きなので、現地に足を運び、一人ひとりに寄り添い、どう人生が狂ったかを聞き取りしてほしい」。国への厳しい視線が手に取るように分かるが、朝日新聞に向けられたメッセージでもあると私は受け止めた。

こうした過程を経て、共同調査にこれまで協力してくれた人を対象にインタビューする朝日新聞福島総局の企画が始まった。調査データの蓄積を最大限生かし、その時々の「気持ち」に焦点を当てながら、「心の軌跡」を描く手法にこだわった。１人目は２０２０年3月の社会面でプロローグとして掲載。２人目からは「現在地 10年目の避難者」のタイトルを付けて、同年4月から福島県版で同僚記者の力を借りながら連載を開始し、同年12月まで計20人を紹介した。それを収録し、さらには、今井氏をはじめとする共同調査のメンバーの調査分析、調査の結果を記録として一冊にまとめたものが本書である。

インタビューの対象者を選ぶ際、「光」とか「影」とか、「明」だの「暗」だの、そういう点を意識した人選はしなかった。それらは被災者の心の中で、常に揺れ動きながら複雑に混ざり合って存在すると思ったからだ。ただ、性別や地域、年齢などは、できるだけ散らばるようにした。避難先での生活が定着した人、原発事故前に暮らしていた地域にすでに戻った人、その双方を行ったり来たりする「二地域居住」の人、いまだに居場所が決まらない人に登場してもらうなど、多様性の確保という点はできるだけ考慮した。

実際、一人ひとりの「現在地」は違った。ふるさとに帰還してすでに何年も経っているのに、時間が止まったような高齢男性がいた。予定通りに事が運ばないことにいらだちを見せるが、それを通り越して現実の厳しさを「あはは」と私の前で笑い飛ばす女性も何人かいた。若い世代の男性からは「ニュースで取り上げられる人は高齢者や自営業者が多く、過去にすがる印象が強い。『あの時はよかった』という話は嫌い。だから、震災関連のニュースをできるだけ見ないようにしてきた」と口にした。これまでの新聞紙上では取り上げられることが少ない「日常」や「とりとめのない話」も含めて紹介することにより、多様な「避難者像」を提示することができたのではないかと自負する。

一方で、取材した避難者から何度か、同じような思いを聞いた。「元のまち（の姿）にはもう戻らない。でも、元のまちに戻してほしい」と。避難者は好きで故郷を離れたわけではない。それまで当たり前だった日常が、一つの事故により突然失われたのだ。元のまちには戻らないことは理屈でわかっているけど、当たり前だった日常に少しでも近づければ――。そんなささやかな願いなのである。それは、私が冒頭に紹介した、ドローンが食べ物を運んでくれるような、便利で大きな変化を遂げた未来の姿とは違う。私が福島県のＰＲ動画を見て抱いた複雑な印象は、そのことだったのかもしれない。遠い未来ではなく、いまを必死に生きる人たちが目の前にいるのだ。飯舘村には「上がってがっせ」という方言がある。「上がってお茶を飲んでいって」という意味だ。そう言い合える関係、言い換えればコミュニティーの再生は、被災地でどれほど戻っているだろうか。避難先で住居を確保して定住を決めた人も多く、「住まいの復興」はかなり進んできたと言えるが、果たして「心の復興」はどうだろうか。

◇

国の避難指示が出されたのは福島県内の11市町村だが、そこで暮らしていた住民が避難者のすべてではない。区域外から避難する人も相次ぎ、のちに区別されるように「自主避難者」と呼ばれるようになった。今回の企画では、そうした自主避難者にも登場してほしいと考え、コンタクトを取ったが、すべて断られた。この企画が実名で顔写真付きで掲載される条件が大きく影響した。第一原発から比較的遠い内陸部の都市から県外に自主避難をし、数年前に戻った女性は、電話口でこう話した。「自分の命を守ろうと、自分の判断で（地元を）出たので恥じることはないが、避難指示が出て避難した地域の人と違って、私には、捨てて出て行ったという負い目がある。出て行った人と、残って出ていかなかった人は、考え方が全く違う。戻ってきた後、友達の誰とも会っていない。こうした状態でインタビューに応じて実名で新聞に出ることは私には無理です」

幼い子どもを連れて避難し、その後、夫が残った自宅に戻った女性は、こう述べた。「勇気を出して戻ってきたが、実はいまも怖さがある。食べ物の話ではなく、（放射線が高い）スポットとかがあるじゃないですか。でも親類とか周囲の人たちからは、自分の行動や考えについて、何を恐れているの？　まだそんなこと言っているの？という視線で見られている」と説明。「インタビュー取材に協力したい自分もいるが、この怖さ、雰囲気……。実名で新聞には登場できない。原発事故が起きても、こういう田舎ではそうなんですよ。そもそも、田舎だから原発があるんですよね」

これらの話が記事として紹介できなかったのが残念でならない。語りたくても、語れない人がいる。それも、いまの福島の現実なのだ。それは自主避難者に限ったことではない。紹介した話は、社会全体から被災者の姿が見えにくくなっていることを示す事例の一つに過ぎず、こうした「不可視化」が進む現実を憂慮せざるを得ない。

その背景には、「復興の加速化」を使命とする国や福島県の「姿勢」も関係しているのではないかと思う。福島県の避難者数は統計上、最も多いときで約16万4千人に上った。11市町村に出ていた避難指示は徐々に解除され、約3万6千人（2020年12月時点）まで減ってきている。しかし、避難指示が出た地域の住民登録は約7万1千人で、実際に戻って住んでいるのは約2割の1万数千人。いまも約6万人が原発事故前の居住地を離れている計算だ。この差は何だろう。

復興庁は2014年、「避難者」の定義について、全都道府県に「震災をきっかけに住居の移転を行い、その後、前の住居に戻る意思を有するもの」とする通知を出し、家を買うことなどで「避難終了」とみなしてよいという趣旨も記した。これを根拠に福島県は、避難先で家を買った人、復興公営住宅や災害公営住宅で暮らす人を「生活が安定した」として「避難者」として数えていない。統計から外す際、本人に対する通知はしていない。このように導き出された数字は果たして、被害の実相を示すものと言えるだろうか。先が見通せず、いまも「翻弄」され続けている人がいるという現実の一端を覆い隠すことは決してあってはならない。

◇

憂慮すべきことのもう一つは「風化」である。全国で相次ぐ災害や世界的なコロナ禍もあって、震災と原発事故が遠い過去の出来事のように思われる傾向が一層強まっていると感じる。だからこそ、避難者の生の声と、10年にわたる共同調査の結

原発事故後の福島県の避難者数の推移

福島県まとめ。毎年6月の「被害状況即報」の資料から。原発事故が起きた2011年は未把握の避難者が多く、グラフから除外

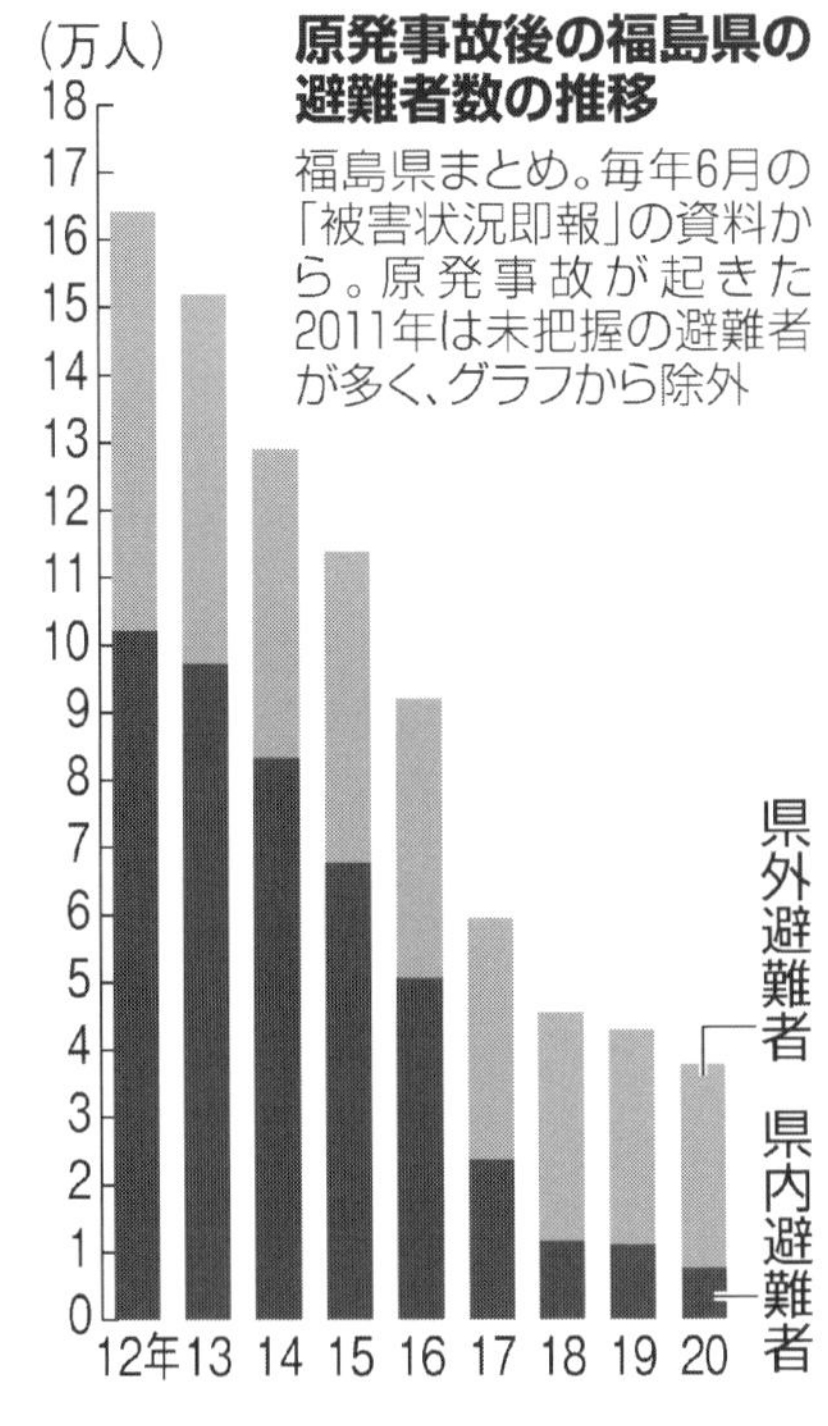

果と分析を形として残し、伝えていく使命は一層重くなったと感じる。公人の友社の武内英晴社長には、私たちのそういう強い思いを快く受け止めていただき、感謝申し上げたい。

２０１７年4月、福島大学から地方自治総合研究所（東京）の主任研究員に職場を移った後も、共同調査を継続していただいた今井照氏、今井氏とともに同研究所の「原発災害研究会」に属している尚絅学院大学の高木竜輔准教授、福島大学の西田奈保子准教授には、それぞれの専門分野の蓄積を生かして調査結果の分析を進めていただき、、一緒に共同調査を支えていただいた。インタビューと併せて調査記録を読むことにより、相乗効果が高まり、多層的に避難者が置かれた状況の理解につながるのではないかと思う。ぜひ、本書が多くのみなさんの手に届き、被災地のいま、そして、10年をかけて避難者がたどりついたそれぞれの「現在地」に思いをはせることにより、未曽有の震災と原発事故に関心を持ち続けていただく機会になることを期待したい。

２０２１年1月

朝日新聞・福島大学（自治総研）共同調査の10年

	調査期間	朝日新聞掲載日
1次	2011年6月	2011年6月24日
2次	2011年9月	2011年10月9日
3次	2012年1月下旬～2月上旬	2012年2月16日
3次東京	2012年2月	2012年3月10日
4次	2013年10月下旬～11月上旬	2013年12月4日
5次	2016年1月下旬～2月上旬	2016年3月10日・11日
6次	2017年1月下旬～2月上旬	2017年2月26日・28日
7次	2018年1月下旬～2月上旬	2018年3月22日
8次	2019年1月下旬～2月上旬	2019年3月6日・7日
9次	2020年1月上旬～2月下旬	2020年3月5日・10日
１０次	2020年12月上旬～2021年1月中旬	2021年3月6日（予定）

第1章

〈インタビュー〉20人の「心の軌跡」

川俣町の避難所を経由して、さいたまスーパーアリーナに到着した双葉町の人たち
＝2011年3月、遠藤啓生撮影

1　夫が考えたあの標語、撤去されても

大沼せりなさん（45）【双葉町→茨城県】

原発事故後、避難先で生まれた長男は今月9歳、次男は7歳になった。双葉町[1]から避難した大沼せりなさんは「もう町には戻れない」と思いつつ、いまだ町に行ったこともない息子たちにふるさとを残そうと、あの事故のことを少しずつ伝え始めている。

■2011年「頑張ろうと思う」　避難先で生まれた長男が支えに

結婚を機に夫の勇治さん（44）の故郷、双葉町に移り住んだ。それから1年ほどして原発事故が起きた。会津若松市の実家に3週間ほど、身を寄せたが、勇治さんの親戚を頼って愛知県安城市に移り住んだ。当時おなかにいた長男の勇誠君（9）の出産を控え、放射能への不安から「より遠くが良い」と思った。

家財道具を持たずに来た夫婦に、近所や地元の民生委員の人たちが家具やベビー

1　町内に福島第一原発がある。原発事故から10年を経た時点で、国の避難指示が出た11市町村の中で唯一、全町避難が続いている。震災前の人口は約7千人で、4割が県外に避難中（2020年時点）。2022年春の帰還開始を目指すが、2020年の住民意向調査では、「戻りたいと考えている」と答えたのは10・8％。

用品まで提供してくれた。優しさが身にしみた。３カ月後の6月20日午前、市内の病院で３３６０グラムの元気な男の子が産まれた。

双葉町には「数日で戻れるだろう」と思っていた。だが連日、テレビなどで流れる町の様子と原発の惨状に、帰ることができない現実を突きつけられ、涙があふれた。でも、生まれたばかりの勇誠君の笑顔に「この子がいるから頑張ろう」と思えた。

原発事故の避難先での様子を映した写真をパソコンで管理する大沼せりなさん＝茨城県古河市

■避難後の足取り

【２０１１年】
双葉町→原発事故から３週間ほど会津若松市の実家に避難→長男・勇誠君の出産に合わせ、３月末に愛知県安城市の県営住宅に入居
【２０１４年】
茨城県古河市に自宅を再建

■2016年「怒りが収まらない」 原発と生きた町「過去は消せず」

双葉町の自宅のすぐそばには、町が原発を推進して掲げた「原子力明るい未来のエネルギー」と書かれた看板があった。標語を考えたのは、小学6年生の時の勇治さんだった。

結婚を決めた時、「自分が考えたんだ」と誇らしげに紹介してくれる勇治さんの姿がまぶしく見えた。原発事故で標語に後ろめたさを感じつつも、「町が原発とともに栄えてきた大事な証しだ」と思っていた。

だが2015年3月、町が老朽化を理由に看板撤去の方針を決めた。「事故の不都合とともに、町の過去を否定してしまう」と思った。

勇治さんとともに、インターネットや町民が多く避難する埼玉県加須市などを訪ね、約6900人の撤去反対の署名を集めた。町は同年12月、看板を撤去した。伊沢史朗町長からは撤去前に「復興祈念公園[2]に展示する」と言われた。それでも撤去現場で夫婦2人、防護服を着て「撤去が復興?」「過去は消せず」と書かれた画用紙を手に持って抗議した。取り外された看板とともに、勇治さんの「存在理由も奪われた気がした」。

■2020年「怒りが収まらない」 2人の息子にあの事故を伝える

勇誠君と2013年に生まれた次男の勇勝君（7）は、双葉町に行ったことがない。放射線量の高い地域が町内に残るためだ。今では「2人にとってのふるさとは、い

2 浪江町と双葉町の海沿いに福島県が整備を進め、2020年に多目的広場など一部が完成した。「追悼と鎮魂の丘」や被災集落跡などを生かした施設を2025年度までに整備予定。国営の追悼施設も一体的に整備される。隣接する場所に2020年、震災と原発事故の教訓を伝える県の「東日本大震災・原子力災害伝承館」が開館した。

まの避難先になりつつある」と感じている。

周囲に「双葉町出身」とも言いづらくなった。２０１６年11月、福島県から横浜市に避難していた中学1年生のいじめが社会問題になった。当時、テレビのニュースなどを見て、「自分たちにも同じことが起こるかもしれない」と思った。２人を今通わせる小学校では、なるべく町のことは話さないようにしている。

一方、町とあの事故を伝えたいという思いも強い。事故後、町への一時立ち入りの際や避難先での生活は、夫婦で写真や動画に撮りためてきた。２人には時折、見せている。

昨年3月には家族で金沢市の美術館に出かけた。勇治さんの知人の写真家が、あの標語をモチーフにし、作品を出展していた。「今はわからないだろうけど目に焼き付けておいて」。勇治さんが勇誠君に優しく語りかけていた。

今月中旬、学校の宿題をしていた勇誠君がふと話しかけてきた。「母さんが避難していなかったら僕は死んでいたの？」。驚く反面、「少しずつでも興味を持ってきてくれているんだな」と嬉しくなった。

あと3年で、勇誠君は勇治さんが標語を考えた年頃になる。ふるさとと原発にどんな思いを持つのか。「二度と事故を繰り返さないためにも、記憶を引き継いでいかないといけない」と考えている。

（古庄暢）

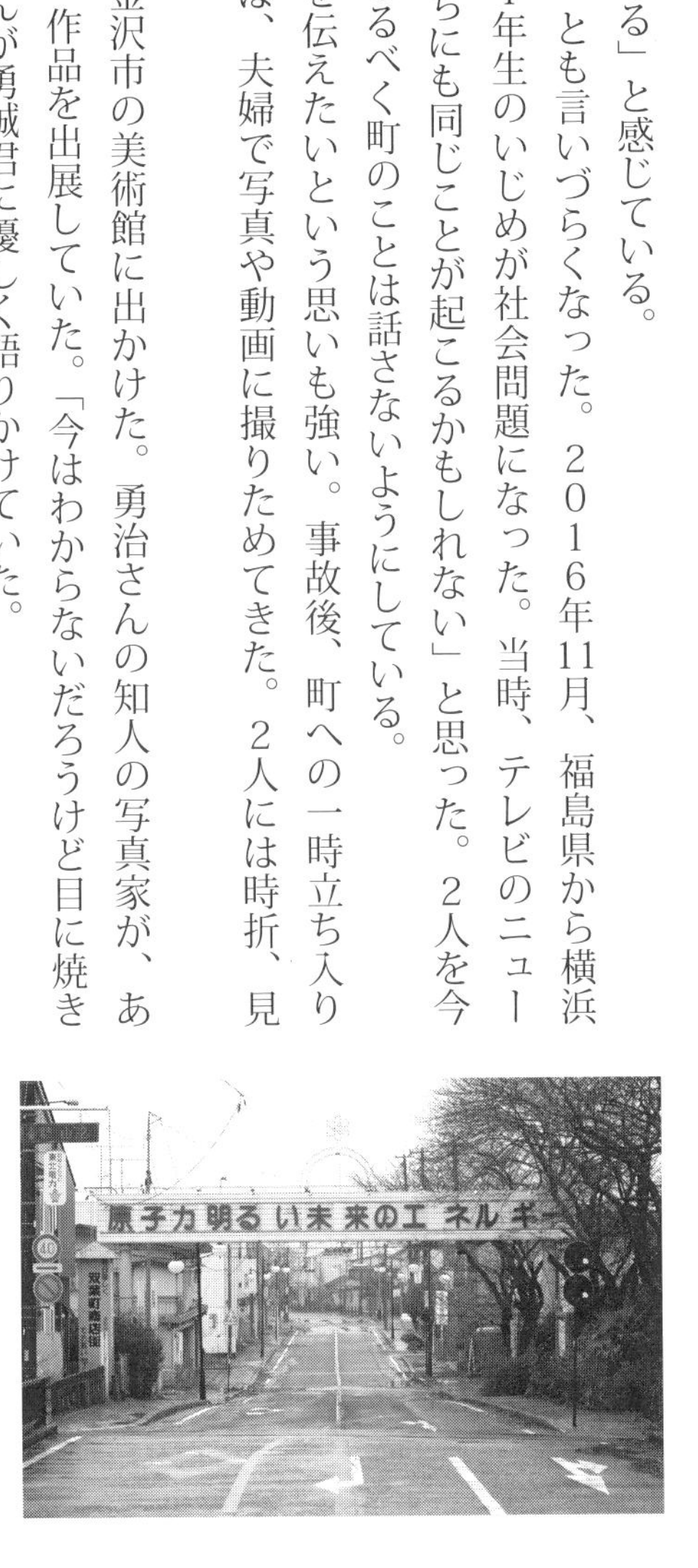

双葉町の中心部にかつて掲げられていた「原子力明るい未来のエネルギー」と書かれた看板＝2011年4月、相場郁朗撮影

2　折られた東電の鉛筆、重なる父の姿

武内正明さん（60）【双葉町→長崎県】

原発事故による避難後、双葉町の武内正明さんは長崎県の運送会社に勤務し、大型トラックで走り続ける。「遠く離れ過ぎて、原発のことはもう他人事」と言うが、小学生の時、東京電力からもらった鉛筆の記憶に、今の父親の姿を重ね合わせる。

■２０１１年「頑張ろうと思う」　放射能、死んだ者まで悩ませる

20歳の七夕の日、トラック運転手になった。会社に属さず、個人でカツオなど鮮魚を運んだ。

原発事故で避難を始めた直後、長崎県雲仙市の運送会社から誘いの連絡が来た。仕事が少なくなる冬場は毎年長崎に行き、この会社の世話でジャガイモなどを運んでいた。同居する両親や妹と長崎に避難することを決め、隣接する諫早市が用意してくれた空き家に入居した。

3　東日本大震災と原発事故の避難生活に伴うストレスや体調悪化など間接的な原因で亡くなった震災関連死は、２０２０年9月末現在、福島県では地震や津波による「直接死」の死者を上回る２３１３人が認定されている。２０１９年9月末からの1年間で新たに27人が認定されるなど、避難生活の長期化などが影を落としている。

「おやじが外に出たがらなくてね。福島の言葉は通じないと勝手に思い込んでいて、帰りたいだの、何だのと家族にあたった」。半年後、75歳の母親を急に亡くした。「九州の夏は暑いし、ストレスも大きかったと思う」。震災関連死[3]を申請して認められた。代々の墓は双葉町の地区の共同墓地にある。「墓参りに行けないし、墓地が取り壊

収穫直後のキャベツをトラックに積む武内正明さん。毎年6月末～10月頃は群馬県で仕事をする＝群馬県嬬恋村

■避難後の足取り

【2011年】

双葉町→南相馬市小高区の中学校→宮城県丸森町などを経て栃木県大田原市の親類宅→長崎県雲仙市の運送会社に勤めることになり、隣接する諫早市の区画整理事業用の住宅（空き家）に入居

されて墓を移すことになるかもしれない」。同じ宗派の寺を諫早で見つけ、遺骨を預かってもらうことにした。「放射能は死んだ者まで悩ませるんだ」

でも、「東電を恨む気はなかった」。母親は東電の食堂で働いたこともある。仕事でトラックを走らせると気が紛れた。「安定した仕事があったし、長崎の人も波長が合ってね。俺はストレスを感じなかった」

■2017年「仕方がないと思う」　自宅が中間貯蔵施設の予定地に

自宅は爆発事故が起きた福島第一原発から2キロと近く、排気筒が見える。除染廃棄物を保管する中間貯蔵施設の予定地となり、環境省の職員らが3度、長崎まで訪ねてきた。だが、地権者の父は今も土地の売却を拒否したままという。

「おやじが拒否するのは生まれた時からそこに住んでいたから。金目当てじゃないから環境省も困るでしょう」。トラック運転手の自分は、家を空けることが多く、「土地に対するこだわりがない」。中間貯蔵施設の整備自体も、「原発に関係のない自治体には押しつけられない。虎の尾を踏んでしまったのだから仕方ない」と考える。

原発事故から6年後、精神的慰謝料[4]の相談のために避難後初めて県内に戻り、自宅に立ち寄った。イノシシが暴れ回った痕が残り、畑に止めていた緑色の自分のトラックが見当たらなかった。「畑がジャングルになり、ツタが荷台に絡まって最初は気づかなかった。見ない方がよかった」

周りではすでに、家が解体されて更地になり、工事関係者が行き来していた。「土地と家はジャングルにのみ込まれ、自分は政治にのみ込まれる。狭い地域の中で、

4　原発事故による長期避難に伴う慰謝料は当初、「月額1人10万円」で開始。その後国は、避難者が受け取れる合計額の上限などを決めた。個別の被害実態ではなく、国が決めた区域で機械的に線引きしたため不公平感が生じた。慰謝料以外を含め、東京電力が支払った賠償金は２０２０年12月時点で9兆6千億円を超える。

複雑な気持ちになった」と振り返る。

■2020年「仕方がないと思う」 町が金や物にまひ、子供の頃も

仮住まいの諫早の住宅には今も、双葉町から広報誌や地元紙の新聞記事のコピーなどが届く。「帰りたいと言っていたおやじも、もう言わなくなった。俺も妹もここで仕事をしており、長崎に住む以外はない」

当時の地区役員から懇親会の案内も届くが、「中間貯蔵施設に協力して豊かな生活を」という趣旨の内容が、なぜか気に障る。「原発をつくる時にのみ込まれたのと同じだな。何かずれていないか」

「双葉や原発のことが気にならなくなり、記憶も薄れている」と言う半面、第一原発ができる半世紀ほど前の出来事で忘れないことがある。「小学生の時、全校生に高級な鉛筆が2本ずつ配られた。東電からという説明があった。珍しい鉛筆なので俺は喜んだが、上級生が『こんなもの要らない』と折るのを見て、何でだろうと思った」。今振り返ると、「貧乏な町がお金や物に、まひしていく始まりだったんだと思う」。

「町では家族や親類の誰かは東電の世話になっており、恩恵は否定しない」と語る。中間貯蔵施設も「国の政策だから」と言い聞かせつつ、こう思う。「土地を売らない一点張りのおやじが、鉛筆を折った上級生にだぶって見えてくる」

（深津弘）

津波が襲来し、電源を失った福島第一原発1〜4号機（左から）。この後、水素爆発した＝2011年3月、朝日新聞社機から、山本裕之撮影

3　もう避難者じゃないと思っても

望月秀香さん（49）【富岡町→大阪市】

「すぐ帰れるかな」。望月秀香さんはそう思いながら富岡町[5]から大阪に避難して9年半が過ぎた。原発事故当時、中1と小1の娘もここで成長した。「学校もなくなり、もう違う町になった」。富岡への愛着は薄れている。でも、つながっていたいと思う。

■2011年「怒りが収まらない」　車のナンバー、いわき→なにわ

自分の両親を含め家族は6人。地震の直後から8カ所を転々とし、3週間後、大阪市の市営住宅にたどり着いた。夫はトラック運転手。避難途中、夫の友人から電話で「大阪に来るなら運送会社を紹介するよ」と言われた。「仕事さえできれば、どこでも生活していけるよね」と思った。

長女が大阪の中学校に入る時、校長から「生徒には父親の仕事で福島から来たと紹介します。原発のことは言いません」と説明を受けた。でも長女は隠さずに話した。

5　富岡町は国や県の出先機関が集まり、双葉郡の中心地だった。隣の楢葉町とまたがる場所に福島第二原発が立地し、1982年から運転を開始した。第一原発の事故で国の避難指示が出され、約1万6千人の全町民が避難。2017年4月、帰還困難区域を除いて避難指示が解除された。

親も同じ思いだった。「だって自分が悪いことしたわけじゃないし」。東京で避難者への嫌がらせがあった話を聞いて心配だったが、周りは「大変やったな」「頑張りや」だった。補償金の話も聞かれ、「もらえるもんは1円でも多くもらっておき」。「こっち寄りの意見なんです。関西は福島から距離があるからじゃないですか」

長女のみなみさん（右）と避難後の出来事を振り返る望月秀香さん＝大阪市平野区

■避難後の足取り

【２０１１年】
　富岡町の自宅→町内の中学校→川内村の小学校など→郡山市のビッグパレットふくしま→首都圏の親類宅など→大阪市の市営住宅

【２０１４年】
　市営住宅近くに一軒家購入

3年後、市営住宅近くのモデルハウスを購入した。「子どもをまた転校させたくないし、富岡には帰れないよねという気持ちがずっとあって、家買っちゃうかと」。PTA活動に加わり、ママ友の紹介で給食センターで働いた。「富岡のことより目の前の生活のことばかり考えていた」

でも車を買い替えた時には寂しさを感じた。ナンバーは「いわき」から「なにわ」に。「ひらがな3文字は同じなので違和感はないけど、あ〜、福島のモノが一つずつ消えていく」

■2017年「怒りが収まらない」 避難指示解除、不信感いっぱい

原発事故で富岡町は全町民が避難した。自宅は桜並木で知られる夜の森地区にあったが、避難指示が続く2016年冬に解体した。

所有する父はすでに県内に戻り、いわき市の復興公営住宅に母と住んでいた。「天井も床もぼろぼろで、つぶすのは仕方なかった。私も娘を連れて最後の姿を見に来て、泣きながら『ありがとう』と言った」

翌年4月に帰還困難区域を除いて避難指示が解除された。自宅の敷地は解除の範囲に入ったが、同じ地区でも少し先は対象外だった。「数十メートルで何がどう違うのか疑問。町全体の解除じゃないので納得できなかった。賠償を早く終わらせるための解除だと思い、不信感でいっぱいだった」

「娘の同級生のお母さんとか戻った人も、海側の方に新しくできた、人が集まる方に移ってしまった」。近所に更地が増えた。自分の家も同様だ。「この土地って、ど

6 国は2011年9月、原発避難者特例法の対象に福島県内の13市町村を指定し、原発事故の避難者が避難先で行政サービスを受けやすくした。住民票を移していなくても避難先の自治体で医療・福祉や教育などが受けられる。避難先に家を購入しても、故郷への思いや助成を受けられなくなる都合などで、住民票を原発事故前に住んでいた自治体に置いたままの人が多い。

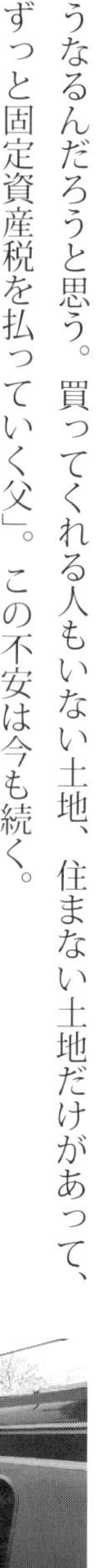

うなるんだろうと思う。買ってくれる人もいない土地、住まない土地だけがあって、ずっと固定資産税を払っていく父」。この不安は今も続く。

■２０２０年「頑張ろうと思う」　まだ引っかかり、住民票変えず

毎年、３月11日が近づくと周りからよく聞かれる。「大阪に来て何年？」。自分をもう避難者とは思っていない。「市営住宅にいた頃は1年ごとに契約を延ばして落ち着かなかった。今は家を買って居場所ができたから避難者ではない」。でも、避難者と言われても「嫌な気はしない」。「東日本大震災を覚えてくれているんだ」と思うからだ。

ここ何年かは富岡町に行っていない。自分や娘が通った学校がなくなり、途中にあった家も目印のガソリンスタンドも消えた。「全然違う町に行っているみたいで懐かしさもなくて」

その富岡町から毎月、広報誌や新聞などが詰まった茶封筒が届く。「あ〜また来た、もう要らないよと思いながら開け、桜並木の写真とかを見ると、福島や富岡と、一応つながっているんだ」と感じる。

住民票[6]は町に残したままだ。「選挙権もあるが、住んでいないと誰がいいのか選べなくて近頃は投票していない」。生活上の手続きが何かと不便なため、住民票を昨年変えようと思ったが、面倒でやらずじまい。「でも本当は、どこか引っかかりがある。すごく意識しているわけではないが、完全に切れちゃうよね」

（深津弘）

ＪＲ常磐線が９年ぶりに全線開通し、富岡町の夜ノ森駅で列車を迎える住民ら＝２０２０年３月、福留庸友撮影

4　避難・訴訟の苦悩、長くも短くもあり

柴田明範さん（54）【浪江町→二本松市】

家族9人の中山間地での暮らしが一変してから9年2カ月。浪江町の柴田明範さんは週6日、体調を気づかいながら、避難先の二本松市の建設会社でアルバイトをしている。「長かった」「短かった」。家族に囲まれながら、二つの思いが交錯する。

■2013年「怒りが収まらない」　私たちは故郷追い出された難民

二本松市内の仮設住宅に入って間もない2011年7月、救急車で病院に運ばれた。ストレスで眠れない日が続いていた。震災前は採石会社で働いていたが、仕事を失い、家のローンが重くのしかかった。その後も、めまいの病気に悩まされる。「一家の大黒柱なのに」と自分を責めた。

仮設住宅に分散して入居したが、部屋は狭く、寝返りを打つとぶつかった。自治会の副会長を頼まれた。「避難でカッカしてけんか腰の人もいれば、引きこもる人も。

ゴミの分別をしてくれず、役所から苦情を受け、見張りもした。仮設住宅は落ち着いて住める所だろうと勝手なイメージを持っていたが、甘かった」

震災時に小学６年だった次女は、中学では転校を繰り返した。同様に避難して来た子が「放射能」などの言葉をかけられ、次女も登校を嫌がるように。「学校が覆いかぶさってくるように感じる」と親に打ち明けた。「圧迫感に苦しんでいる」と受け

仮設住宅があったグラウンドを訪れた柴田明範さん＝二本松市

■避難後の足取り

【２０１１年】
浪江町津島地区→栃木県日光市の親戚宅→町が避難先として借りた二本松市・岳温泉の旅館→同市内の応急仮設住宅

【２０１４年】
二本松市に中古住宅を購入。現在は５人暮らし

止めた。

車で学校まで送ったあと、しばらく、近くの「道の駅」で待つ。学校に短時間しかいられない娘のため、そんな日が続いた。

「避難者」という言葉が嫌いだった。「私たちは浪江町民。故郷を追い出された難民なんです」

■2016年「気力を失っている」 福島が忘れられる。風化が速い

浪江の自宅の放射線量を隅々まで測ってくれた大学教授に「住むなら、建て替えるしかない」と言われた。そんな余裕はなく、そもそも、戻れる見通しがない。「帰りたい気持ちが一番。でも、しょうがない」。避難して3年半後の2014年夏、二本松市に買った築60年の家に移り住んだ。

震災前、自宅の畑でリンドウを育てて出荷し、ブルーベリーのジャム作りも地域に広げようと活動を始めた。「退職後にお金になるものをいろいろ考え、早くから目をつけた。これで、ばっちりだと思った」

2015年9月、津島地区[7]の住民が国や東京電力を提訴した。呼び掛けに奔走し、「このままでは救われない。住んでいた前の状態に戻してもらいたい。責任を取らせよう」と意気込んだ。

「放射能は降り注いでしまったので元に戻すのは不可能と、東電は裁判で淡々と読み上げた」「国は味方になってくれない。知事も怒るべきなのに何の発言もせず、寄り添わなかった」。原発事故への世間の関心が低くなり、ニュースも減ったと感じた。

7　福島第一原発から約30キロ離れた阿武隈山地の中にある。旧津島村で1956年に合併して浪江町になった。震災当時、約1400人が暮らしていた。原発事故直後、町中心部から避難してきた人たちを迎えたが、同地区にも高濃度の放射性物質が降り注ぎ、事故から10年を経ても避難指示が続いている。

8　福島第一原発事故による損害賠償の対象や金額を決めた国の指針では不十分なケースに備え、国が2011年9月、裁判より早く解決する目的で「原子力損害賠償紛争解決センター（原発ADR）」を設置。仲介委員の弁護士が和解案を作るが、東電に受け入れの法的義務はなく、特に、住民の集団申し立てに対して拒否する事例が相次いでいる。

「福島が忘れ去られる。風化のスピードが速い」と思った。

■2020年「怒りが収まらない」国も県も「寄り添う」のは口だけ

自宅のある地域は帰還困難区域のままで、解除の見通しはない。昨年、次女を連れて一時帰宅した。避難後、次女は初めて自宅を見た。自慢の庭は木が生い茂り、家もカビがひどい。車の中から5分ほど眺めて引き返した。「娘は『もういいや、入らない』と言った。戻れないことを確認して、がっかりしたみたい」

独立した長男は二本松市に中古の家を買った。畑付きだ。家族で久しぶりに耕し、収穫した野菜を分け合った。「畑にいると何もかも忘れられる。この間、避難で夢中だったから、短く感じた。でも年数回、自宅に立ち寄ると、長かったと思う。あ〜、（国と県は）何もしてくれなかったと」

国と県は「被災者に寄り添う」という言葉をよく口にする。しかし、「それはごまかし」との思いが強くなるばかりだ。新型コロナウイルスの影響で「復興五輪」は来年に延期された。「延期が決まると今度は、コロナに打ち勝った五輪にすると言い出した。裁判やADR（和解仲介手続き）[8]もそうだけど、寄り添うのは口だけ」と手厳しい。

「私たちは、故郷に戻らないのではなくて、戻れないの。だから今も難民だと思ってます」

（深津弘）

人気のない津島地区の商店街で、避難者らから話を聞く防護服姿の裁判官ら＝2018年9月、三浦英之撮影

5　大きな喪失感、「平気なふり」の日常

西牧裕美さん（41）【大熊町→埼玉県】

幼い3人の娘を連れ、福島第一原発から遠く離れた関西へ避難した大熊町[9]の西牧裕美さん。いまも埼玉県での避難生活を余儀なくされている。子育て中心の日常に「平気なふり」をしつつ、大きな喪失感を抱え、生きてきた。

■2011年「気力を失っている」　築いたものが無に、涙止まらず

浪江町から夫の古里、大熊町に嫁いだのは21歳の時だった。3人姉妹に恵まれ、原発事故の6年前、2階建ての自宅を新築して家族5人暮らしだった。

保育所や小学校が近く、近所には子育て世代が集まっていた。互いに果物やタケノコのお裾分けをしたり、家族を越えてきょうだいのように接したり。「地域ぐるみで子育てしていた。自分の子もよく面倒を見てもらっていて、他の家の子も、自分の子どものようにかわいかった」

9　双葉町とともに町内に福島第一原発が立地する。2019年4月に町面積の4割を占める大川原地区と中屋敷地区で避難指示が解除され、役場も新庁舎で業務を開始した。帰還住民に加え、東京電力の社員や廃炉作業員ら新しい住民を呼び込み、当時の渡辺利綱町長は「元の町に戻すというより全く新しい町を作っていく」と語った。

だが、原発事故で暮らしは一変した。直後の3月14日、知人宅へ向かう避難中、県境の白河市で放射能検査を受けた。長女の頭髪からは高い値が検出された。被曝（ひばく）の影響について、当時の政府は「直ちに人体に影響を及ぼすことはない」と繰り返していた。「直ちに、ってことは、将来的には影響が出て、子どもの具合が悪くなるの？」。疑問と不安、怒りがこみ上げた。

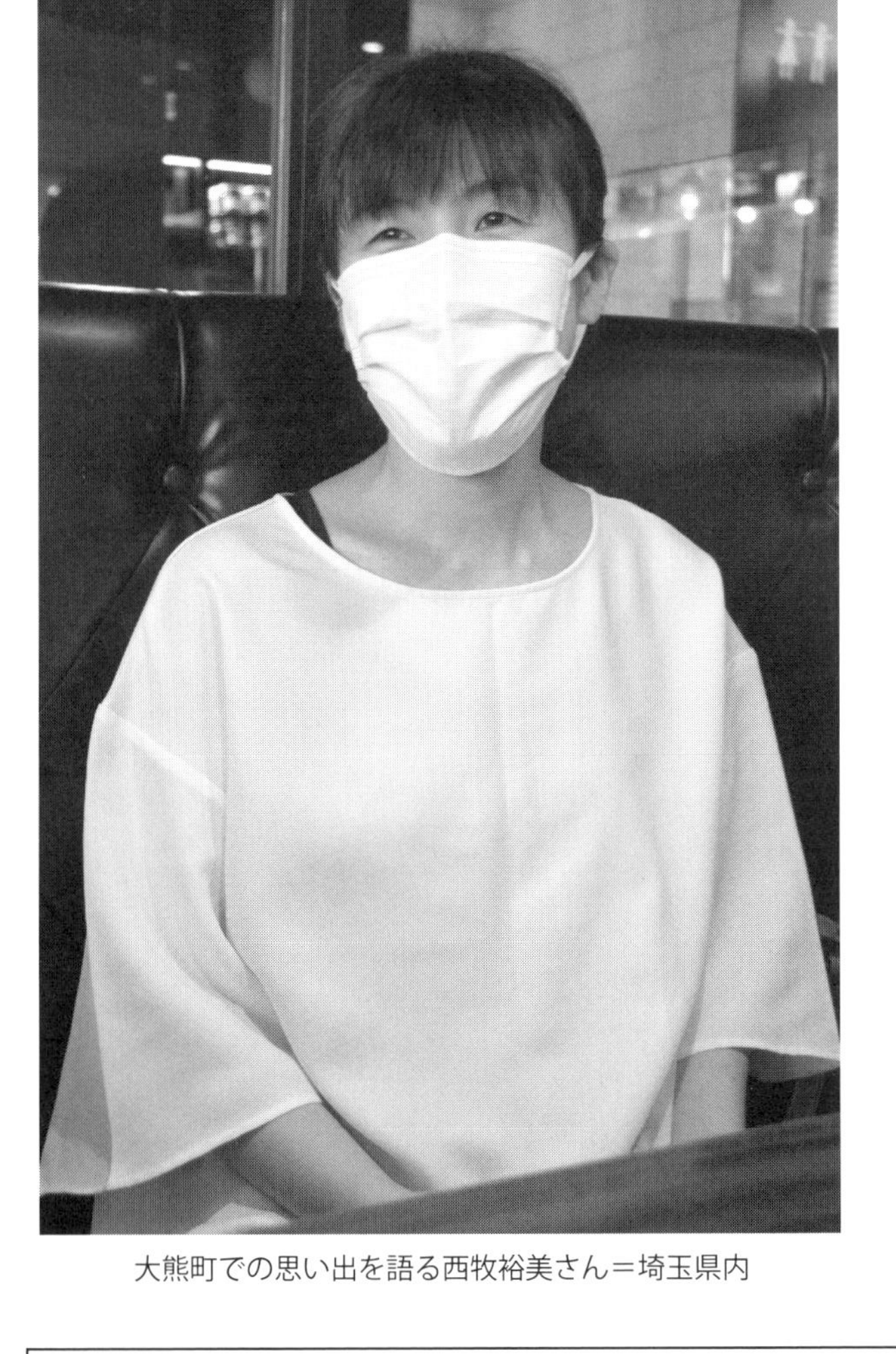

大熊町での思い出を語る西牧裕美さん＝埼玉県内

■避難後の足取り

【２０１１年】
浪江町の実家→南相馬市小高区の姉宅→小野町の親戚宅→宇都宮市の知人宅→千葉県山武市の親戚宅→神戸市のホテル→同市の借り上げ住宅
【２０１３年】
埼玉県の借り上げ住宅
【２０１８年】
埼玉県に住宅を再建し、家族５人で暮らす

「より原発から遠いところへ」。夫の弟が住む神戸市に向かった。阪神・淡路大震災を経験した人たちは親切だった。自治会長夫婦はゴミの出し方から、子どもたちの遊び場まで丁寧に教えてくれた。保健師の訪問も頻繁にあり、「気にかけてくれる方の存在が心強かった」。

だが突然、涙が止まらなくなることもあった。「喪失感が大きかった。近所付き合い、子育ての悩みを相談できた保育所でのつながり、未来への希望を込めた家。築いたものが全部無くなってしまったのだから」

■2016年「その他」(「頑張ろう」と不安が共存) 風化する原発事故、ギャップが

2013年春、知人が住む埼玉県に移った。東北道で福島とつながり、大熊町の自宅にも行ける距離になった。子どもたちは順応力が高く、学校生活や習い事で新しい友だちの輪を広げ、自身もPTAの役員を任されるなどした。

一方で「周囲とのギャップがどんどん大きくなるように感じた」。自分の中では震災も原発事故も続いているのに、社会では風化が進み、「『まだ避難者なの?』と不思議がられることも増えた」。

他の原発の再稼働に向けた動きも出てきた。テレビに出ていた現地の人が「原発関係しか仕事がない」などと話しているのを見ると、「事故前の大熊と同じだ。いつか第二の大熊になってしまうのではないか」と心配になった。

新しい土地での子育てや仕事に追われ、「子どもにはできるだけ『普通の生活』を

10 福島第一原発の廃炉工程は、終了を2011年から30〜40年後としている。使用済み核燃料の取り出し開始までを1期(2年以内)、原子炉で溶け落ちた核燃料(デブリ)の取り出し開始までを2期(10年以内)、それ以降が3期。最難関とされるデブリ取り出しの開始がずれ込むなど、工程全体の遅れが懸念されている。

させたい。平気なふりをするけど、避難生活が続いているという現実に気持ちが落ち込んだり、無力感に襲われたり、を繰り返した」。

■2020年「気力を失っている」 自宅解体を決意、でもいつかは

２０１８年、子どもの友だちも増えた埼玉県の借り上げ住宅の近くで自宅を再建した。同じ頃、３姉妹の母子手帳やへその緒、長女の誕生を祝って両親から贈られたひな人形を帰還困難区域の大熊町の自宅から持ち出し終えた。

「家を解体したほうが踏ん切りが付く」。悩んだ末、２０２０年春に自宅の解体を決意。地震で住宅の基礎や壁にひびが入ったものの、室内には洗濯物を干したままで「時間が止まっているみたい。ただいま、って帰ればそのまま生活できそう」だった。

一方で、白かった服は劣化で黄ばみ、過ぎた歳月の長さを感じずにはいられなかった。「いずれは雨漏りするほど朽ちるであろう我が家を見るのは耐えられない」とも思った。

震災当時小学3年生だった長女はこの春、大学の工学部に進学した。「ロボット開発に興味があるみたい。廃炉[10]や介護の分野でこれからの大熊にきっと必要な技術だと思う」とほほえむ。

西牧さん自身が大熊とつながり続ける方法は模索中だ。「廃炉が進み、生活環境が整えば、いつかまた大熊での暮らしを考えたい」

（力丸祥子）

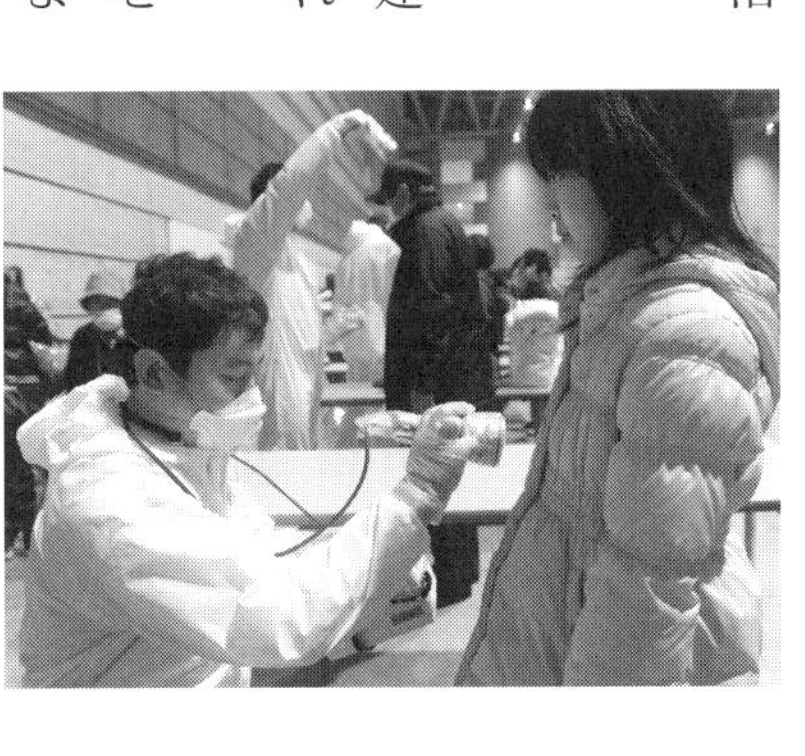

避難所に入る前に、被曝したかどうかを調べるスクリーニングを受ける人たち＝2011年3月、山本壮一郎撮影

6 避難強いられても、悔いなく生きたい

中里範一さん（63）【双葉町→郡山市】

ショッピングセンターの運営会社に勤める双葉町の中里範一（のりかつ）さんは、単身赴任を続けながら、会社の復興に奔走してきた。双葉の自宅に戻るのは「絶望的」と、喪失感を口にするが、「与えられた環境の中で悔いのない人生を送りたい」と前を見据える。

■2012年「頑張ろうと思う」 サンプラザ再開、朝礼で涙声に

震災当日は浪江町のショッピングセンター「サンプラザ」[11]にいた。運営会社の小売業「マツバヤ」の総務部長で、避難誘導をして車で15分の双葉町に帰った。自宅は福島第一原発から5キロで、建屋も見える。「翌朝、町が避難を呼びかけるまで原発が危険とは思わなかった」。すぐに母と妻、子供3人と避難した。

携帯電話がよく鳴った。生活費や雇用など従業員からの相談だった。200人の

11 福島第一、第二原発があった双葉郡内で最大の商業施設だった。1979年に浪江町の中心部に開店。衣類や化粧品、家電などを取りそろえ、週末には1万人前後の客でにぎわった。震災1年後の2012年3月に田村市に「サンプラザふねひきパーク店」をオープン。その後も南相馬市などに店舗を開いた。

従業員は全国に散らばって避難していた。「あの時はスマホもなく情報を検索できなかった。より良い指示や提案ができない、じれったさが常にあった」

避難生活4カ月目、家族を埼玉県の避難先に残し、会社が仮事務所を置いた郡山市に住まいを借りた。ネット通販や仮設住宅を回る移動販売などで事業を再開し、震災から1年後には田村市のスーパー2階を借りて対面販売が再開した。

双葉町への思いを語る中里範一さん＝郡山市

■避難後の足取り

【２０１１年】

　川俣町の小学校→さいたま市のさいたまスーパーアリーナ→埼玉県加須市の旧騎西高校→郡山市の賃貸住宅

【２０１５年】

　加須市に住宅購入（郡山への単身赴任は継続中）

朝礼で司会をした。会社の接客9大用語を唱える途中、涙声になった。「避難を強いられ理不尽な状況の中、ずっと自分は試されていると考えていた。運命みたいに翻弄（ほんろう）される自分に、白旗をあげて後悔したくない。そうやってモチベーションを高めていた。過剰なくらいにね」

■2016年「その他」（新たな人生始めるしか）　双葉に戻れるのか、割れた家族

双葉町に戻ることができるだろうか。家族の思いは割れていた。「おふくろは明日にでも帰りたくて、何のために苦労してきたんだと号泣した。家内は帰れるわけがないと強く思い、私はその中間だった」

避難生活が4年になるころ、埼玉県加須市に築3年ほどの家を購入した。「双葉に戻らないと決断したわけではなく、新たな生活の場が必要だった。本来の家は双葉という思いがあるから、買った時から、この家は本物ではないというか、避難所の一つなんだと思ってきた」と振り返る。

家族のもとに帰るのは月1回程度だった。「家族と交わす言葉を大事にしながら、何げない日常を回復したい」との思いが募った。２０１７年の定年を機に辞めようと思ったが、決断できず今も単身赴任を続ける。

１９８２年に入社。その3年前に浪江町にサンプラザが誕生した。ショッピングセンターは全国でも少ない時代。「東京電力による景気ですよ。原発が出来て小売業も盛んになったが、原発事故で放り出され、皮肉なもんです」。「恩義がある会社を

12　縁起物のダルマは赤い法衣に白い顔、黒い眉やひげが多いが、双葉町の名物の双葉ダルマは、太平洋をイメージした顔周りの青色と、町の花のサクラ、町の鳥であるキジの羽などの模様が特徴。つくって販売する新春恒例の「双葉ダルマ市」は江戸時代からの伝統行事で、原発事故による全町避難後は避難先のいわき市で行われている。

中途半端な形で去りたくない。5年後に振り返った時、後悔はしたくない。結局、そっちの思いが強かった」

■2020年「頑張ろうと思う」「将来も双葉町民」強まる覚悟

今年3月、双葉町の避難指示の一部が解除され、10月には産業交流センターの開所式があった。1階にはマツバヤが運営する土産物店「サンプラザふたば」が出店。町伝統の「双葉ダルマ[12]」も販売する。

開所式には複雑な思いで参加した。「双葉の業者がやればよかったが、誰も手を上げなくて。出店の件では、私は距離を置いているんです。こうすればいいとかの発想はあるけど、責任を全うしようとすると、さらに会社から足抜けができなくなるからね」

町に残る自宅は、人が住めるように除染する区域に含まれず、解除の見込みは立たないまま。「喪失感は時間の経過の中でさらに深まっている。将来においては絶望的」と思う。「もし自分が、30年後にここで生活したいと言っても、周りの人との関係が築けない所に置かれたら、人間、生きていけないと思うよね」

その一方で、「将来も自分は双葉町民、という意地や覚悟は強まっている」。「新しい町になっていき、自分の気持ちがどこまで入っていくかはわからないけど、励ます側に立ちたい。大げさではない程度に何かやっていきたいですね」

（深津弘）

浪江町にあった「サンプラザ」。原発事故後、全町避難となり、営業できなくなった＝2013年10月、神田誠二撮影

7 避難先で100歳、あの桜をもう一度

古内タケヨさん（100）【富岡町→神奈川県】

富岡町から神奈川県の長女宅に避難した古内タケヨさんは今年、100歳を迎えた。自宅がある地区の避難指示は2023年春ごろまでに解除される見込みだが、戻って暮らすつもりはない。ただ、春になると家の前で咲き誇る桜並木を、もう一度見たいと願う。

■2011年「頑張ろうと思う」 宿命だと思い、前向きに生きる

震災の3年前に夫を亡くし、福島第一原発から約10キロの距離にある富岡町の一軒家に1人で暮らしていた。激しい揺れで築40年近い家は屋根瓦の一部が落ち、ブロック塀が崩れた。

「あんな地震は初めて。怖かったな。原発事故にもびっくりした」。町内には福島第二原発[13]があり、ずっと原発は安全だと信じてきた。「まさか、こんなことが起

13 爆発事故が起きた福島第一原発から南に約10キロの富岡、楢葉両町にまたがって位置する。1982〜87年に4基が運転開始。東日本大震災の津波で3基が原子炉の冷却機能を失ったが、過酷事故は免れた。東京電力は2019年に全4基の廃炉を正式決定、第一原発と合わせ、福島県内にあった原発10基すべての廃炉が決まった。

きるとは思っていないわよ」と振り返る。

親類宅を転々とし、半年後に神奈川県鎌倉市の長女宅へ移った。家族4人に囲まれて暮らすようになり、中断していた日記を付け始めた。避難前は足の痛みで通院していたが、症状は改善していった。「椅子に座る生活になったからかな。人間は足から弱るというから気をつけないとね」

避難した友人と、電話で連絡を取り合うこともあった。「（友人は）耳が遠くなった

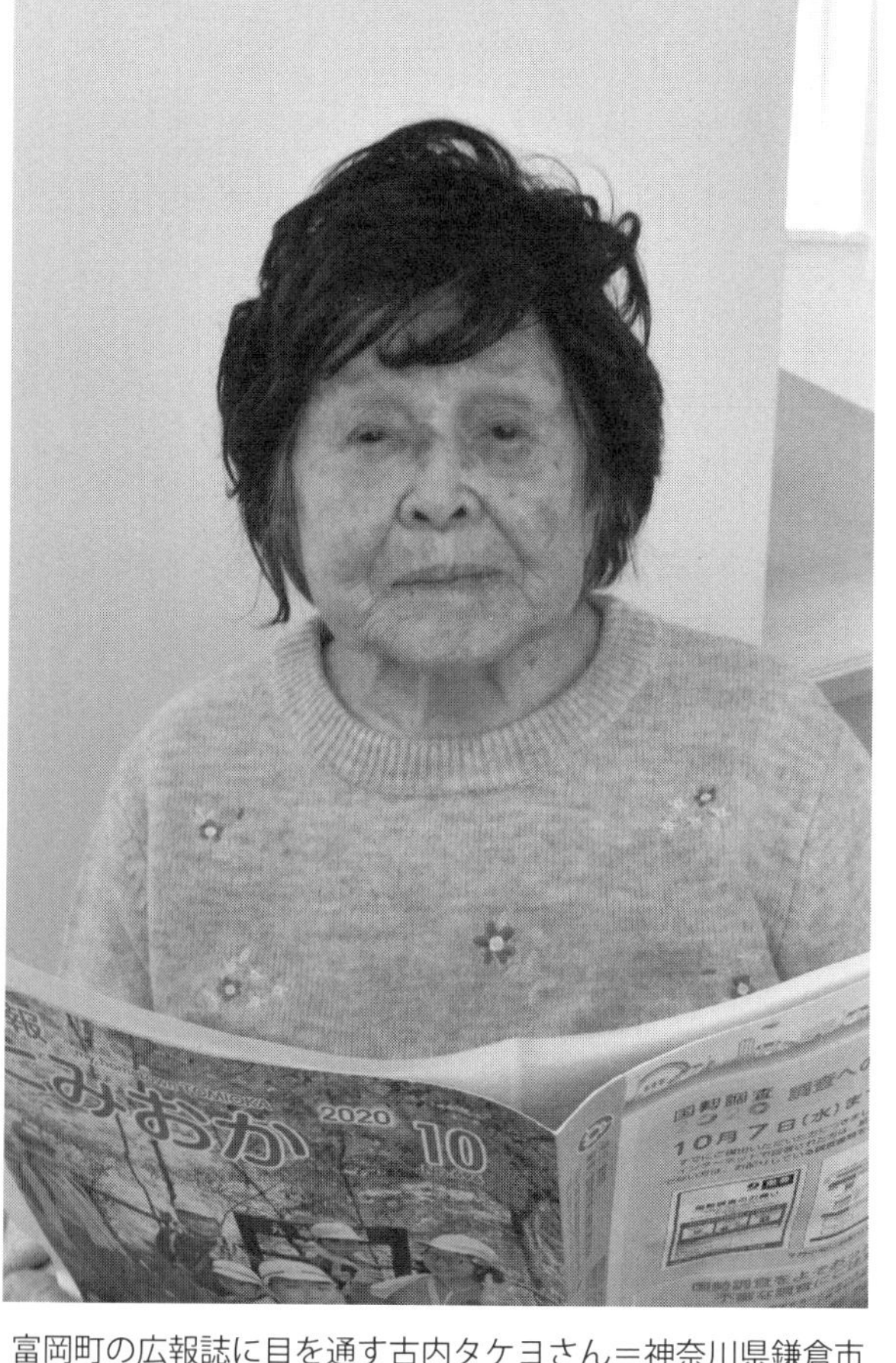

富岡町の広報誌に目を通す古内タケヨさん＝神奈川県鎌倉市

■避難後の足取り

【２０１１年】

富岡町の自宅→川内村、福島市、会津若松市の親類宅→新潟県、大阪府を経由して福岡市の長男宅→神奈川県鎌倉市の長女宅

り足が弱ったりし、家族から『うちのおばあちゃん、認知症になっちゃった』といった話を聞いた。残念なこと。原発事故がなければ、わが家でのんびりできたのに」

「原発は憎いが、宿命だと思い、できるだけ前向きに生きるしかない。自分が生きている間に収束して、家に戻れるようにしてほしい」と思った。

■2018年「怒りが収まらない」 荒らされた自宅、国の話と違う

生まれは川内村。同郷の夫が神奈川県警に就職し、同県での生活が長かった。夫の定年後、「終のすみかに」と決めたのが富岡町の夜の森地区だった。

「場所がいいからね」。有名な桜並木[14]がある通りから少し入った静かな場所に土地を買って家を建てた。春には風に乗って花びらが庭に舞い込んできた。

避難後、テレビに夜の森の桜並木の景色が映ると、ひょっとして自宅が見られるかもと、映像を追った。

夫の墓がある川内村には避難後も何度か、家族と一緒に訪れたが、富岡町の自宅には立ち寄っていない。長女が防護服を着て立ち入った際に気分が悪くなったこともあり、「家に連れていくのはやめた方がいい」と家族で話し合ったという。

避難から7年後の2018年3月、人が住めるように除染する区域に含まれた。除染業者から電話があり、「家が家畜に荒らされている」と知らされた。避難当初は泥棒に入られたことも。

「わが家は住宅地。国は常に見張りをしていると言っていた。悔しい」と口にする。でも、「しょうがないわな」とも。「心配しても無駄だから。年が年だから、もう住

14　富岡町の夜の森地区の2・4キロに及ぶ桜並木は、東北でも指折りの春の名所で、毎春10万人超の観光客を集めた。道の両側からソメイヨシノが枝を伸ばし、花が空を覆う景色は「桜のトンネル」と呼ばれる。原発事故で地区の大半は帰還困難区域となったが、2018年から春の恒例行事「桜まつり」が復活した。

まないから。すべてあきらめている」

■2020年「仕方がないと思う」　年だから、帰っても迷惑かける

100歳の今も毎日、新聞を隅々まで読み、家の中で階段の上り下りをする。「寝たきりにならないように、それだけが心配。だから頭の体操と運動をしている」。夫の死後、一人暮らしを続けたのも、「誰の世話にもならず生涯を終えたかったから」という。

毎月、富岡町から届く広報誌にも目を通すが、載っている人は「知らない人が多くなった」。「この年まで生きるとは思わなかったな。戦争の時は、空襲で爆弾が来るからと、座布団を持って避難した。衣類を売って食べ物を買う食糧難も経験した。あの時代は大変だったが、原発事故も大変だ。精神的にね」

自宅の除染は終わった。避難指示解除が少しずつ近づくが、家と土地について「売ってしまいたい。帰っても、途中で迷惑がかかると大変だから」

避難後、一度も訪れていない自宅、そして一度も見ていない桜並木。「桜？　それは見たいわよ。家も行ってみたいわよ。どうなっているかね。でも無理でしょう。年だから」

「もう10年？　長いような短いような。無我夢中で生きてきたからね」。住民票は富岡に残したままだ。「帰れなくても気持ちだけは町民でいたいからね」

（深津弘）

立ち入り規制のゲートの向こうで見頃を迎えた富岡町夜の森地区の桜＝2020年4月、小玉重隆撮影

8 震災耐えた家、行くたびに「戻れぬ」

西村正英さん（78）【大熊町→いわき市】

大熊町の西村正英さんは、避難当初も今もアンケートで『頑張ろうと思う』と答えた。だが9年間、一時帰宅のたびに目の当たりにするふるさとの現実に「戻りたい」「戻れない」の間で揺れ続けた。

■2013年「頑張ろうと思う」　原発避難、町の復興計画に希望

実家は6代続く農家。幼い頃から、大熊の土に触れ、生きてきた。町役場に勤めながら、田植えや稲刈りの時期は近所の人たちと助け合った。「気心が知れた人たちに囲まれ、本当に住みやすかった」

退職後、役場近くに買った土地に2階建ての家を建てた。一つ屋根の下、妻と娘夫婦、孫娘の5人暮らしだったが、7年後に原発事故が起きた。

避難を重ねてたどり着いた会津若松市は、車を出すためにスコップで雪かきをし

なくてはならず、寒さも大変だった。

最も気がかりだったのは大熊中1年生だった孫娘の志保さんの生活。学校は2011年4月、同市で再開した。仕事の都合でいわき市に避難した娘夫婦に代わり、西村さんと妻が育てることになった。

志保さんは熱心に取り組んでいた剣道を通じて会津で友人を増やし、会津の高校

解体した大熊町の自宅の写真を手に取る西村正英さん＝いわき市

■避難後の足取り

【２０１１年】
　田村市の船引公民館→市総合体育館→喜多方市の親戚宅→会津若松市の東山グランドホテル→借り上げ住宅（同市）

【２０１６年】
　いわき市泉もえぎ台の住宅団地に自宅を再建、現在も妻らと暮らす

に進んだ。「会津の人には本当に良くしてもらった。知らない土地で、子ども同士がうまくやってくれたことに安心したし、剣道はなんとか続けてほしいと車で送り迎えをした」

町の広報誌などで知る復興計画にも希望を託した。「きっとまた大熊に住める」。心労も重なり、身体の衰えを感じることも増えたが「負けないぞ。ここで死ぬわけにいかない」。自らを奮い立たせていた。

■2018年「仕方がないと思う」 近所の家は消え、草が生い茂り

震度6強の揺れにびくともしなかった家には、2カ月に1度は様子を見に帰った。泥棒や動物に荒らされることなく、きれいなままで安堵した。

だが、ふるさとの景色は変わり続けた。隣近所の家々は解体が進み、空き地の草は茂って、放射性廃棄物を詰めた袋[15]が山積み。「戻りたいという気持ちはあっても、行くたびに『これは無理だな』っていう思いがだんだんと強くなった」

志保さんは会津の高校を卒業し、東京の大学へ進学。その後の2016年11月、いわき市泉もえぎ台の住宅団地に自宅を再建した。

かつての自分がそうだったように、役場の職員が懸命に仕事をしているのはわかっていた。ただ、大熊の家の周りは変わらず、寂しいままだった。

それでも将来的な帰還は諦めていなかった。「いずれは帰るって思いと、本当に大熊に住めるのかっていう思いがグルグル……。両方浮かんでは消えていた」

15 福島第一原発の事故で福島県内では、除染作業で集めた土や草など約1400万立方メートルの廃棄物を、フレコンバッグと呼ばれる黒い保管袋（1袋は約1立方メートル）に詰め、田畑などの仮置き場などで保管した。除染廃棄物を運び込む中間貯蔵施設（双葉町、大熊町）の本格稼働後、仮置き場やフレコンバッグが減少した。

16 原発事故から9年後の2020年3月、福島県内の一部区間で不通となっていた常磐線は富岡―浪江間の20・8キロが再開し、日暮里駅（東京都）と岩沼駅（宮城県）を結ぶ全長約344キロの鉄路が再びつながった。第一原発から10キロ圏内を通る再開区間のうち13・6キロは放射線量が高く、JR東日本は砂利の入れ替えなどの除染を進めた。

■2020年「頑張ろうと思う」　大熊に家も墓もなくなっても

２０１９年春以降、町の一部で避難指示が解除され、ＪＲ常磐線[16]も全線再開した。「復興」が進んだように見えても、前を向く材料にはならなかった。

この年の６月、福島第一原発に近い夫沢地区にあった墓を、いまの住まいから徒歩5分ほどの場所に移した。「先々のことを考えても、近くのほうがいい」と考えた。

そして２０２０年４月、町内の帰還困難区域にある自宅を解体。役場をはじめ、新しい町が大川原地区を中心に整備されたことも決断を後押しした。「住宅街だったかつての中心部を整備すれば、もっと人が戻ったのではないか」との疑問は残ったままだ。

現在の住宅団地には大熊町から移った10世帯ほどが住む。中には日課の散歩を一緒にする仲間もいるが、大熊の話はしない。「みんな、もう帰るっていう考えが無いからかな」

大川原地区を見ても、特に高齢者が安心して生活するために不可欠な病院がない。「お墓も家もなくなった。よほど特別なことがない限り、もう大熊には住まない」。そう決意したが、大熊とのつながりは感じていたい。

「土地はあるから。手入れのため、少なくとも年に2回は行きたいね。まだ姿が見えないけど、いずれ新しい町ができたとき、自分の土地も有効に活用してもらいたい」

（力丸祥子）

避難指示が解除された地区で業務を再開した大熊町役場＝2019年5月、三浦英之撮影

9 「結」を信じ、農家レストラン再開1年

佐々木千栄子さん（74）【飯舘村→福島市】

葉タバコの乾燥室を改装した農家レストランが、令和の初日に再開してから1年を迎えた。東京電力福島第一原発から約50キロ。飯舘村[17]から福島市に避難した佐々木千栄子さんは、「第三の人生のため」と、今も村外から通い続ける。

■2013年「気力を失っている」どぶろく造り支えてくれた夫が

震災当日。道路がバリバリと割れて驚いたが、「気まぐれ茶屋ちえこ」は、被害一つなかった。自家製の酒のどぶろくと野菜やコメで作る郷土料理が自慢の店だ。だが3カ月後、村は全域避難に。それでも翌年春には避難先の福島市の借家の倉庫にタンクを移し、どぶろく造りを再開した。

10代で嫁ぎ、4世代の大家族の暮らしは「朝から晩まで田畑にいて、ただの労働力だった」。震災の7年前、村は合併計画を断念し、自立を選んだ。当時59歳。「自

17　阿武隈山系の高原に開けた山村で「日本で最も美しい村」連合に加わる。村中心部は福島第一原発から約40キロ離れているが、風向きの関係で大量の放射性物質が降り注ぎ、村全域が計画的避難区域となった。2017年3月に長泥地区を除いて避難指示が解除された。2020年12月現在、居住者は震災前の2割の約1500人。

分もやりたいことをやって自立し、村おこしに役立ちたい。これから第二の人生だ」。一念発起して始めたのが店とどぶろくだった。「だから避難中も村の特産のどぶろくをつないでおかないといけないと思った」と振り返る。

「続けろ」と背中を押してくれたのは夫の勝男さんだったが、2012年9月にが

避難先でつくった「つるし雛」を店内に飾った佐々木千栄子さん＝飯舘村

■避難後の足取り

【2011年】
　飯舘村→福島市の借り上げ住宅

【2017年】
　福島市に中古住宅購入

【2019年】
　飯舘村の自宅に併設する店を再開し、福島市から通う。自宅は17年に建て替え、長男が居住

んで亡くなった。「早く追いかけないと夫に置いて行かれると思った。自殺できそうな所を探し、ふと我に返ることが何度かあった」

県外の支援者が送ってくれた着物の布を使い、人形や飾りを友人と作ることで気が紛れた。「何かに集中するしかなかった。震災も夫の死も、自分の中では受け入れられず、消そうとしていたんだと思う」

■2018年「気力を失っている」みんな自分のことで精いっぱい

2017年春、村に出されていた避難指示が一部を除いて解除された。避難先で同居していた長男は村に戻ったが、孫の職場が近い福島市内に中古住宅を購入、孫との2人暮らしを選択した。「自分で食べる野菜とコメさえ作ることができない村に、帰っていいんだか悪いんだか。村がどうなるか先の見通しもなく、悩んでいたら心が病んできた」

村の自慢は「結(ゆい)」と信じる。「人と人とのつながりで絆のこと。近所の農作業が遅れていたら、率先して手伝いに行くのがあたり前だった」。長い避難を経て、「みんな自分のことで精いっぱい。人の世話ができなくなった。温かみのない村でどうするんですか」。

若い人を中心に村へ戻らず、3世代で暮らす家族が一気に減った。「家族がバラバラに避難し、何年も便利な所で生活をすれば、若い人は年寄りと一緒に村で暮らしたいと思わないでしょう」。村は移住者[18]を呼び込むための支援策を次々と用意した。「そうするしかないんだろうけど、表面上仲良くするのと絆は違う。新しい村づ

18　飯舘村は避難指示解除で村内への住民帰還が可能になって以降、移住者支援にも力を入れている。「家の新築に最大500万円」「中古には最大200万円のほかに修繕費として最大100万円を補助」などの手厚い政策を展開。解除後の3年半で移住者は100人に達した。

くりにはついていけないねえ」

■2020年「頑張ろうと思う」 新時代の幕開けに第三の人生を

「新しい時代の幕開けに第三の人生を始めたい」。2019年5月1日、集まった客の前であいさつを始めると涙が出てきた。友人から強く勧められて再開。どぶろく造りは長男が継いだ。知人が気軽に店に集まり、相談をしたり縫い物をしたりする。「年も取ってきているべ。元気でいるうちだけでも、頑張るしかない」と思えるようになった。

営業は週3日。福島市の住まいから通う。野菜の直売所を回って村に行く。「昔から食べてきた四季折々の野菜を手に入れないと。今は地産地消が難しい」。昨年、村の自宅で少し育ててみたが、猿に食べ尽くされて断念した。農業を再開した人は少なく、村内での調達は難しい。「だから福島市に住む理由があるの」

自身の復興度は「50%もいかない」。「人が帰ってきて、最低でも地産地消ができなければ、復興とは言えないでしょう」

2019年10月の台風で道路が寸断されて店は休業。そして今度は新型コロナウイルス。店を開けられず、再開1年を記念する集まりも断念した。「何なんだろう、私の人生は。でも、そんなこと言っていられないと、気合を入れているけどね」

（深津弘）

「気まぐれ茶屋ちえこ」がある飯舘村佐須地区。山あいに住家が点在し、自然豊かだ＝2020年12月、深津弘撮影

10　方針示されぬ「白地地区」いつまで

泉田健一さん（73）【双葉町→いわき市】

双葉町は2020年春、一部で避難指示が解除されたが、住民の帰還は始まっていない。「避難して間もなく10年経つのに、何ら方向性が示されないとは」。国の方針が定まらない区域[19]に自宅が残る泉田健一さんは、自分の居場所が描けない現状にいらだちを募らす。

■2011年「気力を失っている」　誇りだった原発　事故は想定外

家族3人で暮らしていた自宅は福島第一原発から5キロほどの距離にある。震災発生の翌朝、いつも通り犬の散歩に出掛けると、歩いてきた警察官に「逃げろ」と言われた。「避難の理由が原発と聞いて驚いた。家のテレビは地震でアンテナが切れ、大きな津波が来たことも知らなかった」

双葉町は約200キロ離れた埼玉県加須市に役場を移した。「自分も町と一緒に動

19　福島県内には7市町村に帰還困難区域が残る（2021年1月時点）。特定復興再生拠点区域に指定された地域では、2022年～23年の避難指示解除が予定されているが、拠点から外れた地域は手つかずのまま。「たとえ長い年月を要するとしても、将来的に帰還困難区域の全てを解除」とするが、時期など具体的な方針を示していない。

いた」。だが、1カ月半後、自らの判断で福島県内のホテルに移った。「当時の町長は加須から離れようとしなかった。加須がいいという人もいたが、町民も困っちゃってね。だって私らは福島県人だから」

県内に戻って県庁に足を運んだ。「双葉町の仮設住宅は1軒もできていなかったので『何でつくらないのか』と尋ねたら、『町が申請を出さないから』と聞いてびっくりした。集会を開いて町の方針について随分議論しましたね」

双葉高校野球部の記念誌に目を通す泉田健一さん＝いわき市

■避難後の足取り

【２０１１年】
川俣町の体育館→千葉県の親類宅→さいたま市のさいたまスーパーアリーナ→埼玉県加須市の旧騎西高校→猪苗代町のホテル→いわき市の仮設住宅

【２０１５年】
いわき市の復興公営住宅に入居

震災がおきたのは町職員を退職した数年後。「原発とともに進んできた町でね、役場にとって誇りだった。行政が大きくなり職員もいっぱい入ってきた。でも、よその市町村への避難なんて、想定していなかった。事故が起きるなんて思ってないから。誰もが自然を甘くみていたと思う」

■2017年「仕方がないと思う」　甲子園にも行った双葉高返して

2016年秋、県立双葉高校の在校生や卒業生約400人がいわき市の仮校舎に集まり、将来の「復校」を誓う式典が開かれた。避難が続いて維持できなくなり、翌春からの休校が決まっていた。「校歌を歌って涙が出たね。老人から在校生まで、みんなが歌えるのは校歌だけなんです」

夏の甲子園に3度出場した野球部の後援会役員を長年続けてきた。高校時代は応援部だった。「野球好きでね。震災前まで公式戦はずっと追いかけ、甲子園もすべて行った」。

1980年の2回目の出場で初勝利を挙げ、校歌が流れた時は「格別でした」。チームに付いた名前は「アトム打線」。英語で「アトム」は「原子」の意味。「町に原発があったので、そうなっちゃった。後援会もわざわざ、のぼりを作ってね」

休校に伴い、野球部も廃部に追い込まれた。でも後援会は存続し、毎年、甲子園出場に向け蓄えたお金の決算をする。「学校が再開し、野球部が活動するまで待つ。そういうことです」

旧制中が前身の同校の卒業生は1万7千人を超え、2023年に創立100周年

20　福島第一原発がある福島県双葉郡内には事故前、五つの県立高校（双葉、双葉翔陽、富岡、浪江、浪江津島）があり、約1500人が在籍した。郡外の県立高にプレハブ校舎を建てるなどの「サテライト方式」で授業を再開したが、広野町に2015年4月、ふたば未来学園が開校されたことなどに伴い、5校は2017年3月末での休校が決まった。

となる。「休校中のほかの高校[20]と一緒になってもいい。でも双葉高校の名は残してほしい。結論は一つ、母校を返してほしい」

■2020年「仕方がないと思う」　自宅に立ち寄っても一人だと…

「白地地区」という言葉があるのを知った。避難指示解除などの計画が定まっていない区域を指す。地図に除染の開始や解除の時期などが記されず、白地のためそう呼ばれる。「非常にわかりやすい言葉。でも、ふざけるな、ですよ」

双葉町では、2022年春を目指して双葉駅西側に居住拠点が整備され、住民の帰還が始まる。自宅は、避難指示が解除される境界から約500メートル外側にあり、白地地区のまま。「中心地からやっていくのは当然。一段落したら、さあ次は俺のところだと、何の疑いも持っていなかった。だが、国は何ら計画を示さず、それどころか逆に、除染はせずに返すという話が出ている。とんでもない」と憤る。

家は手直しすれば住める状態だが、「近所で戻ると言う人はいないし、現実的には無理かと思う」。駅西側の居住拠点に住む選択肢もあるが、「自宅には田畑があり、避難指示が解除されて自由に行き来できないと、町に戻る意味がない。年次計画なり、どうするかを示してくれないと、居場所を決められない」。

時々、家に立ち寄るが、「一人だと入りたくなくなる。嫌になっちゃうの、むなしくて。何やってんだろう、俺はと」。「俺ばかりじゃないと思うけどね」

（深津弘）

原発事故から3カ月後、練習試合の前に円陣で声を出す双葉高校野球部の選手＝2011年6月、金子淳撮影

11　避難先と二地域居住、復興遅れ実感

西久美子さん（73）【浪江町→福島市】

浪江町で牛を飼い、家族８人暮らしだった西久美子さんはいま、避難先の福島市と以前の住まいとの「二地域居住」[21]をしている。牛のエサの試験栽培や草刈りのため行ったり来たりする生活スタイルは「大変」としつつ、「やっぱり浪江は清々する」と話す。

■2011年「気力を失っている」　牛30頭残し、孫とも離ればなれ

震災時、新築してまだ5年の11部屋もある家に、夫と義父母、長男夫婦、幼い孫2人と暮らしていた。十数キロ先にある福島第一原発の事故を知り、３台の車に分乗して避難を始めた。

酪農を営み、約30頭の牛がいた。「ほかの人の車が通っても反応せず、われわれの車のエンジン音が聞こえると鳴く賢い牛で、自分の子ども同然だった。避難で置い

21　二地域居住とは、一般的には都会と地方の両方に生活拠点を持つ暮らし方を指す言葉だが、福島県の原発事故避難者の場合、避難先に構えた住居と、原発事故前に暮らしていた家とを行き来する生活を指す言葉として用いられる。帰還と避難との間で葛藤しながら二地域居住をしている人も多く、自治体は世帯数や人数を把握していない。

て行かれるのを分かっていたと思う。あれは、みじめだったな」

　3カ所目の避難先に移る時、長男家族は勤め先の本社がある千葉県に引っ越した。

「孫はかわいい盛り。嫁さんも勤めに出ていたので、おらが孫守(も)りし、なついていた。家族が離れ離れになった時、うば捨て山という言葉が頭に浮かんだな。だって、年寄りだけになったから。仕事だから行かざるを得ないけどな」

孫が書いた習字に目を細める西久美子さん＝福島市

■避難後の足取り

【２０１１年】
　浪江町の自宅→伊達市の体育館→福島市の旅館→猪苗代町のホテル→福島市の借り上げ住宅
【２０１８年】
　福島市に一軒家を新築

間もなく義母が脳梗塞で倒れ、福島市内に借りることができた一軒家で介護した。「避難先で介護なんて想像できなかったな。（自分は）腰や背中が悪く、車椅子に乗せる時、何回か落っことしてしまった。知らない土地だからストレスも大変。解消策は買い物に行くことしかなかったな」

■2017年「気力を失っている」 足りぬ医療や福祉、覚悟を決め

福島市の住宅街での避難生活が続いた。スーパーも大きな病院もすぐ近くにあった。便利な半面、「うるさくて落ち着かなくて。何をするにしてもやる気が出なくて、浪江に戻ることを希望に生きていたな」。

2017年春に避難指示が解除されることになり、その時期に戻れるように自宅のリフォームに取りかかった。「地震でぐし（屋根の棟部分）が落ち、雨漏りしていたので、床下までみんな替えた。大工さんに頼んで半年かかったな」。様子を何度も見に行った。

「避難先ではクーラーをかけたけど、こっちは窓を開けるだけで涼しい。景色も広々としていて」。家の前に花を植え、戻ったら仕事をしようと考えた。

だが、義母が通えるデイサービスの相談を役場にしたところ、「町内になく、（隣の）南相馬市などのデイサービスを予約しないとダメで、しかも300人待ちと聞いた。病院も町外にしかなく、予約もできない状態。困ったなと思い、覚悟を決めた」という。

福島市の家を無償で借りられる期限[22]も考慮し、その近くに土地を見つけ、2018年に家を建てた。「戻ることはあきらめない」と思いつつ、「その前にあの

22 震災と原発事故後、国と福島県は仮設住宅と民間アパートなどの借り上げ住宅を被災者に無償提供してきたが、避難指示の解除などに伴って順次、無償提供を終了した。帰還困難区域からの避難を継続中の人も打ち切りの対象になった。借り上げ住宅で暮らす人は退去するか、有償での契約に切り替える必要がある。

世に行ってしまう気がした」。

■2020年「気力を失っている」 獣害を受ける農地、通って耕す

浪江町の自宅がある集落は震災前には約60世帯あったが、現在戻っているのは1割ほど。「多くの人が家をし、サルとイノシシがいるだけで静かさ」

避難指示解除後、集落の農地保全の作業を町から請け負う。冬を除く月の半分ほど、車で片道1時間半かけて夫と浪江に通う。田畑を耕し草刈りをして荒れないようにし、牛のエサのデントコーンを育てる。町に牧場が整備される計画があり、試験栽培をして放射線量を調べてもらっている。

「数値はちょっと高いみたい。それより、去年はイノシシとサルにみんな食い散らかされちゃった。数がすごくて。サルを追っ払おうと車で追いかけているけど、人間よりずるくてね。ははは、おかしいよね」

義母は亡くなり、デイサービスに通う義父が福島市の家にいるため、夫は日帰りするが、自分は浪江の家に泊まることも。「浪江さ行くと、家の草むしりなど、いろいろやることあるから。『おめえ、どっかで見たことあんなあ』と積極的に話しかけることもできる。疲れるけど楽しい。福島ではむしる草もねえ」

「戻りたいが、病院やデイサービスがないとな。浪江はワンテンポ遅いんだ。いや〜、農地もそうだが、ほんと時間かかるな」

（深津弘）

帰還困難区域を除いて避難指示が解除された日、浪江町の商店街だった通りには人の気配がなかった＝2017年3月、竹花徹朗撮影

12 もう一度牛を飼いたい、苦渋の決断

坂本勝利さん（82）【富岡町→田村市】

富岡町で畜産を営んでいた坂本勝利（かつとし）さんは、原発事故の後も手塩にかけた牛たちと向き合ってきた。避難先の田村市から毎日のように車で片道1時間余りかけて通い、世話を続けたが、除染のために処分を決断。でも、再び町に戻って牛を飼いたいと願う。

■2011年「怒りが収まらない」「殺処分理解できぬ」かけ合う

坂本さんは農家の3代目。約7ヘクタールの農地を持ち、先代から継いだ苗木や米に加え、40代後半のころに黒毛和牛の肥育を始めた。雌牛に子牛を産ませ、さらに子牛の肥育もする「一貫経営」に取り組んできた。

原発事故の8年前、有名な血統の雌牛を10頭買った。相性の良い種牛が見つかり、肉質などが最も高い「A5ランク」を量産。経営は軌道に乗っていたが、事故で一

変した。「筆舌に尽くしがたいほど、憤懣（ふんまん）やるかたなかった」

川内村、郡山市と避難先を移したが、その間も富岡町に残してきた牛に水やわらをやるために通った。雌牛10頭と子牛13頭を見捨てる気にはなれなかった。

苦難は続く。政府は2011年4月、富岡町を含む原発から半径20キロ圏内を「警戒区域」とした。通うのが難しくなり、えさを自由に探せるよう牛を放した。だが、

最盛期には60頭の牛を育てていた牛舎と広大な農地を背に立つ坂本勝利さん＝富岡町

■避難後の足取り

【2011年】

富岡町の自宅→川内村の避難所→郡山市のビッグパレットふくしま→大玉村のアパート→三春町の仮設住宅→田村市に新築した住宅

放し飼いになった家畜の野生化[23]が問題視され、政府は知事に所有者の同意を得て安楽死させるよう指示した。

坂本さんの牛は農園の周りで生きていた。「いくら（畜産のための）経済動物でも、殺処分は理解できない」。他の農家と国会議員を回り、飼い続けられるようかけ合った。

すると、2012年春、出荷や繁殖をしないことなどを条件に飼育が認められた。田村市に再建した自宅から通い、再び牛を飼う日々が始まった。

■2017年「怒りが収まらない」 死んだ牛、他の牛たち囲み鳴く

農園の周囲に有刺鉄線を張って牛が外に出ないようにし、年間90万円ほどかけて買った牧草を園内に置いて牛のエサにした。

2017年ごろ、牛舎から少し離れた園内の堀に落ちて死んでいる牛を見つけた。原発事故前まで数頭の子牛を産んでくれた雌牛だった。雨が降らない日が続き、水を飲もうとして落ちたのだろうと思った。

「原発事故さえなければ、こんなことは起きなかったのに……」。事故前は園内の家に住みながら、牛は牛舎の中だけで飼い、十分な水を与えることができたからだ。

埋めるためにトラクターで引き上げ、農園内のスギの木の近くに下ろした。すると、ほかの牛たちが近寄って来て囲み、鳴き始めた。悲しげな様子で雌牛に顔を近づける牛もいた。「しゃべらないだけで、牛も人間と同じ。心があるんだ」。胸をしめつけられる思いだった。

23 東日本大震災の発生前、警戒区域（福島第一原発から半径20キロ）には牛約3500頭、豚約3万頭、鶏約68万羽、馬約100頭がいた。原発事故後の立ち入り禁止により、多くは餓死したが、野生化する家畜も。政府は2011年5月、所有者の同意を得て安楽死（殺処分）とするよう福島県知事に指示した。

その後も、雌牛を埋めたあたりに1頭の雄牛が行く様子を何度もみた。「死んだ牛の子どもだろうなあ。体が大きくなっても、親にはかなわねえんだな」

■2020年「頑張ろうと思う」　除染のため安楽死、場を離れる

２０１８年、除染やインフラの復旧を進め、避難指示を解除する「特定復興再生拠点」の計画が決まった。拠点内の坂本さんの家や農園も除染の対象になった。

「除染しないと、前には進めない。でも、牛がいると機械を入れて除染ができない」。坂本さんは、残っていた牛13頭の処分を決めた。苦渋の決断だった。

安楽死させるため、県の家畜保健衛生所の職員が訪れたのは２０１９年10月。坂本さんは準備だけを見て、その場を離れた。薬を注射される姿は見られなかった。

「だって、牛たちは何も悪いことはしていないから」

今夏も農地の除染は続いている。町は拠点内を農地活用、森林再生などのエリアに分け、復興を進める計画だ。だが、「町に期待してもしょうがない。自分で努力しなきゃ」と思う。

もう牛はいないが、今も毎日のように農園に足を運ぶ。一面に広がる農地を見渡し、今後に思いを巡らす。２年半後とされる避難解除後、町に戻り、もう一度牛を飼いたいと。

農地は震災の1年前、別の仕事をしている娘に名義を譲った。「娘夫婦が退職したら継いでもらえるようにしたい。ここを投げ出す気にはなれねえもの」

（福地慶太郎）

原発事故から11カ月後、富岡町で放し飼いになって群れる牛＝２０１２年2月、相場郁朗撮影

13　心と暮らし、揺れ続けて10年へ

鵜沼久江さん（66）【双葉町→埼玉県】

毎年春になると、埼玉県きっての梨の産地・久喜市では、あちこちで白い梨の花が咲き誇る。双葉町から避難を続ける鵜沼久江さんは、梨畑と隣り合う農地を借り、野菜作りを始めて9年になる。毎朝、ここに通うのが避難後の日課だ。双葉に戻ることを夢見て――。

■2012年「頑張ろうと思う」　毎日やることがある。一番大事

自宅は東京電力福島第一原発から2・5キロ。夫と飼っていた肉用牛50頭を残したまま、町役場と一緒に埼玉県加須市[24]に避難した。

3カ月後の2011年6月、経験のない野菜作りに挑んだ。「双葉に戻れても畜産の再開は時間がかかる。野菜の技術を覚えておけば、双葉で応用でき、体力も維持できる」。埼玉県農林公社の臨時職員になり、加須市の隣の久喜市に家と農地を借り

24　原発が立地する双葉町は約7千人の全町民が県内外に避難。役場も川俣町、さいたま市のさいたまスーパーアリーナを経て、双葉町から約200キロ離れた加須市の旧埼玉県立騎西高に避難した。原発事故で唯一、福島県外に役場を移した自治体。2013年6月、避難した町民が最も多く住んでいた、いわき市に役場を移し、2年3カ月ぶりに福島県内に戻った。

ることができた。

市内の直売所にかけあって野菜を置いてもらった。「双葉夢やさい」のシールを貼った。「どうして双葉？と聞かれれば、避難してきたことを隠さず説明した」と振り返る。

一方で、体調を崩して病院に行くと「医者から『やることがないから病院に来るのか』」と言われ、同じ避難者からは「賠償金があるのにどうして働くの」と聞かれた。

ビニールハウスの畑でブロッコリーを植える鵜沼久江さん＝埼玉県久喜市

■避難後の足取り

【２０１１年】
双葉町→浪江高校津島校など県内を転々→さいたまスーパーアリーナ（さいたま市）→旧騎西高校（埼玉県加須市）→借り上げ住宅（同県久喜市）
【２０１６年】
中古住宅購入（加須市）

それでも前向きだった。避難2年目には農事組合法人を立ち上げ、埼玉県の若い夫婦らを迎えた。

「毎日やることがある。それが一番大事。ここに後継者を残し、双葉に帰る計画だった」

■2016年「気力を失っている」　福島に戻りたがった夫を失って

避難から4年後、5歳年上の夫の一夫さんにがんが見つかり、余命を宣告された。双葉町の農業関係の役職が多かった一夫さんは、埼玉と福島県内を何度も車で往復していた。昼間のうちに埼玉に戻れるのに、いつも夜遅くだった。「こっちに帰る足が重くてね。がんになってからは、なおさら。福島から帰ってきたくなかったんだろうね」

この頃、加須市に中古住宅を購入し、久喜市の借り上げ住宅から移り住んだ。「(夫の)死に場所というか、看取りのことを考え、さらに、分散して置かしてもらっていた農機具を集約できるのが理由だった」。だが、「みんなから『双葉にはもう戻らないのね』と言われ、つらかった」。

「双葉に絶対帰る」と言い続けていた一夫さんは2017年に死去。「同じ命の長さでも、原発事故さえなければ、もっと楽に生きられたのに」と悔やみ、原発をうらむ日々が始まった。

■2020年「その他」(気力を失いつつある)　双葉で農業は夢。希望ではなく

25　放射線量が高く、立ち入りが厳しく制限される帰還困難区域内の一部に、政府は「特定復興再生拠点区域」(復興拠点)を設定。6町村に設定され、除染とインフラ整備を集中的に行い、2023年春ごろまでに避難指示を順次解除して人が居住できるようにする。面積は帰還困難区域全体の8%に過ぎない。

２０１９年９月、車で３時間かけて双葉町に向かい、町の農地保全管理組合の畑でコマツナやキャベツなどを植えた。データ収集のための試験栽培だったが、収穫直前の台風で水没した。

自ら手を挙げて組合に参加、５人の中で一番若い。「どうしても行きたいと思ったのは、放射能がどれだけあるのかないのか、自分で見たかったから。でも試験栽培の畑は放射能が少ない所。その結果だけで安全とされるのでは、それはおかしくないですか。私はそんなことをブツブツ言うんです。あはは」と笑う。

２０２０年３月、ＪＲ双葉駅など町の一部で避難指示が解除された。野菜を扱ってくれる久喜市のスーパーの売り場で、「よかったね、もう帰れるんでしょ」と言われた。

自宅は「特定復興再生拠点区域」[25]の外にあり、除染や避難指示解除の見通しはない。

「『私は住む所がないんですよ』と答えるが、自分の口で言わないといけないことが苦しい。首相や国は、避難している人がどういう苦労をしているのか、忘れないでほしい」

体力がなくなったと思うことが多くなった。

「あと何年生きられるだろうか。来年から双葉で大々的に農業ができますよ、となれば、すぐ『希望』という言葉を口に出せる。でも、何年先になるかわからないもの。だから、夢なんだよね。希望じゃなくて」

（深津弘）

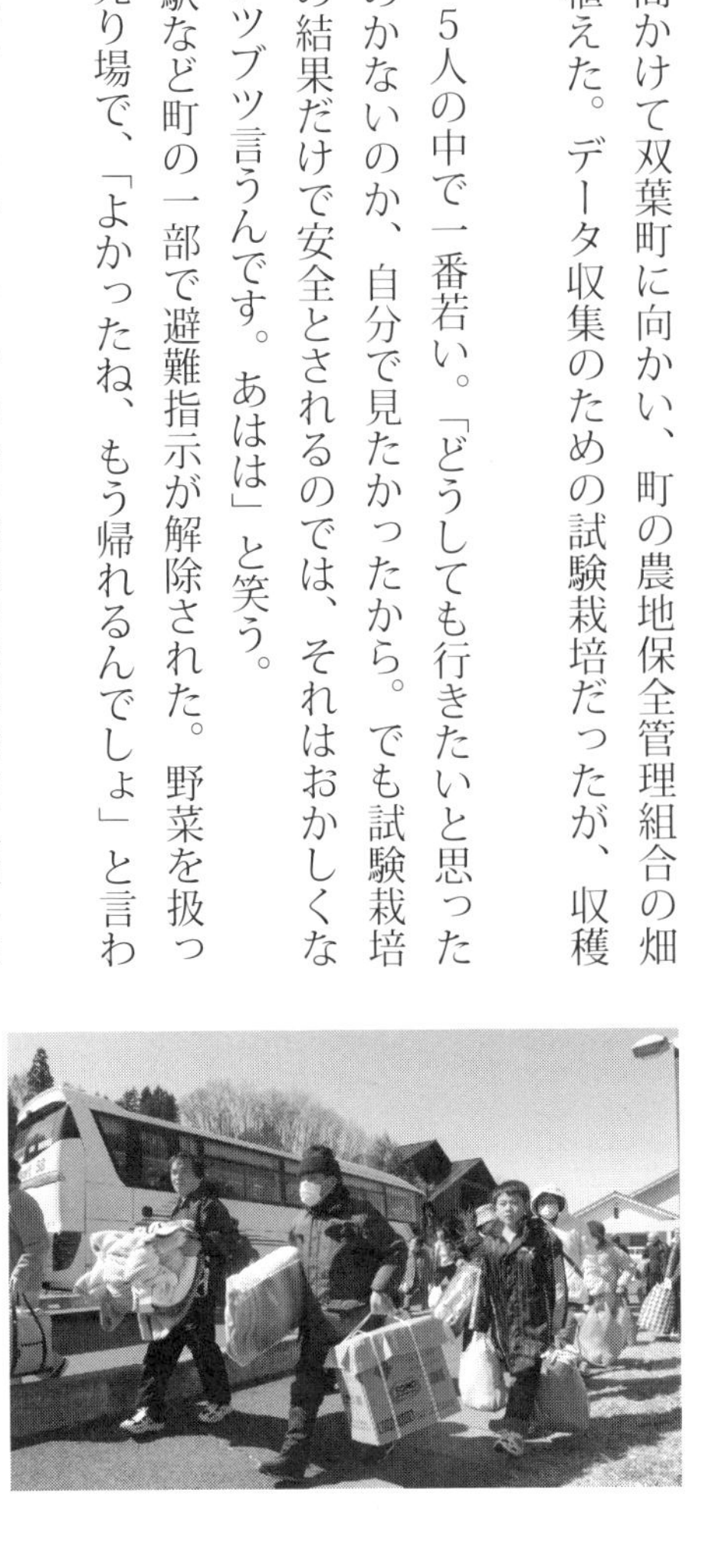

双葉町役場の機能が「さいたまスーパーアリーナ」へ移るのに合わせ、大型バスでさいたま市へ避難する人たち＝２０１１年３月

14 変わる故郷、せめて思い出を

栃本信一さん（68）【大熊町→南相馬市】

自宅が除染土の中間貯蔵施設[26]の用地となった大熊町の栃本信一さん。曽祖父の命に代えた土地を取り戻す希望は絶たれた。それでも得意の資格や経験を生かし、自ら復興の力になりたいと前を向く。変わりゆくふるさとを残そうと、写真を撮り続けている。

■2012年「頑張ろうと思う」 除染監督資格、自ら復興の力に

「一日も早く住み慣れた自宅に戻るため、資格や経験を生かして自分の手で復興を前に進めたい」。原発事故から数年間、やる気に満ちていた。

自宅は福島第一原発から南に約3キロ。警察官だった曽祖父は北海道で殉職した。残された一家はその補償で大熊町に土地を求め、家を建て、畑を耕し、暮らしてきた。

「先祖が命に代えた土地。奪われたり、追い出されたりしたくなかった。自分にとっ

26 福島第一原発の事故に伴う除染作業で出た土などを保管するために、第一原発の立地自治体の大熊、双葉の両町に国が整備している。全体面積は約1600ヘクタール。2014年に福島県など地元側が、搬入開始から30年以内に県外で最終処分することを条件に受け入れ、用地取得と並行しながら搬入作業が始まった。

ても、生まれ育った唯一の我が家。近所との付き合い、暮らしの営みすべてに愛着があった」

妻カズエさん（68）と、5人の子どもを育てた。仕事の幅を広げようと、溶接や重機などの免許や資格を20以上も取った。大家族の生活を支えるためだ。

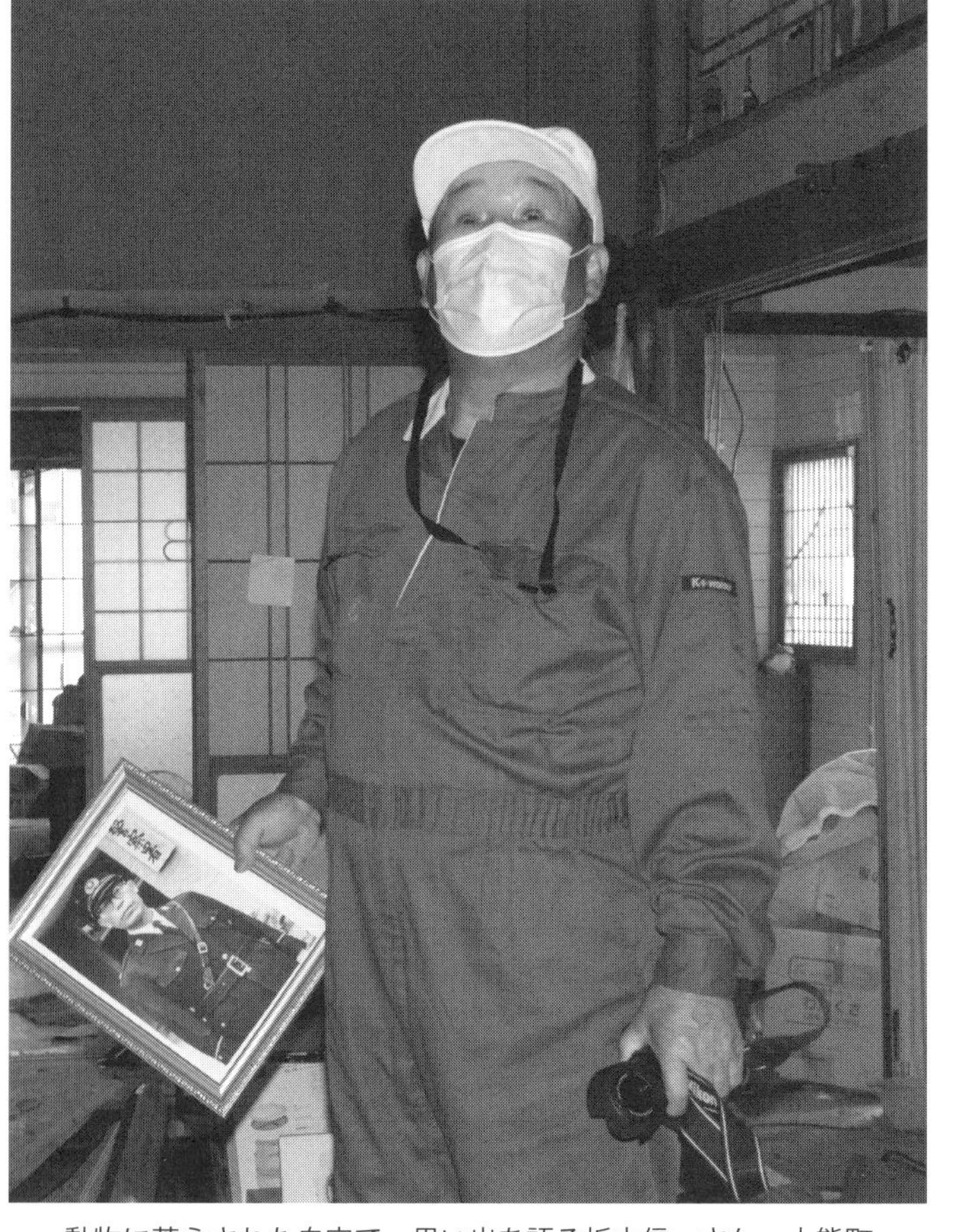

動物に荒らされた自宅で、思い出を語る栃本信一さん＝大熊町

■避難後の足取り

【２０１１年】
大熊町の避難所→田村市常葉町の体育館→北塩原村のホテル→会津若松市の仮設住宅
【２０１２年】
南相馬市の仮設住宅
【２０１４年】
南相馬市に住宅を再建

クレーン運転手として、福島第一原発の1～5号機の建設に携わった。「天井や核燃料のふたに使った鉄板の重さや丈夫さは半端じゃない。実際につり上げたんだから、わかる」

原発事故で国や東電への信頼は崩れ、裏切られた思いだった。安全神話を信じて、原発の中で働いた自分自身も悔やんだ。

2012年、除染作業[27]の現場監督になれる講習を受けた。町の復興に必要な資格だと考えた。「先祖代々の土地を取り戻すため、地元民の力を発揮したい」

町の復興を話し合う委員会のメンバーにも選ばれ、希望をもって地元に思いを巡らせていた。

■2016年「頑張ろうと思う」 中間貯蔵施設、1人反対しても

展望が見通せなくなったのは、中間貯蔵施設の候補地に自宅が含まれたのを知った2013年12月ごろ。片付けで大熊に戻っても、集落の人と顔を合わせる機会はめっきり減った。墓地は一つ、また一つ……、と避難先に移転していった。

同じ頃、南相馬市に新たな自宅を建てた。原発での仕事を退職後、クリーニング店などに出向いて業務用洗濯機の修理や管理の仕事をしていた。

「子育て世代を中心に、南相馬から別の場所に避難する人たちがいて、業者も減った。でも、クリーニング店を再開したいという声があり、南相馬の復興を助けたかった」

2015年2月、県は中間貯蔵施設への除染土の搬入を容認すると表明。「県も町

27　放射性物質を取り除くため建物や道路、農地などを洗浄する作業。国が設定した避難区域内は国が担い、区域外でも放射線量が年間1ミリシーベルト超の地域では市町村が担う。東電が負担する除染費用は総額4兆円と見込まれ、費用は国がいったん立て替える。国は「除染が十分進む」ことなどを避難指示解除の要件としてきた。

も『苦渋の決断』と受け入れた。自分だけが反対しても仕方なかった」

■2020年「頑張ろうと思う」 自宅周辺の景色、戻っては記録

2019年春、大川原地区など町の一部で避難指示が解除され、役場や復興公営住宅がつくられた。病院やスーパーはまだない。「この年齢で戻っても、町の重荷になるだけ。悔しさより、寂しさ。切ないね」

曽祖父の殉職碑が建っていた墓も、南相馬市の自宅近くに移した。「新天地で生きると決めた。年齢に合わせ、できることをやっていく」と話す。

中間貯蔵施設の建設が決まった頃、一眼レフとビデオカメラを買った。月に1度は大熊の自宅に戻り、変わりゆく周辺の景色を記録する。「道路や山、神社が目印になって『学校の帰りに栗を拾ったあの道』とか『盆踊りをした広場』とか思い出とセットで記憶が呼び起こされる」という。

自宅は解体が後回しになり、今も残っている。動物に荒らされ、台所の床には調味料の容器が散乱し、雨漏りで天井に穴も空いた。

だが、いずれ立ち入りさえ、自由にできなくなるかもしれない。「せめて形がある間は多少汚れても、逃避しないで訪れたい。生まれ育ったこの場所で思い出を少しでも増やしたい」

住民票は大熊町に置いたまま。「つながっていたい。祭りや餅つきで、懐かしい顔に会うのが一番の楽しみ」

（力丸祥子）

大熊町内の中間貯蔵施設＝2020年1月、朝日新聞社機から、小玉重隆撮影

15 復興住宅4年、我が家とは思えない

吉田トヨ子さん（73）【浪江町→南相馬市】

「1泊くらいで戻れるかな」と、浪江町の吉田トヨ子さんが洗面道具を手に家を出てから、間もなく10年になる。4年前から南相馬市にできた復興公営住宅[28]で夫と暮らすが、「何年たっても、ここは自分の家ではない、という気持ちは消えない」という。

■2011年「怒りが収まらない」 建て直して7年の自宅を奪われ

「朝早くの放送をよく覚えています。総理大臣の命令だからと言って」。福島第一原発が津波の直撃を受けた3月11日の翌朝、浪江町は防災行政無線で、原発から20キロ以上離れた津島地区への避難を呼び掛けた。

避難生活が1カ月過ぎた頃から睡眠薬が欠かせなくなった。「夜になると心臓の鼓動がおかしくなって眠れなくなった。痛みやしびれも感じて自分の身体ではないよ

28　原発事故による避難者のために福島県が整備する賃貸住宅を復興公営住宅と呼ぶ。県内15市町村に4890戸が計画され、大半が完成済み。マンションのような集合型の住宅が多い。原発事故の帰還者向けに市町村が整備する災害公営住宅もあり、2020年11月時点で約600戸が完成している。

うな。いったい、これは何なのかと」

避難前は1・3ヘクタールの田畑で夫と農業を営み、町内の自動車部品会社に勤めに出ていた。自宅はローンを組んで建て直してから約7年しか経っていなかった。

医者からは「ストレスです」と言われた。「それまでは仕事のことしか考えてこなかった。これから先、どうなるんだろうと考えると、毎日毎日不安で。人と話すと

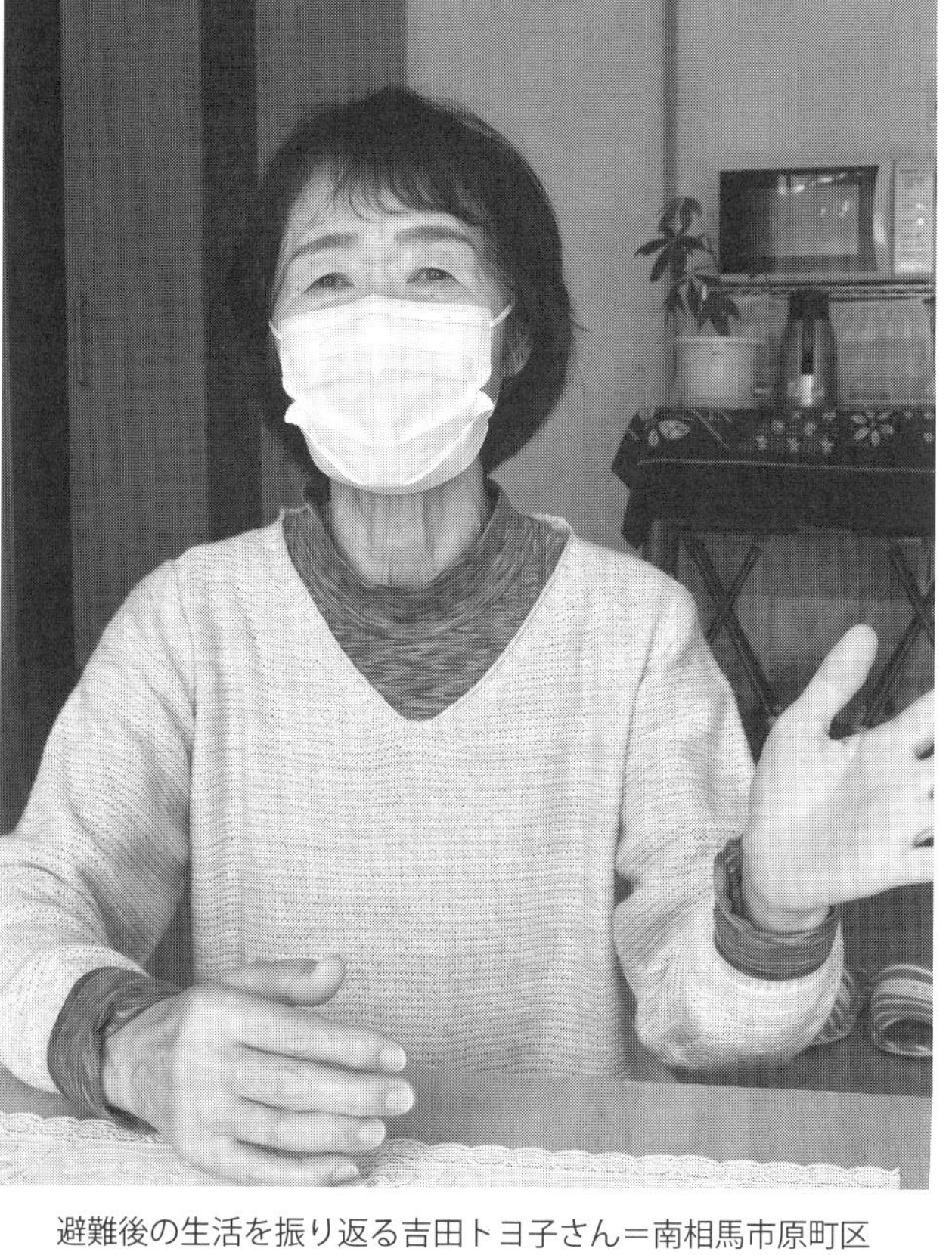

避難後の生活を振り返る吉田トヨ子さん＝南相馬市原町区

■避難後の足取り

【２０１１年】
浪江町の自宅→同町津島地区の公民館→二本松市の体育館→猪苗代町のホテル→桑折町の仮設住宅
【２０１６年】
南相馬市原町区の復興公営住宅

きは笑顔ですが、心の中は違った」という。

東京電力からの賠償金でローンを返済した。「都会の人からみたら、放射能で汚れた所に帰らなくても賠償金で家を建てればいい、と思うかもしれませんが、精魂込めて守ってきた土地と家。仕事を奪われ、土地や家を捨てて出てくる人たちの気持ちは、国や東電はわからないでしょうね」

■2017年「怒りが収まらない」道1本隔てた向こうは避難解除

町の避難指示は2017年春、帰還困難区域を除いて解除された。自宅がある集落が、ちょうど境目に。「うちは道1本隔てて解除されなかった。解除された方はきれいになり、人もわりと帰って来て。こっちは草ぼうぼうという感じ」

その4カ月ほど前、5年半暮らした桑折町の仮設住宅を退去し、南相馬市原町区に完成した復興公営住宅に移った。5階建てが5棟並ぶ。夫がリハビリ中のためバリアフリーの部屋に入居できた。「病院やスーパーが近く、息子も市内に住んでいたので、とりあえずお世話になろうとね」

自宅がある集落は2023年ごろの解除を目指して整備が進むことになった。カビがひどい家はもう住めない状態のため、2年前に公費による解体を申し込んだ。「立ち会いをしたら3カ月後に壊します」と連絡があった。だが、「待ってください」と答えた。

「ずっと帰れると思っていたので荷物をろくに持ち出していなかった」。物置は解体せず、シャッターを取り付けてそこに保管することにし、それまで待ってもらう

29 福島県によると、県が管理する原発避難者向けの公営住宅で、誰も気付かないまま居室で亡くなっていた「孤独死」は、2016年度以降、少なくとも20人が確認されている。集会所でさまざまな行事を開いて参加してもらったり、社会福祉協議会が見守り活動をしたりしているが、入居者の高齢化が進み、家に閉じこもりがちな人もおり、対策の強化が課題になっている。

ことに。

「とっておいてもしょうがない物でも捨てるのはご先祖に申し訳ないと思って。とっておくんだよね、ついつい」。解体の順番は後回しになり、今も工事を待つ。

■2020年「怒りが収まらない」 遅い復興、東電・国は甘えている

入居する復興住宅は約250戸の団地。最近、自室で「孤独死」[29]している人が見つかった。「集会所に来る人も少ない」という。歌や運動などの行事がある。「自分と仲間の3人でハーモニカを吹き、みんなに歌ってもらうが、来る人は決まっていて30人ほど」。新型コロナの影響で行事は中止が続く。「さみしいけど今は仲間と散歩してます」

毎年、町などが行うアンケートが届く。帰還の意向をたずねる質問には、いつも「まだ判断がつかない」と答える。自宅と復興住宅は車で30分。「以前より浪江に近くなって安心」と思う半面、「借りて住んでいるし、ここが家だという気分になれない」。「戻って小さな家をつくった方がいいかなと考えることもあるが、夫が行ける病院はないし、年齢のことを考えると決められないです」

「一歩前に進む力がなくなった」と感じる。「1年1年、年を取っていくからそうなっちゃう。浪江の復興は遅いもんね。国や東電は月日の流れに甘えているのでは」と思う。「家はなくなっても、土地は守らないと。それが負担なんですが、浪江がきれいになったら、気持ちが前向きに変わるかもね」

(深津弘)

原発事故の避難者向けに福島県が整備した復興公営住宅の一つ＝2020年12月、深津弘撮影

16 息子が「継ぐ」、不安背に理髪店再開

吉田健さん（48）【葛尾村に帰還】

理髪店の3代目の吉田健（たけし）さんは2020年4月、葛尾村[30]で9年ぶりに店を再開した。避難先から村に戻った人は少なく、子どもの姿はまばらだ。決断を後押ししたのは高校生の息子の一言だった。「店を継ぐ」。うれしかったが、先行きへの不安と背中合わせだ。

■2011年「仕方がないと思う」 原発避難、村の子は様々な経験

村の中心部にある吉田理容所を継いだのは今から20年前。父親が急死し、いわき市の理髪店から半年早く実家に戻った。「おばあちゃんが始めて父が継ぎ、そして私」。3代でつないできた店が誇りだった。

原発事故による全村避難から7カ月半後。役場と多くの町民が避難した三春町の仮設住宅に7軒の仮設店舗がオープンし、理髪店を再開した。椅子や小物は村から

30 基幹産業は畜産と米作。福島第一原発事故に伴い、村民約1500人が全村避難した。2016年6月、村の大部分で避難指示が解除された。村内の居住者は2020年12月時点で震災前の約3割の425人。2017年から村内を競技用自転車などで走るイベント「ツール・ド・かつらお」が始まった。

運んだ。「皆さんが集まって話をする、床屋をそういう場にしたかった」

葛尾小の1年生の時に避難した一人息子の開俊(はるとし)さんは、2年生の1学期は福島市、2学期から三春町の小学校に通った。4年生の時に葛尾小が三春町で再開することになり、選択を迫られた。「いずれは村に戻るつもりだし、葛尾小は仮設住宅から送迎バスも出る。私に迷いはなかった」

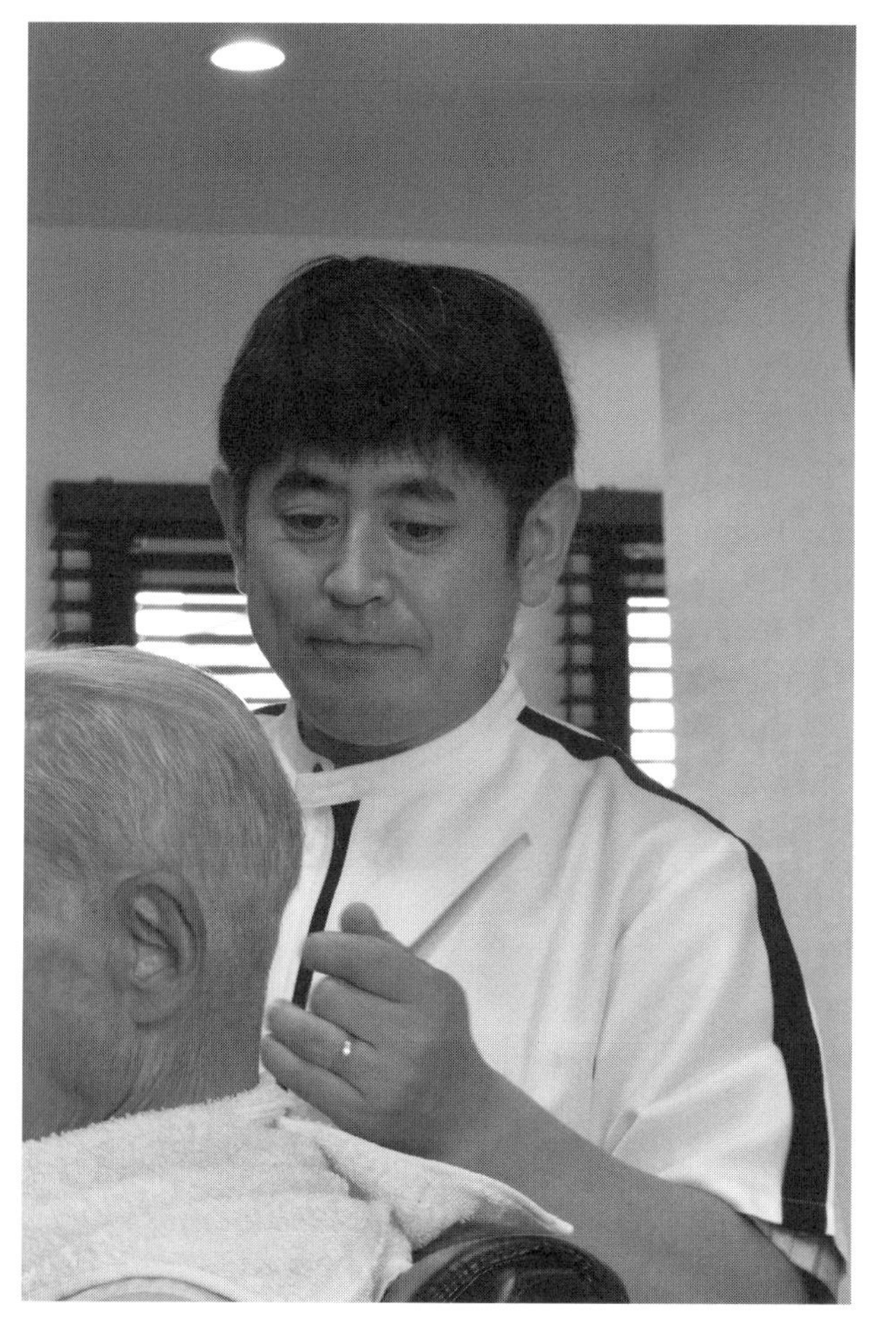

地元で再開した理髪店で常連客との交流が楽しみという吉田健さん＝葛尾村

■避難後の足取り

【２０１１年】
　葛尾村→福島市のあづま総合体育館→三春町の仮設住宅（１６年に同町の復興公営住宅に入居）
【２０１９年】
　葛尾村に自宅を再建し帰還
【２０２０年】
　自宅隣で理髪店を再開

1年生の時、クラスには15人いたが、再開時に葛尾小を選んだのは4人と少なかった。「息子は、三春の学校に残る子から『おまえの父ちゃんのおかげでバス通学ができなくなった』と言われた」。送迎バスは葛尾小だけになり、それへのあてつけのようだった。

「よくも悪くも村の子はいろいろな経験をした。うちの息子は落ち込むタイプではなく元気だったので、逆に私が励まされたというか、助けられました」

■2016年「頑張ろうと思う」 顧客減、震災前から別の仕事も

2016年6月、村に出されていた避難指示が大部分で解除された。早く戻りたかったが、環境が整っていなかった。小中学校が村で再開[31]されるのは2018年春からで、修理すれば使えると思っていた店舗兼住宅はネズミに穴を開けられるなど傷みがひどくなり、解体して再建するしかなかった。

三春町に整備された復興公営住宅に移り住み、仮設店舗もそこに移して継続したが、「忙しくなかった。新しいお客さんもいるけれど、お得意さんは年配者が多く、毎年毎年、亡くなる人がいてね」。

避難後は村の社会福祉協議会の臨時職員も務め、研修を受けてデイサービスのヘルパーをし、大型免許を取ってバスの運転もした。震災前も村の宿泊施設の当直などをしていた。「村の若い人が減り、床屋の客が少なくなるのは震災前からのこと。だから、ずっと勤めにも出てきたんです」

31 原発事故後、国が避難指示を出した福島県内の11市町村の小中学校は、避難先の仮校舎で授業を続けた。避難指示が徐々に解除され、原発事故から10年までに大熊町と双葉町を除く9市町村で地元で授業を再開したが、児童・生徒数は震災前の約1割にとどまる。避難指示の解除が早かった自治体ほど、児童・生徒数の回復が進む傾向がある。

■2019年「頑張ろうと思う」「移住者増やすしか」厳しさ直視

息子が田村市の高校に入学する2019年春に合わせて自宅を再建し、村に戻った。家の近くから高校までは路線バス1本で行ける。

店も戻したかったが、妻の意見は違った。「お客さんが今後どうなるかわからないのに、お金をかけて店をつくっても」。村内の居住者は震災前の3割に満たず、小中学生は1～2割に激減していた。再開の結論は出ないまま、三春町にある店を継続し、30キロの道のりを行き来した。

ほどなく息子が、高校卒業後は理容学校に通い、店を継ぐと口にした。「何となくですけど予感はありました」。補助金と自己資金で自宅隣に店を再建した。「（よそで）住み込みで働いて仕事を覚えてもらうのがいい」と息子に期待しつつ、「これ以上、村に人は戻らず、村がなくなっちゃう不安がある。移住者を増やすしかない」と村の厳しい現実を直視する。

再開から3カ月後。村の牧場で働くことにした。社協の仕事をやめ、それを知った牧場の人が誘ってくれた。朝5時からと午後3時からの約4時間ずつ、牛の搾乳やえさやり、掃除などをする。理髪店は予約制にして両立し、葛尾と三春の行き来も続けている。

牧場は社員として勤務。「収入は床屋より多くなっていくと思う。床屋一本で生計を立てるのは大変な時代。特に村の中では。それは息子もわかっているでしょう」

（深津弘）

葛尾村で2019年から原乳の出荷が再開された佐久間牧場＝2020年1月、見崎浩一撮影

17 「原発避難者」の肩書と向き合い続け

志賀高史さん（37）【南相馬市に帰還】

２０１８年の春、地元に戻った南相馬市小高区[32]の志賀高史さんは市内の介護施設で働く。避難時に１人暮らしを始め、先のことを自ら考えるきっかけになった。「過去にこだわっていても仕方がない」。自分と対話しながら「原発避難者」の肩書と向き合ってきた。

■２０１１年「仕方がないと思う」「何事もない」東京、福島と真逆

震災時は南相馬市の運送会社で事務をしていた。よく覚えているのは原発事故より地震直後のこと。「物が散乱し、目の前の風景にヒビが入っていく感じ。荷物を取りに来たドライバーさんに『どうしたらいい』と聞かれて、何も答えられなかった」と振り返る。

同居する両親と福島市に避難し、数カ月後、アパートを探して一人暮らしを始めた。

32　小高区、原町区、鹿島区の３区があり、津波で福島県内最多の６３６人が亡くなった。２０１６年7月、小高と原町両区で一部地域（1世帯2人）を除いて避難指示が解除された。大半が福島第一原発から20キロ以内に入る小高区は帰還が進まず、２０２０年12月現在、居住者は震災前の約３割にとどまる。

運送会社を退職してハローワークに通い出した時で、「仮設住宅はいずれなくなるので、最初から借り上げ住宅の住所を持っていた方がいいかな」と考えた。自宅への愛着が強い父親とのけんかも影響した。「地元に帰れる日が来たら戻るか戻らないかで言い合いになった。自分は、その時にならないとわからないとしか言えなかった」

県庁の臨時職員に採用され、条例や規則の制定などの情報を掲載する「県報」の

これまでのアンケートに目を通しながら語る志賀高史さん＝福島市

■避難後の足取り

【２０１１年】
南相馬市小高区→福島市の県立福島高校の体育館→猪苗代町のペンション→福島市の借り上げ住宅のアパート（両親は同市内の仮設住宅に入居）
【２０１８年】
南相馬市の自宅に帰還

編集を担当した。「行政がどういう仕組みで動いているかを知り、視野が広がり、仕事も楽しかった」

避難して半年後の夏、東京の上野公園に行ったら、カップルたちでにぎわっていた。「東京も帰宅困難や計画停電があったのに、何事もなかったようだった。福島とは真逆の世界というか。自分は福島県人で避難者であることを強く意識せざるを得なかった」。「すぐ帰れないのも仕方ない。失業しても仕方ない。この先、どんな生活が待ち構えているか。現実を受け入れるしかない」と思った。

■2016年「仕方がないと思う」 乗馬も介護の道も、自分で考え

2016年夏、自宅のある南相馬市小高区の避難指示が解除された。「とりあえず実家が戻って来た感じ」。特別な思いはこみ上げなかった。両親は戻ったが、自分は避難先に残った。

当時、仙台市の乗馬クラブに通っていた。ライセンスの3級を取るのが目的だった。「相馬野馬追を見て『男なら、ああだよね』と思ったし、モンゴルで馬に乗る目標もあった」。福島県人である煩わしさも感じた。「津波で被災した宮城や岩手の人から『大変だね』と声を掛けられると、直感的に温度差を感じた。面と向かっては言わないけれど、『福島は賠償金があるからいいよね』と思われているんだろう」

介護の世界にも足を踏み入れた。動機はなく、「おむつ交換や食事介助を嫌とは思わず、介護系の学科がある高校を受験したこともある。だから無意識に介護の道に行ったのかな」。

33 避難指示が出た地域では、高齢者に占める要介護者の割合を示す「要介護認定率」が震災後に上昇。避難生活に伴う運動不足や精神的負担が一因とみられる。避難指示が解除されて介護施設が再開されても、施設の働き手が不足し、受け入れ人数が定員を下回り、多くの待機者が出る状況となっている。

原発避難者アンケートでは「仕方がないと思う」を選んだ。「避難で一人暮らしを始めてから、自分で考え、行動を決めていくように変わった。つまり、すでに頑張った状態。それを表す選択肢がなかった」

■2020年「仕方がないと思う」 豊かさとは？昔には戻れない

2018年春、借り上げ住宅の期限が近づき、両親のいる自宅に戻った。「避難者」の肩書を早くおろしたかった。「被災者とか被害者だと思っていたのも、僕の中では賠償金が出ていた時まで。今も自宅に線量計が置いてあるが、いい加減に片づけてほしいと思う」

「豊かなふるさとを取り戻そう」。そんな看板を見かけるたび、違和感を覚える。「取り壊す家が多く、そこに建つのは農業系の会社の事務所とか。昔に戻るのは無理だし、そもそも豊かさって何？」と思う。

「あの時はよかった」という話が嫌いで、震災関連のニュースをできるだけ見ないようにしてきた。「取り上げられる人が高齢者や自営業者が多く、過去にすがる印象が強い。原発の廃炉技術の開発など前に進む話に目を向けてほしい」

帰還後は市内の介護施設で働く。「地元でも『介護人材[33]を海外から』という話があるが、受け入れる側の態勢はできていない。何より片言でも伝わるような言葉の勉強は必要」と考え、独学で中国語の勉強を続ける。「ケアマネジャーや心理学の勉強もしたい。1日48時間ほしいですね」

（深津弘）

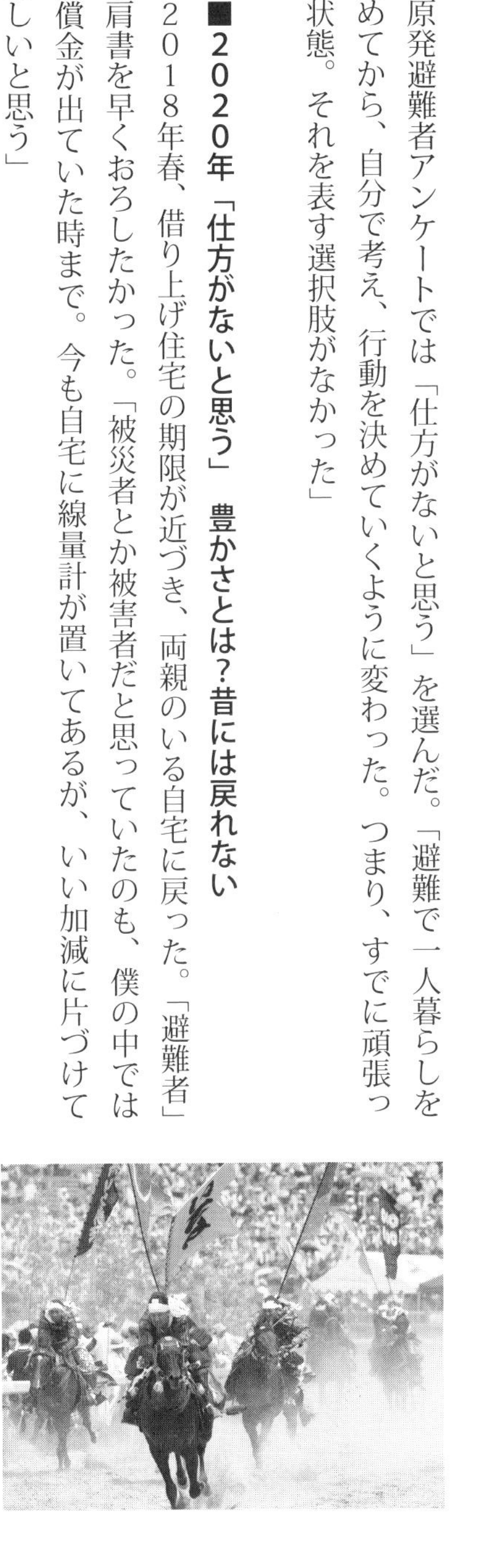

相馬地方の伝統の祭りで、震災と原発事故から2年ぶりに南相馬市で行われた「相馬野馬追」の甲冑競馬＝2012年7月、日吉健吾撮影

18　故郷の未来が見えない、「復興は見せかけ」

田河キミさん（76）【浪江町に帰還】

避難指示が解除されて3度目の冬。春のような陽気のもと、浪江町[34]の集落で夫と暮らす田河キミさんが10メートル四方の自慢の花壇にいると、近所の同年代の友人が姿をみせた。「もう咲いた?」「今年は暖かいから早いね」。1時間以上、話が止まらなかった。

■2018年「頑張ろうと思う」　日差しも風通しも「故郷は良い」

浪江町に出されていた避難指示が、帰還困難区域を除いて6年ぶりに解除された2017年春、田河さんは同町の自宅に戻った。

震災前は、自転車やバイクの修理店を夫が経営していた。原発事故のため50キロ以上離れた二本松市の仮設住宅に避難した。その1年後、トイレで突然倒れた。がんと診断され、手術で腫瘍を取ったが、転移していた。「あと5年くらい生かして。

34　福島第一原発の北8キロに町役場を置く。震災時は約2万1千人が暮らし、人口、面積ともに双葉郡8町村最大。JR常磐線浪江駅から延びる商店街は原発とともに発展した。沿岸部の請戸地区は津波で壊滅的な被害を受け、町内の犠牲者は182人。原発事故で全町避難となり、中心部や請戸地区などは2017年3月末に避難指示が解除された。

頑張るから」と医師に懇願し、抗がん剤治療を続けた。「生きるための力を先生からいただいた。もう一度、浪江に戻って暮らしたい。夫婦で早く帰りたい」。そう思いながら、避難先での日々を重ねた。

地区での除染作業が終わると、自宅に戻る準備をした。外壁を塗装し、畳や障子なども新調、台所は安全性を考えてオール電化にした。自ら間取りを考えた築20年

6年ぶりに戻った自宅の庭に植えた植物を眺める田河キミさん＝浪江町

■避難後の足取り

【２０１１年】
浪江町の自宅→二本松市の旅館→同市の仮設住宅
【２０１７年】
浪江町の自宅に戻る

を超す家は、たっぷりと日差しが注ぎ込み、夏でも風通しがいい。「ここに帰ってくると清々とするね。以前より、一日一日、元気になる気がした」

「自分のことは自分でできる、そんな老人から帰らなければ復興につながらない。町の未来が見たいね」。故郷は良い。改めてそう思った。

■2019年「仕方がないと思う」　好物のキノコ　数値高くびっくり

周りの里山では、春は山菜、秋はキノコが採れる。震災前は採りに行くのが楽しみで、特に、香りがいいキノコ「イノハナ」が好物だった。

浪江町は避難指示の解除後、「食に対する安心・安全を確保する」として、町民が自家消費用の農産物などを役場に持って来れば、放射性セシウム[35]を機器で測定する取り組みを始めた。久しぶりにイノハナを採りに行き、役場で測ってもらったところ、耳を疑った。基準の10倍。「除染したのは人が通る、見える所だけ。堀や沢は線量が高い。安全だから帰りなさいと、国や町は理屈を立てるが、無理がある」。やり場のない気持ちを抱え込んだ。

戻った自宅の周辺では、工事用の車両が行き来し、耳をつんざく重機の音が響いた。一軒、そしてまた一軒。取り壊されていく家を目の当たりにした。ほとんど傷んでおらず、まだ新しい家も取り壊されていた。「私のように、ふるさとに戻った人にとって、こんな寂しいことはない」と思った。でも、思い出すようにつぶやいた。「あー、そうか。ここの家は、たしか、小さな子どもさんがいたんだよね。仕方ないねー」

35　福島第一原発事故では放射性セシウムを含む放射性物質が大量に放出された。国は2012年4月に一般食品中の放射性セシウムの基準値を1キロあたり100ベクレルに設定した。時間の経過とともに農水産物の出荷制限の解除が進んだが、野生のキノコや山菜の検査では、事故から10年を経ても基準値を上回る事例が報告される。

■2020年「怒りが収まらない」 里山に猿、子どもの声と勘違い

町に人が戻れるようになって3年近く経っても、居住者は1200人ほど。震災前の6％で高齢者が多い。庭から見える里山には猿が集団で姿をみせ、キャッキャッと騒ぎ立てる。「最初は、子どもたちが遊び回る声だと勘違いし、夫に『お父さん、子どもたちの声よ』と話しかけたんですよ」と笑う。「ほんとうに若い人が帰って来ない。町が昔のように戻るのか、先が全く見えない」

心配事も増えた。トラブルが相次ぐ福島第一原発の廃炉だ。30～40年かかる工程の遅れが懸念されるようになった。「五輪が近づき、復興、復興と言うけれど、それは見せかけ。原発が憎い」。東京電力が廃炉などの現状を町民に説明し、グループに分かれて意見交換する場に参加したこともある。「日本は海に囲まれた小さな島国。大地震が起きることもある。原発から出る廃棄物をどうしていくのか」。不安を吐露した。

この3年で顔なじみが少しずつ戻って来て、話し相手が増えた。車で10分の場所にスーパーもできた。ふるさとでの生活を取り戻す一方、現実の厳しさに絶望感に包まれる。

「早く、そして少しでも、元の町に戻ってほしいが、町の復興は無理だと思う。でも、あきらめたくもない」。気持ちはいつも揺れ動く。そして笑顔で口にした。「私、残りの人生の中では、今日が一番若いのよ。だから、くよくよせず、前に向かって生きていくわよ」

（深津弘）

浪江町の休校中の小学校と幼稚園が建つ敷地の草を刈る住民たち＝2018年11月、福留庸友撮影

19 地元の魚にこだわる、誤算あっても

坂本賢一さん（64）【広野町に帰還】

広野町で旬の魚料理の店を営む坂本賢一さんは、原発事故の4カ月後に店を再開した。やがて住民の多くが戻り、「もとの町と変わらない」とみる。一方、自身の店の営業時間は限定せざるを得なくなり、「生活のリズムが変わってしまった」と実感する。

■2011年「頑張ろうと思う」 店を再開。避難先から往復58キロ

震災当日の夜、町役場から「津波に遭った人がいるので、おにぎりを作ってほしい」と頼まれ、引き受けた。翌日、近所の人が車に荷物を積んでいた。「逃げた方がいい」と言われた。急いで親類に声を掛けた。「今は北風だから放射能は南に飛ぶ。西の新潟に向かおう」。約20人でまとまって車で避難を始めた。

国道6号沿いの自宅と同じ敷地で、料理店「和風みさか」を開いて10年目。車で

約10分の久之浜魚市場で仕入れ、2～3時間後に提供できる魚が自慢だった。客が珍しいと思う料理も提供した。「アンコウの刺し身とか、サメなんかもね。鮮度がいいと何でもできてしまうんです。食べたことのないものは人に自慢できるから喜ばれましたね」

避難して4カ月後、いわき市の仮設住宅に移った。広野町は町独自の避難指示を

調理場に立つ坂本賢一さん。店が軌道に乗った頃に原発事故が起きた＝広野町

■避難後の足取り

【２０１１年】
広野町→平田村など県内の施設に数泊→広野町が災害時の相互応援協定を結ぶ埼玉県三郷市の避難所→いわき市のホテルハワイアンズ→同市内の応急仮設住宅
【２０１６年】
広野町の自宅に帰還

出していたが、町内と避難先との行き来はできた。「仮設住宅も光熱費はかかるし、閉じこもっていると体によくないしね」

町内で店を再開する人はまだわずかだったが、常連客の励ましにも背中を押され、往復58キロを通う生活が始まった。「やっぱり、こういう商売をやってきて、若干の正義っぽい意識もあったのかな」と振り返る。

■2017年「頑張ろうと思う」仮設退去。振り回されたけれど

町独自の避難指示は震災1年後に終わり、町は住民に帰還を促した。自宅は住める状態だったが、いわき市の仮設住宅から店に通う生活を5年ほど続けた。

仕入れが理由だった。久之浜魚市場は津波で壊れ、仮設住宅から近い中央卸売市場で調達するようになった。「競りは朝6時から。広野から毎朝往復するのは大変。少し甘えている点もありましたけどね」

営業は昼間だけになったが、「リピーターが戻り、作業員も多く、ものすごく入りましたよ。それだけで疲れちゃった」。沖合の魚「常磐もの」[36]の出荷制限はしばらく続いた。「お客さんは魚だけでなく野菜も聞くんですよ。どこ産?って。高齢の人ほどね」

それ以上に気になったのは、パート従業員の求人難だった。「東京電力の社員食堂の時給があまりに高くて、ここら（浜通り）のラインが崩れた。事故前より時給を数百円上げても反応がなく、苦労したね」

仮設住宅にいられる期限が迫り、2016年に退去した。「避難って、何だったろ

36　黒潮と親潮がぶつかる福島県沖では「常磐もの」と呼ばれる良質な魚が取れ、東京の築地市場に出荷してきた。原発事故以来、放射性セシウムの基準値を超えた43種の出荷が制限されてきたが、2020年2月にすべて解除された。出漁日を減らしてセシウムを計測して出荷する「試験操業」を続けてきたが、2021年春以降、本格操業を再開する。

37　福島第一原発の原子力建屋内に溶け落ちた核燃料の冷却水や建屋に染み込んだ雨水を多核種除去設備で処理したもの。大半の放射性物質は取り除けるが、トリチウムは除去できず、敷地内の約1千基のタンクで保管。タンクの敷地に限りがあり、政府は海への放出を念頭に置くが、風評被害を懸念する漁業者らは強く反発している。

うと思った。逃げろと言われて散々振り回され、でも、いろいろな人に世話になってね。だから前に進む気持ちは失わなかった」

■2020年「怒りが収まらない」 東電の対応、どっちが被害者?

2019年9月、待ち望んだ久之浜魚市場が8年半ぶりに再開した。だが、船の数も漁獲量も少なく、「期待外れ。悲しかった」

「自分で魚を見て、わずかな差で競り落とすのが入札の面白み。目に狂いはない、という満足感がある。今は量が少なく、空振りでは店に帰れないから、確実に取るため高値で買うしかない。つまらないよね」。やがて足が遠のき、再び中央卸売市場に通っている。

第一原発の処理済み汚染水[37]をめぐり、海洋放出の是非が取りざたされるようになった。地元の魚を扱う飲食店として「初めてなら考えるけど、以前は流していて今度はなぜダメなのか。私は、慣れだと思うんですけどね」と率直に語る。

朝5時には自宅を出るため夜の営業は予約に限定している。「商売としては、あんまり成り立ってないですよ。誤算ですね。でも、この地で頑張っていく気持ちは同じ」と言う。

一方で「東電には今も言いたいことがある」。「ここにいる社員は被害者の現状を見ているけど、補償をめぐる本社の対応は上から目線で、どっちが被害者なのかという感じ。思い出すたびに腹が立ちますよ」

（深津弘）

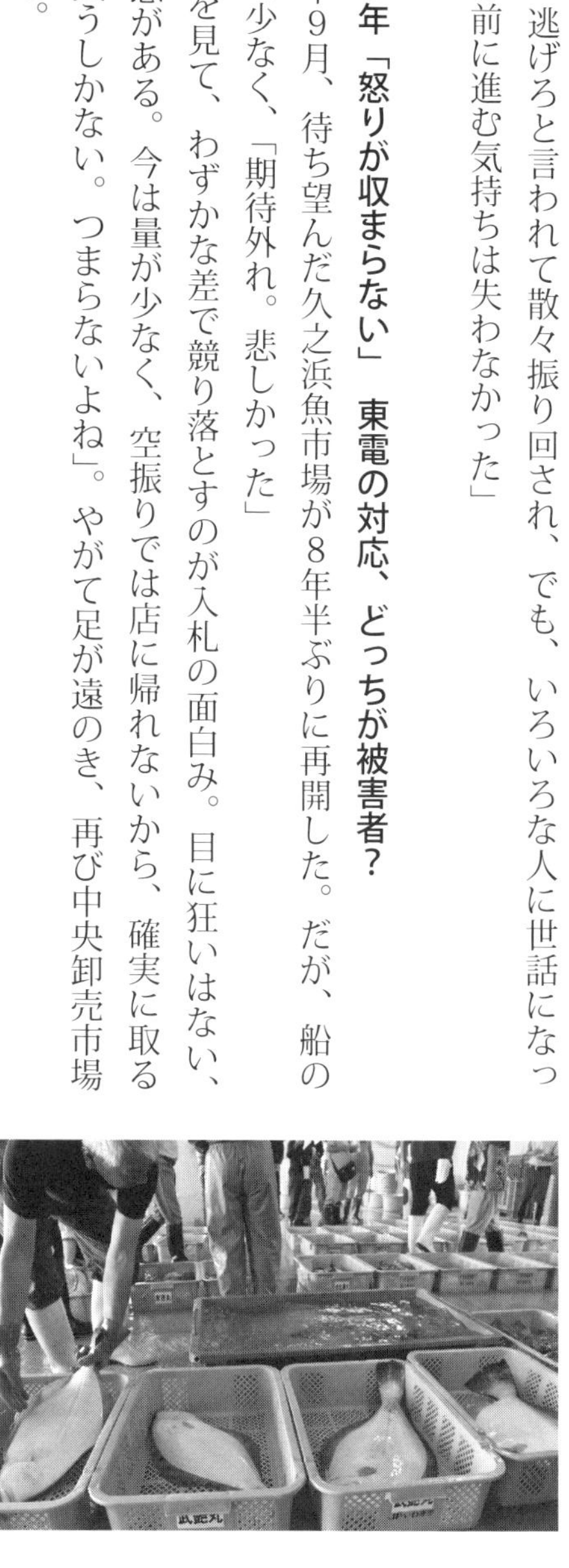

久之浜魚市場に水揚げされ、跳びはねているヒラメ＝2019年9月、柳沼広幸撮影

20　山との生活奪われ、募る東電不信

坪井幸一さん（71）【田村市都路地区に帰還】

田村市で避難指示が唯一出た都路（みやこじ）地区[38]の坪井幸一さんは帰還して6年半になる。山林の除染は行われず、山を糧にしてきた地域の生活が戻らないことを憂う。震災時は原子力発電所の作業員。「東京電力は信用できない」と、かつての仕事先への視線は厳しい。

■2011年「仕方がないと思う」　原発復旧作業、むなしさと怒り

田んぼを耕し、シイタケ栽培の原木を育てる農家だった。もう一つ、仕事があった。30歳で電気工事の作業員となり、東芝の下請け企業に就職、県内外の原発などで変電設備の作業を担ってきた。三男も同じ道を歩んだ。

「もともと都路は原発とは切っても切れない間柄。多い時は原発で仕事をする人が400～500人はいた。福島の原発は車で通勤できますから」

38　田村市の東部に位置し、2005年の町村合併までは都路村だった。林業が盛んで、キノコの原木を切って搬出し、キノコ栽培の産地に出荷していた。117世帯（357人）が対象の避難指示は2014年4月に解除され、国が避難指示を出した11市町村の中で最も早い解除となった。

震災発生の「3・11」も福島第一原発の建屋の外で変圧器の交換をしていた。激しい揺れで作業をやめ、帰路についた。爆発事故から10日ほど経ち、会社から「復旧に来てくれ」と呼ばれた。避難先から原発に戻り、外部電源にケーブルをつなげる作業に追われた。「吹っ飛んだがれきを見てむなしさを感じた」。「もう呼ばれても来ないから」と会社に伝えた。

自宅裏で除染の状況を語る坪井幸一さん＝田村市都路地区

■避難後の足取り

【２０１１年】
田村市都路地区→同市内の避難指示が出なかった地区にある四男の自宅や小学校など→同市内の仮設住宅
【２０１４年】
都路の自宅に帰還

頭に浮かんだのは「東電への怒りだった」。班長の時、設備の補修中に作業員が照明に触れて落下させてしまい、東電から「おまえら、何やってんだ」と夜中まで怒られたという。ある時は、こういう形でやりたいと東電に提案しても聞いてくれなかった。「数段上からの目線」と感じた。「仕事をさせてもらってきたので、悪くは言いたくないけど、そういう気質が事故につながっているんじゃないかと感じた。われわれは現場で見てきて、体験してきているんで」

■2016年「仕方がないと思う」 部分除染のみ、林業再開できず

2014年春、第一原発から20キロ圏にある都路地区東部の避難指示が解除された。国の避難指示が出た11市町村で最初の解除だった。

約20世帯の集落の責任者をしており、当初は解除に反対だった。「ここの除染は試験的な形で行われた。当時はまだ、土をはぎ取ることはせず、地表のゴミを集めるだけの、お粗末な除染だった。その後、部分的にやり直し、希望した人は再除染してもらった」

集落の住家のすぐ裏に山が迫る。住民の共有林もあり、売り頃の木が多くあった。だが、国の除染は住宅の敷地から山側に20メートル入った範囲まで。「山全体の除染[39]は無理な話なんだけど、やってほしいと頼んだ。家の周りはやってくれたが、結局、その程度で終わってしまった」

「除染は不満だったが、集落を見捨てて逃げるわけにはいかないから、自宅を自分で修理して帰ることにした」。自身の稲作は再開できたが、シイタケの原木栽培など

39 国は森林の除染について、住宅など生活圏から20メートルの範囲や日常的に人が出入りする場所に限っている。山林から放射性物質が宅地側へ流れ込む動きは小さいといった理由から、山全体にまで除染を広げようとはしない。里山では、除染とは別に森林再生のモデル事業を進めている。

集落での林業は今もできない状況という。「何十年は無理じゃないですかね。私は放射能の知識を持っているから理屈ではわかっているんだけど、もどかしいですよ」

■2020年「気力を失っている」 隠したがる体質、抜けていない

避難指示解除から6年半が過ぎた今、都路地区の住民の9割は地元に戻っている。「ほんと、ここの話は（ニュースに）出なくなった。それだけ時が過ぎたというか、生活が落ち着いてきているというか」

9月20日、震災と原発事故を伝える県の施設が双葉町に開館した。「浜通りと比べ、田村市には何もないんですよ、公共的に役立つとか何かを伝える施設が。何があったのか、わからないと、将来的にいけないんじゃないの。われわれ共有林の地主会は今、のちに伝えるための記念誌を作ろうと動いているんです」

地元の未来と同様、かつての働き場だった東電の今後も気になる。「ニュースで流れた後、いろいろと回答することが多い。何かあってもすぐに隠したがる体質は抜けていない。だから信用できない」とみる。

ここ数年でも、汚染水の浄化処理後にトリチウム以外の放射性物質が基準を超えて残っていた事実を、積極的に公表しなかったことが批判を浴びた。「30～40年後」とする廃炉の完了目標も揺らいでおり、行く末は見通せない。

「都路から原発に働きに行く人は今も結構いる。協力会社への弱い者いじめなど、そういう状態が直らないと駄目なんだがなあ」

（深津弘）

田村市都路地区で木を伐採する作業員。汚染された樹皮をはいで使える建材や紙の原料として出荷＝2016年2月、福留庸友撮影

第2章

20人の「心の軌跡」を読み解く

高木竜輔（尚絅学院大学）

水素爆発で上部が吹き飛んだ３号機の原子炉建屋＝ 2011 年 11 月、相場郁朗撮影

1　原発事故10年目から原発避難を読み解く

プロローグにあるように、朝日新聞福島総局は2020年3月から「現在地　10年目の避難者」という企画を立て、月に2本のペースで原発避難者へのインタビューを実施し、掲載してきた。このインタビューを読むと、それぞれの被災者にそれぞれの避難のかたちがあることを読み取ることができる。まさに、それぞれの避難者にそれぞれの避難のストーリーがある。

インタビュー時点では元の地域に戻った方もいれば、避難先で住宅を購入し、元の場所に戻らないと語っている方もいる。また、避難を継続しつつも、元の場所への帰還を模索している人もいる。もちろん、依頼した被災者はランダムに選んだものではなく、その多様さを描くために選ばれているだろう。また、依頼しても断られたケースもたくさんあると聞く。とはいえ、そこからは原発事故10年という長期の時間のなかで悩み、苦しむ原発被災者の姿がある[1]。被災者それぞれの避難の必然性があることを読み取ることができる。

ここでは、20人の避難者のインタビューを、いくつかのテーマに即して読み解いていきたい。それぞれの避難のストーリーが縦糸だとすると、横軸であるテーマを織り込むことで原発避難という一枚の絵柄を示してみたいと思う。

1　被災者と避難者に関して、ここでの用語の使い方について確認しておく。前者は原発事故によって何かしらの被害を受けた人を指す言葉であるのに対し、後者は今も避難元から離れて生活する人のことを指す。

表2-1　インタビュー対象者（敬称略）

	名前	避難元	避難状況	現住地
1人目	大沼せりな（45）	双葉町	避難	茨城
2人目	武内正明（60）	双葉町	避難	長崎
3人目	望月秀香（49）	富岡町	避難	大阪
4人目	柴田明範（54）	浪江町	避難	二本松市
5人目	西牧裕美（41）	大熊町	避難	埼玉
6人目	中里範一（63）	双葉町	避難	郡山市
7人目	古内タケヨ（100）	富岡町	避難	神奈川
8人目	西村正英（78）	大熊町	避難	いわき市
9人目	佐々木千栄子（74）	飯舘村	避難	福島市
10人目	泉田賢一（73）	双葉町	避難	いわき市
11人目	西久美子（73）	浪江町	避難	福島市
12人目	坂本勝利（82）	富岡町	避難	田村市
13人目	鵜沼久江（66）	双葉町	避難	埼玉
14人目	栃本信一（68）	大熊町	避難	南相馬市
15人目	吉田トヨ子（73）	浪江町	避難	南相馬市
16人目	吉田健（48）	葛尾村	帰還	
17人目	志賀高史（37）	南相馬市小高区	帰還	
18人目	田河キミ (76)	浪江町	帰還	
19人目	坂本賢一（64）	広野町	帰還	
20人目	坪井幸一（71）	田村市都路地区	帰還	

まずは今回のインタビュー対象者を整理しておこう。表2-1は今回の対象者を一覧の形で示したものである。対象者の選定は朝日新聞福島総局の記者が多様なテーマに基づいて選定しているので、そこには何かしらの偏りはあるだろう。

とはいえ、ここで取り上げる20人の対象者は、その多くが避難指示区域の被災者であるが、年齢、避難元、避難状況、現在の居住地、などにおいて多様である。

以下では、取材対象者によって語られたインタビュー記録を踏まえて、10年目の原発被災者の置かれた状況を読み解いていきたい。

2　避難生活について

まずは、今回の語り手たちの避難生活について確認してみたい。避難者の数だけ避難生活があると言ったが、ここで取り上げる20人にはそれぞれの避難生活がある。とはいえ、そこにいくつかの共通点を見いだすことができる。それらについて、対象者の語りを交えて紹介してみたい。

【大変な避難生活】

避難者にとって、避難生活を継続する理由はさまざまである。避難元の放射線量が高いと感じていたり、避難先の生活に馴染んだり、といった理由を思い浮かべることができる。

11人目の浪江町の西さんは、避難元では母親の介護ができないという理由で戻ることができず、避難先で自宅を購入した。また、広野町で飲食業を営む坂本さん（19人目）は、仕入れの都合で避難生活を続けざるを得なかった。これらの背景には、原発事故によって避難元の生活インフラが自らの帰還に合わせて回復していないことが挙げられる。それぞれの人にとっての「帰還する条件」があり、それが満たせないと帰還はできないのである[2]。

また原発避難者からは、長期の避難生活の苦労についての声が聞かれた。「避難先はうるさくて落ち着かない」（11人目　西さん）、「父親が避難先での生活に馴染めない」（2人目　武内さん）、「避難先での生活が大変」（8人目　西村さん）など、避難先の生活になかなか適応できない様子がうかがえる。また、復興公営住宅での孤独死の発生（15人目　吉田さん）も、多くの被災者が避難生活に適応するのに苦労していることを示している。このように原発避難者にとって、避難生活はいつまでも慣れないものである。

【生活のなかでの避難者であることに気づく】

このような避難生活に対して、多くの避難者は目の前の生活に追われている。しかしふとしたことで自らが避難者であることが思い出され、気持ちの浮き沈みに直面する。たとえば3人目の富岡町の望月さんは、避難先でのｐＴＡ活動に加わり、ママ友の紹介により給食センターで働いていた。「富岡のことより目の前の生活のことばかり考えていた」（34頁）が、車を買い換えたタイミングで自らは富岡町から避難してきた存在であることに気づき、寂しさを感じた。5人目の大熊町の西牧さんは、「新しい土地での子育てや仕事に追われ、子どもにはできるだけ「普通の生活」をさせたい。平気なふりをするけど、避難生活が続いているという現実に気持ちが落ち込んだり、無力感に襲われたり、を繰り返した」（42‐43頁）と語った。すでに2人

2　高木竜輔は、緊急時避難準備区域に指定された広野町の商工事業者の研究を通じて、被災地の復興に時間がかかることをジグソーパズルになぞらえて説明している。生活インフラが回復しないなかでは、一人で生活できる人がまず帰還し、そのような人が一定程度いることで商工事業者が再開することができる。町内で再開した事業者が出てくることで、新たな帰還者が出てくる。高木竜輔（２０１５）「復興政策と地域社会――広野町の商工業からみる課題」除本理史・渡辺淑彦『原発災害はなぜ不均等な復興をもたらすのか』ミネルヴァ書房、を参照。

とも避難先で自宅を再建しているが、長期の避難生活のなかで避難先の生活に馴染んでいるようにみえても、いろいろな機会に事故や避難の現実に直面せざるを得ないのである。

【避難先に馴染めない大人、避難先がふるさとになる子ども】

避難が長期化するなかで、避難指示区域からの避難者は避難先に住宅を購入したり、避難先の復興公営住宅に入居している。13人目の鵜沼さんは、双葉町に戻るために避難先で農業を行い、そのために避難先に住宅を求めた。6人目の中里さんは、長期避難のなかで新たな生活の場が必要だということで避難先に住宅を購入した。しかし中里さんは、避難先で住宅を購入したからといって、双葉町に戻らないと決断したわけではない。

このように、被災者が避難先で自宅を購入しても、そこが新しい「終の棲家」と考えていない人も多い。買った家は「避難所の一つ」「本来の家は双葉」（6人目　中里さん）、復興公営住宅が「我が家とは思えない」（15人目　吉田さん）と考えている方もいる。ここからは、原発被災者が避難先で住宅を再建しても、そのことによって復興を感じることができていないことが読み取れる。

そんな大人とは対照的に、子どもたちは避難先の生活にすぐに馴染んでゆく。子どもたちからすると、人生のほとんどを避難先で生活していることになるため、避

写真 2-1　津波で内陸部まで流された漁船＝ 2011 年 3 月、中田徹撮影

難先がふるさとになってしまう。１人目の双葉町の大沼さんからすれば、本来ならば双葉町が子どもたちにとってのふるさとになるはずであった。それが子どもにとっての「ふるさとがいまの避難先になりつつある」（26‐27頁）ことに複雑な想いを感じている。

もちろん、16人目の葛尾村の吉田健さんの子どものように、長期の避難生活のなかでも葛尾村で理髪店を継ぐと言ってくれることもある。避難生活のなかでも、父親としていろいろ葛尾村との関わりを示したことが、息子にこのような決断をさせたのかもしれない。

【通い復興】

長期の避難生活のなかで、避難元との関わり方には多様な形が見られる。19人目の広野町で飲食店を営む坂本賢一さんは、いわき市の避難先から避難元にある自らのお店まで、片道約30キロの道のりを通っている。９人目の佐々木さんは、息子は飯舘村に戻ったが、自らは孫の職場に近い福島市に住宅を求め、そこから飯舘村のお店に通う。また、浪江町から福島市に避難する西さんも、集落の農地保全の仕事に従事している。いつの日か浪江町での農業を再開するために片道１時間半かけて浪江町に通っている。

16人目の葛尾村の吉田さんの例はその逆のパターンである。２０１９年春に葛尾村に戻ったが、三春町の仮設店舗を継続し、30キロの道のりを行き来している。その背景には、村への帰還者が少なく、村内での事業が成立しないことがある。

このように避難者が仕事や家の都合などで避難元と行き来することを金井利之は「通い復興」と呼んでいる[3]。11人目の西さんのように避難先で自宅を購入した人でも、このように浪江町に定期的に行くことで避難元と関わりを持っている。移住か、帰還か、という二元論ではなく、現実には多様な形の避難のあり方が存在している。

■避難者へのまなざし

避難先での生活に伴い多くの避難者が直面するのが、避難先の住民からのまなざしである。この点について、避難者の語りを読み解いていきたい。

【避難者だと言えない】

まず多くの対象者から聞かれたのが、避難先で自らが避難者であることを言いづらい、ということであった。1人目の双葉町の大沼さんは、2016年に横浜市に避難していた中学生がいじめに遭っていた事件を受け、周囲の人に双葉町出身であることを言いづらくなった。子どもが同じ目に遭うのではないかという不安からであろう。4人目の柴田さんも、避難してきた子が「放射能」などの言葉をかけられ、次女は登校を嫌がるようになった。

避難者がこのように感じる背景にはいろいろな要因があるが、そのなかには賠償金[4]の存在がある。17人目の南相馬市の志賀さんが、津波被災した宮城県、岩手県の人から「大変だね」と言われることに違和感を覚えたのは「福島は賠償金があるか

3　山下祐介・金井利之（2015）『地方創生の正体』ちくま新書、59頁。

4　原発被災者に対する賠償制度について少し説明しておきたい。原発事故後、原子力損害賠償紛争審査会が文部科学省内に設置された。そこでは賠償の指針について示されている。原発被災者に対しては、避難を強いていることに対する精神的賠償、不動産や家財に対する財物賠償、仕事や事業に対する就労不能損害・営業確保損害、避難先での住宅確保のための住宅確保損害、などがある。

らいいよね」（90頁）というまなざしを読み取ったからである。また13人目の鵜沼さんは、同じ避難者から「賠償金があるのにどうして働くの」（73頁）と尋ねられたが、同じ避難者の中でも賠償金をめぐる認識の違いが生じていることがわかる。

もちろん、３人目の望月さんの長女のように、福島から避難してきたことを包み隠さず避難先に話す人もいるが、そこには「自らが悪いわけではない」、という信念がある。また、13人目の鵜沼さんのように、自ら避難先の人に、双葉町から避難したことを隠さず説明する人もいる。７人目の西村さんも、孫が避難先の会津でうまく馴染むことができたことに、「会津の人には本当に良くしてもらった」と感謝している。

【原発避難者に対する不理解】

賠償金以外にも、自らが避難者だと言いづらい理由がある。それは、原発避難者に対する不理解である。先ほどの鵜沼さんは、避難先に自宅を購入したことで「みんなから「双葉にはもう戻らないのね」と言われ、つらかった」（73頁）と述べている。すでに紹介したように、鵜沼さんは双葉に戻るために避難先で農業を行い、そのために住宅を購入していた。しかしそのことを「移住を決めた」「もう戻らない」と周囲に解釈されてしまうと、本人としては双葉町や農業に対する想いが理解されていないと感じる。同じく鵜沼さんは、避難指示が解除されたことで周囲から「よかったね、もう帰れるんでしょ」と声をかけられるが、避難元の状況が周囲には理解されていないために、「（双葉町に）私の住むところはない」と自分で説明しないといけないつらさを語っている。

　このように、福島のなかの状況の変化を避難先の人になかなか理解してもらえず、そのことによって気持ちがまた落ち込むことになる。5人目の大熊町の西牧さんも、避難先の人々との認識の違いを感じる一人である。自らの中では原発事故は終わっていないと感じているが、周囲からは「まだ避難者の？」と不思議がられることに戸惑いを感じている。原発事故により自らが失ったものを整理できず、周囲とのギャップで社会における原発事故の風化を痛感する。そのことで原発事故を直視せざるを得ず、気持ちが落ち込んでしまう。

3　ふるさとについて

　次に読み解いていきたいのは、避難元のことについてである。原発事故によって自らの意に反して長期避難を余儀なくされた避難者は、自宅のこと、避難元のこと、ふるさとのことについて、どのように考えているのだろうか。

写真 2-2　楢葉町からの避難者が住むいわき市の応急仮設住宅
＝ 2013 年 9 月、小川智撮影

■自宅について

【自宅の解体】

最初に確認したいのは、避難元の自宅についてである。原発事故まで暮らしていた愛着のある家を多くの対象者がすでに解体している。2人目の武内さん、3人目の望月さん、8人目の西村さん、などである。15人目の吉田さんも、自宅の公費解体を申請しているが、自宅にあるものが棄てられず、解体が後回しになってしまっている。

各対象者の自宅解体に対する想いはさまざまである。自宅の解体については、環境省の除染・解体事業[5]によって家主の費用負担なく解体することができる。しかし今回の対象者のインタビューからは、どんなに自宅が朽ちていても、帰ることを断念していても、自宅を解体することについて複雑な想いを読み取ることができる。

8人目の西村さんは、「きっとまた大熊に住める」と帰還を諦めていなかった。長期避難のなかで自宅は泥棒や動物に荒らされることはなかったものの、隣近所の家の解体が進み、除染廃棄物を詰めたフレコンバッグが山積みであることで帰るのは無理だと思うようになり、2020年に自宅を解体した。

3人目の望月さんの場合は、天井も床もボロボロになってしまい、解体せざるを得なかった。わざわざ遠い大阪から富岡町の自宅に駆けつけ、娘とともに泣きながら、自宅との最後の別れをしている。15人目の吉田さんは、震災前の家は住宅ローンを

5　除染・解体事業とは環境省の事業であり、避難指示区域内の家屋を除染の一環として解体するものである。

組んで建て直してからまだ7年しか経っていなかった。それを東京電力からの財物賠償で返済した。吉田さんが語る「都会の人からみたら、放射能で汚れたところに帰らなくても賠償金で家を建てればいい、と思うかもしれませんが、精魂込めて守ってきた土地と家」（82頁）という言葉は重い。

これから自宅を解体する人もいる。4人目の柴田さんは、自宅の放射線量が高く、「住むなら、建て替えるしかない」と言われた。2019年に一時帰宅したが、自慢の庭は草木が生い茂り、家もカビがひどくなっている。一緒に行った娘さんは「もういいや、入らない」と言った。5人目の西牧さんも、自宅の解体を決意した一人である。原発事故からそのまま時間が止まってしまっている自宅だが、「いずれは雨漏りするほど朽ちるであろう我が家を見るのは耐えられない」（43頁）と解体を決意している。

ここから分かるのは、多くの避難者が自宅の解体までにいろいろ考え、逡巡していることである。多くの方が長期避難のなかで自宅を荒らされたり、雨漏りが生じたりするなど、徐々に自宅の劣化を感じ取る。もう住めないと頭の中では分かっている。一方で周りの家々もまた除染の名の下に解体されてゆく。しかし朽ちていく自宅を目の前にしても、これまで暮らしてきた家を解体する決断は簡単ではない。

【受け継いできた家への責任】

避難者は、物理的な家だけでなく、先祖から受け継いできた家や土地に対する責任も感じている。2人目の双葉町の武内さんの自宅敷地は中間貯蔵施設[6]の予定地に

6　中間貯蔵施設とは、原発事故によって放出された放射性物質を取り除く除染事業によって発生した除染廃棄物について、集中的・長期的に保管する施設として環境省が整備している施設である。中間貯蔵施設に搬入されるものは、（1）仮置場などに保管されている土壌や落ち葉、枝などの廃棄物、（2）1kgあたり10万ベクレルを超える濃度の放射性灰、である。

なったが、武内さんの父親は土地の売却を拒否している。最近になって「帰りたい」と言わなくなったと言うが、売却は拒否している。そこには、先祖から受け継いできた土地への想いを読み取ることができる。15人目の浪江町の吉田トヨ子さんも同じ想いを持つ。「家はなくなっても、土地は守らないと。それが負担なんですが、浪江がきれいになったら、気持ちが前向きに変わるかもね」（83頁）と語る。そこには、家に対する責任だけでなく、ふるさとの浪江町に対する責任も読み取ることができる。また、14人目の栃本さんが除染作業の現場監督になったのも、「先祖代々の土地を取り戻すため」であった。その栃本さんも、最後には中間貯蔵施設の受け入れを認めるしかなかった。

先祖に対する責任は、自宅以外でも存在する。たとえば、お墓である。８人目の大熊町の西村さんは、町の一部で避難指示が解除された２０１９年のタイミングでお墓を避難先の近くに移した。家だけでなく、お墓も移したことで「よほどのことがない限り、もう大熊町には住まない」（55頁）という決断をしている。14人目の大熊町の栃本さんも、同じく２０１９年のタイミングで曽祖父の殉職碑を避難先の自宅近くに移した。そこには「新天地で生きると決めた」という想いが込められている。そこには、避難者に対する強い決断を読みとることができる。

外部の人間は「復興のために朽ちた家を解体せよ」と安易に言うかもしれない。しかし被災者にとって自宅を解体するということは、単に居住するという機能だけでなく、これまで被災者が生活してきた思い出も失うことを意味する。そのように考えると、外部の人間のそのような軽はずみな言動は憚られるべきだろう。

【自宅の除染への不満】

避難元に帰った人にとっては、自宅周辺の除染へ不満を募らせる。18人目の浪江町の田河さんは、「除染したのは人が通る、見える所だけ。安全だから帰りなさいと、国や町は理屈を立てるが、無理がある」（94頁）とやり場のない想いを抱えている。20人目の田村市都路地区の坪井さんも同じく、自宅周辺の除染について不満を感じている。坪井さんはそれでも、集落を見捨てる訳にいかないという理由で戻っているが、戻っている人が自宅周辺の除染に満足しているかというと、必ずしもそうとは限らない。

■ふるさとについて

今回のインタビューでは、避難元に対する対象者のさまざまな想いを聞くことができた。長期避難のなかでのふるさとに対する想いを読み解いてみよう。

【自然の恵み／景観のすばらしさ】

まずは、避難元における自然の恵みや景観のすばらしさについての語りが見られる。18人目の浪江町の田河さんは、自宅の周りの里山でとれる山菜やキノコが好物であった。それが原発事故による放射能によって汚染されてしまった。除染も満足にしてくれない。さらに最近では猿が里山まで下りてきている。ここからは、自然豊かなふるさとの変わりようについて、複雑な思いを見て取ることができる。

7人目の富岡町の古内さんは、夫の定年退職後、夜の森地区に移り住んだ。有名な夜の森の桜がある地区であり、そこを古内さんは終の棲家として選んだのである。春には風に乗って桜の花びらが庭に舞い込むが、原発事故後は一度も自宅に立ち寄ることができていない。年だから自宅に立ち寄ることも諦めているが、できるならばふるさとの桜並木をもう一度見たいと語る。


【ふるさとにおけるつながり】


避難元の自然の豊かさだけではない。ふるさとにおける人と人とのつながりについても多くの人が触れている。

8人目の大熊町の西村さんは、田植えや稲刈りの時期には近所の人と助け合い、「気心が知れた人たちに囲まれ、本当に住みやすかった」と語っている。集落における相互扶助のありがたさを感じていた。しかし避難が長期化すると、避難先の自宅近くの大熊町民とは、大熊町の話をしないという。「みんな、もう帰るっていう考えがないからかな」（55頁）と複雑な想いを吐露する。

9人目の飯舘村の佐々木さんは、村の自慢を「結」だと言う。人と人とのつながり、お互いに助け合う関係があることを村の誇りだと考えている。だが、避難によって「みんな自分のことで精いっぱい。人の世話ができなくなった」と言うのは、村の自慢である「結」が失われてしまったと感じているからだろう。

5人目の西牧さんは、大熊町の夫のところに嫁ぎ、そこで近所の人とのつきあい、保育所でのお母さんたちのつきあいを築いてきた。地域ぐるみの子育てをしてきた。それが原発事故によって避難を強いられ、「築いたものが全部なくなってしまった」ことを思うと涙が止まらなくなるという。

このようなふるさとにおけるつながりは、地域コミュニティと言ってもいいだろう。震災前に確かにあった地域コミュニティは、失って初めてその存在の大きさに気づくものである。それは、長期の時間をかけて構築されたものである。そのため、避難を強いられた人々が避難先で新たにコミュニティを作ることは簡単ではない。

【住民が戻らない現実】

他方、原発事故後のふるさとの厳しい現実についても多くの人が語っている。避難指示は解除されたものの住民の帰還が進まず、自宅周辺の家々がどんどん壊されていくことについて悲しく思う声が聞かれる。

18人目の浪江町の田河さんは浪江町の自宅に戻ったが、聞こえてくるのは一軒、また一軒と回りの家が取り壊されていく音である。「戻った人にとって、こんな寂しいことはない」という言葉は重い。16人目の葛尾村の吉田健さんは、2019年に村内の自宅の隣に店を再建した。しかし住民の帰還が進まない

写真 2-3　避難指示が出た富岡町の住民を、マスクをつけて誘導する警察官＝2011年3月、中田徹撮影

なかでは、店の先行きに不安を感じている。11人目の西さんは、60世帯あった集落で戻っているのは1割程度だと言う。多くの人が家を壊しているのが現実で、そのなかで西さんは福島市と浪江町を行き来している。それでも「やっぱり浪江は清々する」と言い、戻ることを諦めてはいない。

帰還した人々は、いろいろな想いがあって元の場所に戻ってきた。これまで述べたように、先祖から引き継いできた家や土地、自然の豊かさ、地域コミュニティの存在が、帰還を決断する上での決め手になったのだろう。しかし、周囲の家が続々と解体されていくことは、帰還者からすればふるさとが少しずつ壊れていくように映っている。

【避難指示解除が見込めないふるさと】

避難指示が解除されていない地域の避難者も、同じく変わりゆくふるさととの様子を目の当たりにしている。先ほど紹介した4人目の浪江町の柴田さんの自宅は避難指示の解除の見通しが立っていない。同じく15人目の浪江町の吉田トヨ子さんの自宅も帰還困難区域であるが、「うちは道1本隔てて解除されなかった。解除された方はきれいになり、人もわりと帰ってきて。こっちは草ぼうぼうという感じ」（82頁）と語り、「見えない線」で区切られた「こちら側」と「あちら側」の隔たりの大きさを感じている。

10人目の双葉町の泉田さんの自宅も、避難指示が解除される予定の５００メートル外側にあり、解除の見込みが立ってない。泉田さんは「白地地区」[7]という言葉を

7　「白地地区」については、三浦英之（２０２０）『白い土地』集英社、参照。

知り、わかりやすい言葉でありつつも、国が何らの解除計画も立てずに放置していることに「ふざけるな」という怒りを向ける。さらに、除染をせずに避難指示を解除するという話が出ていることについても、とんでもないことだと憤りを見せる[8]。

避難指示解除の見込みが立たないこととは別の理由で帰れない人もいる。２人目の双葉町の武内さんの自宅は、中間貯蔵施設の予定地になった。武内さんは原発事故から6年後に自宅に立ち寄った。「畑がジャングルになり、ツタが（トラックの）荷台に絡まって最初は気づかなかった。見ない方がよかった」（30頁）というくらいの状態だった。回りの家々は次々に取り壊されている。「帰りたい」と言ってきた父親は土地の売却を拒否したままである。しかし、最近はそんな父親も帰りたいとは言わなくなった。

【復興のなかで変わるふるさと】

原発事故後のふるさとの変化を、別の視点から感じ取ったのが7人目の富岡町の古内さんである。古内さんは町から届く広報誌に目を通すが、「知らない人が多くなった」と語る。それは、復興の過程で新しい人が富岡町に流入していることを指してそのように言っているのだろう。そこには、自分が町の復興から取り残されているという感覚を持つのかもしれない。

8　２０２０年12月、政府は特定復興再生拠点区域以外の避難指示区域について、人が居住せず土地を活用する場合に限る特例措置として地元の意向があれば除染をしなくても避難指示を解除する方針を示した。（1）年間積算線量が20ミリシーベルト以下、（2）土地の活用者による必要な環境整備の実施、（3）地元との十分な協議、の3要件を満たすことが条件となる。『河北新報』２０２０年12月26日、参照。

4　生業と家族

次に、避難者たちの生業と家族について紹介したい。原発事故によって多くの避難者が仕事を失った。それは単にほかの仕事で代替できるものではなく、自らの人生の一部となっていたものである。家族もまた同じである。避難して初めて家族の大切さを知るとともに、事故や生活再建のあり方についてどうしても家族のなかで意見の相違が生じてしまう。以下では、仕事や家族をめぐる避難者の語りを読み解いていこう。

■生業について

【生業の喪失】

多くの原発被災者が、自らの仕事の喪失についていろいろな想いを語っている。今回の調査対象者のなかには、農業や酪農に従事していた人がいる。たとえば12人目の富岡町の坂本勝利さんである。坂本さんは農家の3代目だった。農地で米を作ることに加え、40代後半からは黒毛和牛の肥育も始めた。時間をかけて肉質の良い和牛飼育で経営が軌道に乗りかけたところで原発事故が起きてしまった。「筆舌に尽くしがたいほど、憤懣やるかたなかった」（69頁）。避難してからも富岡町に残してきた牛の世話のために避難先から通っているが（そのために三春町の仮設住宅に避難した）、十分な世話をすることができずにいることに忸怩たる想いを感じている。さらに2018年に自宅周辺が特定復興再生拠点[9]となり、除染のために残っていた牛を殺処分せざるを得なかった。坂本さんは、原発事故ならびにそこからの復興事業により、何度も何度も傷ついてきたのである。そんな坂本さんだが、再び町に戻り、牛を飼育することを諦めてはいない。

20人目の田村市都路地区の坪井さんも、山での仕事を失った一人である。稲作と椎茸の原木栽培を行う坪井さんは、2014年の避難指示解除後、自宅を修理して戻った。除染については、山全体の除染も行うようお願いしたが、結局従来の方針通りに家の周辺しかしてくれなかった。稲作は再開しているが、集落での椎茸の原木栽培は再開できていない。集落での林業も従来のようにはできていない状態である。

原発事故は被災者の仕事に大きな影響を与えたが、特に農業など自然の恵みを活かした仕事はその影響を受けやすい。土地に根ざした農産物を作り、その農産物を使って事業をおこなうことが、放射能汚染によって深刻な被害を受けてしまったからである。

【再開したお店が抱える困難】

避難元でお店を再開した人も、その事業が必ずしも順調とは言えない状況にある。16人目の葛尾村の吉田さんも村内で理髪店を再開したが、住民がなかなか戻ってこ

9　特定復興再生拠点とは、帰還困難区域のなかでも早期に避難指示解除を目指す地域を被災自治体が設定し、解除計画に基づいて事業を行う区域のことである。除染やインフラ整備が集中的に実施される。

ないなかで、事業の先行きに不安を感じている。

9人目の飯舘村の佐々木さんは、飯舘村の豊かな自然を活かした地産地消の農家レストランを営んでいた。「第二の人生」として、自分がやりたいこととして始めたのが、自家製のどぶろくと郷土料理が自慢の店だった。しかし原発事故によって避難を余儀なくされた。避難先の福島市で再開したどぶろくづくりは、現在では村に帰った息子さんが引き継いでいるが、自身は「自分で食べる野菜とコメさえ作ることができない村に帰っていいんだか悪いんだか」（58頁）と悩んだ。2019年には村内でお店を再開したものの営業は週に3回のみで、福島市から通う。村内での野菜の調達が難しいからだ。「人が帰ってきて、最低でも地産地消ができなければ、復興とは言えないでしょう」（59頁）という佐々木さんの言葉は重い。

19人目の広野町の坂本賢一さんのお店は、一見するとうまくいっているように見えるかもしれない。坂本さんは町内で地元の魚にこだわる飲食店を営んでいた。近くの市場で魚を仕入れ、すぐにお客に提供できることが自慢だった。それが原発事故によって避難を強いられた。まだ多くの店が再開していない状況のなかで、いち早く町内でお店を再開した。「若干の正義っぽい意識もあったのかな」と語るが、避難元で再開する事業者の多くが、自分が事業を再開することで復興を後押ししたいという

写真 2-4　帰還困難区域に指定されバリケードが設置された大熊町
＝2012年12月、川村直子撮影

意識を持っているのだろう。

再開したお店は昼間だけの営業だが、たくさんのお客さんに利用してもらっている。復興事業の恩恵を受けて利用客がおり、一見すると何の問題もないように見えるかもしれない。しかしお店をめぐる課題は山積している。まず人材不足と周辺の事業所の時給高騰の煽りを受けて、パートさんの時給を数百円も高くせざるを得なくなった。また、夜の営業を完全に再開できていないことも飲食店にとっては大きな損失である。利幅の大きいお酒を提供できないことがもうけにつながりにくくなっているからだ。メインのお客さんが作業員であり、夜の利用客がそれほど多くないことが背景にある。さらには近くの魚市場が津波被害を受けたために遠い市場まで仕入れに行かざるを得なくなった。そのため町独自の避難指示が解除されてもしばらくは避難先からお店に通っていたことは、すでに説明したとおりである。

それ以外にも、仕事を通じて得られる喜びが失われたことも見逃せない。坂本さんは「自分で魚を見て、わずかな差で競り落とすのが入札の面白み。目に狂いはない、という満足感がある。（しかし）今は量が少なく、空振りでは店に帰れないから、確実にとるために高値で買うしかない。つまらないよね」（99頁）という。職人としての生きがいや誇りを示す場が失われてしまったことも忘れてはならない。

原発被災地では、それぞれの地域が有する固有の価値が生業に付加価値を与えていた。それを人びとが長期にわたって維持し、次世代に継承してきた。それらを除本理史は地域固有性ならびに長期継承性と呼んでいる[10]。それが原発事故により失われたのであり、単に農業を再開したり、お店を再開しただけでは消費者にアピー

10　除本理史（2016）『公害から福島を考える』岩波書店、185頁。

ルできないのである。

■家族について

【原発事故による世帯分離】

原発事故により、多くの世帯が分かれて避難を強いられることとなった。世帯分離である。８人目の西村さんは、娘夫婦が仕事の都合でいわき市に移動したため、孫と会津で避難生活を送ることになった。11人目の浪江町の西さんは震災時８人で生活していたが、原発事故によって息子夫婦が仕事の都合で千葉県に引っ越した。二カ所に分かれての避難生活になり、かわいい孫とは離ればなれになってしまった。

また、帰還をするタイミングで世帯分離が生じることもある。９人目の飯舘村の佐々木さんは、２０１７年春に避難指示が解除され息子が村に戻ったが、自らと孫は福島市での二人暮らしを選んだ。そのタイミングで新たに世帯分離が生じた。

このように、至るところで原発事故ならびにその復興の過程で世帯分離が生じている。その背景には、仕事や学校の都合、病院や介護施設の問題、など多岐にわたる。住宅の再建によって世帯分離がある程度解消される傾向にはあるが、すべての家族において解消されるのは難しいだろう[11]。

【家族関係の悪化】

原発事故によって、家族との関係がうまくいかなくなった人も多い。避難や帰還、

11　高木竜輔は富岡町の住民意向調査のデータから、調査時点における居住形態別に震災前後の平均世帯人数を示している。持ち家層において震災前後の差が▲０・49と一番低いが、それでも世帯規模は縮小している。高木竜輔（２０１７）「避難指示区域からの原発避難者における生活再建とその課題」長谷川公一・山本薫子編『原発震災と避難』有斐閣、参照。

その他さまざまなことをめぐって家族関係の悪化を経験している。17人目の南相馬市の志賀さんも、帰還をめぐって家族とけんかをしている。「地元に帰れる日が来たら戻るか戻らないかで言い合いになった。自分はそのときにならないと分からないとしか言えなかった」（89頁）。

関係悪化とまではいかないが、そのような認識の違いは至る所に存在する。6人目の双葉町の中里さんの家族では、帰還をめぐって意見が割れていた。母親は「明日にでも帰りたい」と言うが、妻は「帰れるわけがない」という。自分はその中間と言うが、ひょっとしたら中里さんがうまくバランスをとっていたのかもしれない。2人目の双葉町の武内さんは、家族とともに長崎県へと避難したが、父親が避難先に馴染めず、「福島の言葉は通じないと勝手に思い込んでいて、帰りたいだの、何だのと家族にあたった」（82頁）という。4人目の浪江町の柴田さんは、原発事故によって仕事を失い、家のローンが重くのしかかった。体調も悪くなり、「一家の大黒柱なのに」と自分を責めた。

避難先に馴染めないストレスを、やはり同じ家族が受け止めざるを得ないなかで、それぞれの家族内にはかなりの負荷がかかっている。それは原発事故による避難から現在まで、さらには帰還してからも、さまざまな選択の存在が関係悪化の源となっている。

5　生活再建／復興に対して

この10年の間に、原発被災者は自らの生活をどのように建て直したのであろうか。原発事故による避難と避難指示区域の設定。その後に仮設住宅に入居し、自宅を再建する一方で、周辺地域から避難指示が解除されてゆき、帰還か移住かを迫られる。このような原発被災地の復興過程を被災者はどのように受け止めたのだろうか。帰還、復興、将来について、被災者の声を読み解いていきたい。

■帰還について

区域内避難者にせよ、区域外避難者にせよ、すべての避難者が帰還するかどうかの判断に直面する。この帰還をめぐる避難者の想いを見ていきたい。

【帰還をめぐる思い】

これまでも見てきたように、多くの人が帰れるものなら帰りたいと思っている。たとえば2人目の武内さんの父親も、ずっと帰りたいと言っていた。また、12人目の富岡町の坂本勝利さんは、特定復興再生拠点の避難指示が解除される2年半後

（2023年）に、もう一度町に戻って牛を飼いたいと考えている。農地の名義は娘に譲ったが、そこには「娘夫婦が退職したら継いでもらえるようにしたい。ここを投げ出す気にはなれねえもの」（71頁）との想いがある。

13人目の双葉町の鵜沼さんも、避難先の埼玉で農業をおこなっていた。それはすべて双葉町に戻り、農業をおこなうためである。もともと畜産をしていた鵜沼さんだが、「双葉に戻れても畜産の再開は時間がかかる。野菜の技術を覚えておけば、双葉で応用でき、体力も維持できる」（72頁）から、避難先で農業を始めた。とはいえ、避難指示解除の見込みは立っていない。そのため帰還は、希望ではなく、夢だと述べる。

もちろん、戻るための条件が満たされるのをずっと待っている人もいる。11人目の浪江町の西さんも帰還を希望しているが、家族の介護の都合で戻ることができていない。「浪江はワンテンポ遅いんだ。いや〜、農地もそうだが、ほんと時間かかるな」（67頁）と語るが、自らの生活再建の時間と町の復興の時間がズレていることによって条件を満たせず、戻れない人も多いと思われる。

ただしそのように思っていても、その希望をどこかで諦めざるを得なくなる人もいる。8人目の大熊町の西村さんは、「きっとまた住める」「ここで負けるわけにいかない」と自らを奮い立たせていたが、変わりゆくふるさとの様子をみるにつけ「よほど特別なことがない限り、戻らない」と考えるようになった。

だが、帰還は難しいと考えている人も、どこかで元の町とのつながりを維持したいという想いを持っている。西村さんも「戻らない」と決意したが、土地は残しており、それを通じて大熊町と関わる機会を残しておきたいと考えている。５人目の大熊町の西牧さんは、すでに述べたように２０２０年に自宅を解体した。しかしそれでも、「廃炉が進み、生活環境が整えば、いつかまた大熊での暮らしを考えたい」（43頁）と述べる。

【帰還後の生活】

もちろん、今回の対象者のなかには既に避難元に戻っている人もいる。20人目の田村市都路地区の坪井さんもその一人である。そんな坪井さんも２０１４年の避難指示解除には除染が不徹底であることを理由に反対していた。それでも「除染は不満だったが、集落を見捨てて逃げるわけにはいかないから、自宅を自分で修理して帰ることにした」（１０２頁）。そこには家に対して、地域に対して、さまざまな責任を感じていると思われる。ただし都路地区は、住民のほとんどが戻っており、「生活が落ち着いてきている」という。

しかし、このように住民の多くが戻っている被災地はあまりない。18人目の浪江町の田河さんも２０１７年に戻ったが、近所の人たちは戻っていない。「若い人が帰って来ない。町が昔のように戻るのか、先が全く見えない」（95頁）と言う。16人目の葛尾村の吉田健さんも、すでに葛尾村で自宅とお店を再建したことは紹介したが、それでも葛尾村への帰還者の少なさと人口減少が加速化していくことに対する不安を感じている。

このように被災者は、元の自宅に戻ることができてからも、避難元の生活機能が不十分だったり、コミュニティが元に戻っていなかったりと、いろいろな困難に直面する。帰ったからそれで生活再建が完了したとは言えない。

17人目の南相馬市小高区の志賀さんも、２０１８年に自宅に戻った。早く避難者の肩書きを下ろしたかった、というのがその理由であった。原発事故後の東京を「福島とは真逆の世界」と感じたり、岩手や宮城の人とのつきあいにおいて福島県人である煩わしさを経験した志賀さんにとって、「避難者」であることが生み出す軋轢を帰還することでなくしたいという想いがあったのかもしれない。

【復興庁の住民意向調査】

よく原発事故に関して「○○町民、帰らない■■%」という見出しで新聞記事が出ることがある。これは、復興庁が福島県、被災自治体と共同で住民に対する意向調査をおこなっており、その調査結果が発表されたものである。そのような新聞記事では、どうしても多くの避難者が帰らないことがセンセーショナルに報じられる。この調査は基本的に毎年一回実施されている。すべての被災自治体で実施しているわけではなく、すでに調査の必要がないと判断されて実施していないところもある。

写真 2-5　浪江町権現堂で地震によって倒壊した家屋の解体作業が始まった＝2013 年 10 月、小坪遊撮影

とはいえ、「帰る」か「帰らない」かの決断は、そんな単純に決められる話ではない。15人目の浪江町の吉田トヨ子さんはつねに「まだ判断がつかない」と回答している。入居している復興公営住宅は「ここが家だという気分にはなれない」と言う。他方で帰還し、小さな家を造りたいと考えているが、夫の病気のことを考えると避難元の浪江町には病院がないので決められない、という。

このように帰還の意志は、復興庁の意向調査の設問のように単純ではない。原発避難者は「帰りたい」「でも帰れない」という想いのなかで揺れ動いている。

■復興について

次は、政府の進める「復興」を原発被災者がどのように考えているのかを読み解いていきたい。

【線引きの理不尽さ】

まず聞かれたのが、政府の避難指示に伴う線引きとそれに伴う各種施策である。すでに紹介したように、原発事故後に政府は警戒区域などを発令し、その後放射線量に応じた避難指示区分へと再編した。２０１４年からは除染などによる線量低下を踏まえて避難指示を解除してきた。

このような政府の施策に不満や不信感を示す人は多い。３人目の富岡町の望月さんもその一人である。自宅は帰還困難区域に含まれなかったが、同じ地区のなかでも避難指示の区分が異なる状況が生じた。「数十メートルで何がどう違うのか疑問。町全体の解除じゃないので納得できなかった。賠償を早く終わらせるための解除だと思い、不信感でいっぱいだった」(34頁)。避難指示の解除と精神的賠償の終期がリンクしているのは多くの住民が知っている[12]。そのため、政府の避難指示の解除には多くの被災者が不満を感じている。

もちろん、避難指示が解除されていない側も不満をもつ。15人目の浪江町の吉田さんの自宅は、すでに紹介したように帰還困難区域に指定されている。解除された方がきれいになり、道一本隔てて自宅のある帰還困難区域のある方は草ぼうぼうである様子に納得がいかない。

このような避難区域を設定する線引きについては、そのあり方だけでなく、解除についても多くの被災者が不満を感じている。20人目の田村市都路地区の坪井さんも、２０１４年の都路地区の避難指示解除について早すぎると感じていた。十分な除染をしてくれないことに不満を感じていた。他方、避難指示の見通しが示されないことに対する不満もある。また、10人目の双葉町の泉田さんは、自宅のある地域の避難指示解除の見通しが立っていないことに不満を感じていることを紹介した。

避難指示の設定ならびに解除、それに伴う政府の施策は、被災者間で分断を生み出した。新聞報道で示される復興の姿の陰で、被災地のコミュニティはますます崩壊していくのである[13]。

12　精神的賠償については、原則として避難指示解除から一年で打ち切られている。賠償の仕組みについては除本理史（２０１３）『原発賠償を問う』岩波書店、参照。

13　たとえば、山下祐介ほか（２０１３）『人間なき復興』明石書店、山本薫子ほか（２０１５）『原発避難者の声を聞く』岩波書店、参照。

【中間貯蔵施設が壊す復興】

中間貯蔵施設が建設されることは、被災地の復興にとって、福島県の復興にとって、必要とされている政策である。県内各地で除染された後の放射性廃棄物を引き受けてくれるところがなければ、復興が完了したとは言えないからである。

しかし中間貯蔵施設の建設が被災者の生活再建を否定することもあり得る。14人目の大熊町の栃本さんもその一人である。栃本さんはふるさとの復興に関わりたいと原発事故後に資格を得ていた。除染作業の現場監督になれる資格である。大熊町の復興に必要な資格だと考え、「先祖代々の土地を取り戻すため、地元民の力を発揮したい」（78頁）と考えていた。しかし２０１４年ごろから浮上してきた中間貯蔵施設の計画ならびに実際の建設により、栃本さんにはふるさとの復興に展望を見出せなくなった。自宅が候補地に含まれていたからである。それによりふるさとの復興のなかに自らを位置づけることができなくなったのだろう。

２人目に紹介した双葉町の武内さんの自宅も、中間貯蔵施設の予定地となった。すでに紹介したように、武内さんのお父さん自身は土地の売却を拒否したままであるが、武内さん自身は土地に対するこだわりがなく、施設の建設についても「原発に関係のない自治体には押しつけられない」（30頁）と考える。しかしそんな武内さんも、住んでいた地区から来る懇親会の案内状にある「中間貯蔵施設に協力して豊かな生活を」という内容には疑問を感じている。そこに原発事故後も変わることなく東電に振り回される地域の姿を感じており、復興を見いだすことができないのだろう。

【復興のあり方に対する不満】

新聞報道において原発事故からの復興は、「避難指示が解除された」とか、「避難者がこれだけ減った」とか、「常磐線が再開した」といった形で報道される。しかし、多くの原発被災者は、それを復興とは感じていないことがわかる。

８人目の大熊町の西村さんもその一人である。西村さんは、２０１９年春に避難指示が解除され、常磐線も全線再開したとき、「復興が進んだように見えても、前を向く材料にはならなかった」（55頁）という。隣近所の家々の解体が進み、放射性廃棄物の入ったフレコンバックが至る所に山積みになっているふるさと。避難指示を解除しても人が戻ってこなければ、西村さんにとって復興を感じることはできない。同じく、９人目に紹介した飯舘村の佐々木さんも、すでに紹介したように、人が戻ってきて、かつ地産地消ができなければ復興とは言えないと述べる。

そこで言及している、戻るべき「人」とは誰のことなのか。やはり、震災当時に被災地にいた人であり、被災者と人間関係を築き、コミュニティを形成していた人であろう。多くの原発被災地では、町民の帰還

写真 2-6　福島第一原発の周囲を取り囲むように汚染土の搬入が進められている中間貯蔵施設＝2019年11月、小玉重隆撮影

だけでは町が成り立たないため、他所に住んでいる人の受け入れも政策として進めている。しかしそのような人が被災地に移住するだけでは被災者は復興を感じとれないと考えているのである[14]。

避難元の復興をめぐる状況は厳しい。それでも被災者は、被災地の復興を簡単にはあきらめようとはしない。18人目の浪江町の田河さんは、２０１７年に帰還して3年近くが経過し、ふるさとの生活を取り戻しつつあるが、現実の厳しさに絶望感を感じる。それでも「町の復興は無理だと思うが、あきらめたくない」と語る。

また、６人目の双葉町の中里さんの自宅は、避難指示解除の見込みが立っていない。中里さんの喪失感は時間とともにますます深まっている。「もし自分が、30年後にここで生活したいと言っても、周りの人との関係が築けない所に置かれたら、人間、生きていけないよね」（47頁）と述べる。そこには、避難指示が解除され、生活基盤が整備されたとしても、コミュニティのつながりがなければ自らは生活できないことを示している。

そんな中里さんが語る「新しい町になっていき、自分の気持ちがどこまで入っていくかはわからないけど、励ます側に立ちたい。大げさではない程度に何かやっていきたいですね」（47頁）という言葉が、原発被災者の被災地の復興に対する思いを的確に示しているように思われる。

14　もちろん多くの被災者は、他の地域から移り住んでくれる人を悪くは言わない。例えば作業員についても、彼らによって各種復旧作業が進んでいると感じている。ただし、避難者が帰らないからと言って、新しい人が移り住めばいいのか、極論を言えば、人がいれば復興だと言えるのか、と避難者は疑問に思っているのである。

6　東京電力に対して／原発事故について

これまで、原発被災者の語りから、避難生活や復興について読み解いてきた。最後に、原発事故を引き起こした東京電力や、復興政策を進める国や町に対する原発被災者の想いを読み解いていきたい。

■東京電力に対して

まずは原発被災者が東京電力に対して、この10年間にどのような感情を抱いているのかを確認しておきたい。

【東電に裏切られた】

多くの原発被災者が、東京電力に裏切られ、恨んでいる。14人目の大熊町の栃本さんもその一人である。栃本さんはクレーン運転手として、福島第一原発の建設に携わっていたが、原発事故で国や東京電力への信頼は崩れ、裏切られたという想いを持っている。そこには自らも東電の安全神話を信じたことの後悔の念も込められている。

同じく20人目の田村市都路地区の坪井さんも、福島第一原発で仕事をしてきたが、そこでの体験から、東京電力の会社としての体質が事故を生み出してきたのではないかと感じている。「仕事をさせてもらってきたので、悪くは言いたくないけど、そういう気質が事故につながっているんじゃないかと感じた。われわれは現場で見てきて、体験してきているんで」（１０２頁）。

13人目の双葉町の鵜沼さんも原発を恨む一人である。夫は「双葉に絶対帰る」と言い続けてきたが、その夢は叶わず２０１７年に亡くなってしまった。「原発事故さえなければ、もっと楽に生きられたのに」（74頁）と悔やみ、原発を恨んでいる。

【東電の事故対応への怒り】

先ほど紹介した坪井さんは、事故後の東電の対応においても、「何かあってもすぐに隠したがる体質は抜けていない。だから信用できない」（１０３頁）と語る。このように事故を起こしたことだけでなく、その後の対応に対しても原発被災者は怒りを示している。

18人目の浪江町の田河さんは、第一原発の廃炉が相次ぐトラブルの発生により工程通りに進まないことに対して怒りをにじませる。いち早く避難元に帰還したものの、東電の廃炉が遅れることが町の復興を難しくし、ひいては帰還者の生活再建が遅れてしまう。

19人目の広野町に戻った坂本さんも、東電に対する怒りを隠さない。「ここにいる社員は被害者の現状を見ているけど、補償をめぐる本社の対応は上から目線で、どっちが被害者なのかという感じ。思い出すたびに腹が立ちますよ」（99頁）。その怒りは、帰還して事業を営んでいても原発事故によって経営状況が元に戻らないなかで、そのような被害に対する賠償を認めようとしない東電の対応に向けられている。

【東京電力への複雑な想い】

とはいえ、東京電力に対しては複雑な想いを抱く人もいる。2人目の双葉町の武内さんは、東京電力自体を恨む気はないという。母親は東電の食堂で働いていた。「町では家族や親類の誰かは東電の世話になっており、恩恵は否定しない」（31頁）と語る。とはいえ、東電の地元対策に対しては、「貧乏な町がお金や物に、まひしていく」感覚を持っている。そういった意味で、それを受け入れた地元のあり方に対しても厳しいまなざしを持っているのかもしれない。

先ほど紹介した坪井さんも、東京電力で仕事をさせてもらったから悪く言うわけにはいかないと語っていた。原発が来たことによって生活が変わったことを実感する原発被災者は多いだろう。事故を起こした東京電力に対して怒りを持ちつつも、それを直ちに表明することに躊躇する被災者もいる。

坪井さんのような反応は、原発被災者の中では珍しいものではない。原発事故前、

写真 2-7　水素爆発を起こした福島第一原発４号機では使用済み核燃料プールの上が白いシートで覆われていた。＝2012年５月、上田潤撮影

被災地には第一原発に関わる人が多くいた。当然、親族や友人に東電関係者がいる人は多い。事故収束や廃炉に関わる東電関係者が一所懸命にやっていることを多くの被災者は理解している。東京電力の事故対応に怒りを示しつつも、そのような事故収束に関わる東電関係者を知っているため、自らの怒りを素直に表明することに躊躇するのである。

■国に対して

東京電力以上に、国の取り組み姿勢については多くの避難者が声を上げている。国に対する被災者の想いを読み解いていこう。

【政府の対応への怒り】

原発事故を起こしたのは東京電力だが、その事故への国の対応についても被災者は怒りを示す。すでに紹介したように、3人目の富岡町の望月さんも政府の避難指示区分の理不尽さに対して不信感を持っていた。また、7人目の富岡町の古内さんも、自宅のある帰還困難区域について「国は常に見張りをしていると言っていた」が、にもかかわらず自宅が家畜に荒らされていた。自らが富岡で生きてきた思い出を荒らされたようで、悔しく感じている。さらに、すでに紹介したように、国の不作為に対する怒りを示していたのが10人目の双葉町の泉田さんであった。放射線量や避難に関する線引きなど政府が定めた事故対応への不満について、多くの避難者が怒りを持っている。

5人目の大熊町の西牧さんは、原発事故直後の避難の途中で放射線量の検査を受けたら、長女の頭髪から高い値が出た。当時の政府は直ちに人体に影響を及ぼすことはないというが、「直ちに、ってことは、将来的には影響が出て、子どもの具合が悪くなるの」（41頁）と思うと、疑問と不安、怒りがこみ上げてくる。

同じく4人目の浪江町の柴田さんも、国に対する怒りをあらわにする。浪江町津島地区の住民による国や東電を訴えた裁判[15]を通じて、国の立場を改めて再認識する。「国は味方になってくれない。知事も怒るべきなのに何の発言もせず、寄り添わなかった」「国と県は「被災者に寄り添う」という言葉をよく口にする」だけど「寄り添うのは口だけ」（38－39頁）。柴田さんが自らのことを「難民」と表現するのは、国が助けてくれなかったという想いからである。

【国の不理解】

また、被災者のインタビューを読んでいて感じるのは、国が原発被災者の受けた苦しみを理解できていないことに彼ら／彼女らが言及していることである。

13人目の鵜沼さんは「首相や国は、避難している人がどういう苦労をしているのか、忘れないでほしい」（75頁）と語ったが、そこには、避難先での悲惨な状況を自らが説明しないといけない現実がある。首相や国が避難者の置かれた状況を理解していないことが、さらに自らを惨めにしていると感じているのだろう。

15　国や東京電力に対する避難者訴訟は30以上の地域で行われている。そこにおいては、事故を起こしたことに対する東電や国に対する責任、さらに原発事故によって避難を強いられ平穏な生活を奪われたことに対する損害について問うている。渡邉知行（2018）「集団訴訟の全体像」吉村良一ほか編『原発事故被害回復の法と政策』日本評論社、参照。

■町に対して

同じく避難元の自治体に対しても、多くの被災者は語っている。被災地の復興を担う避難元市町村に対する思いを読み解いていきたい。

【向きあわない町の姿勢】

原発避難者の声には、原発事故後の町の姿勢に対する違和感を表明するものも見られる。１人目の大沼さんの夫は、双葉町の駅前に掲げられてきた看板の標語「原子力　明るい未来のエネルギー」を考えた人だ。小学校６年生の時だった。しかし２０１５年３月に町は老朽化を理由に撤去してしまう。大沼さんにとってそれは「事故の不都合とともに、町の過去を否定してしまう」（26頁）行為のように思われた。原発事故に向き合わない町の姿勢について、夫婦二人で撤去現場に行き、「撤去が復興？」「過去は消せず」と書かれた画用紙を手に持って抗議した[16]。大沼さん自身は、「二度と事故を繰り返さないためにも、記憶を引き継いでいかないといけない」と考えている。

【町とのつながり】

長期の避難のなかで町とのつながりを持ち続けたいと考える人が多くいる。８人目の西村さんは、もう大熊町には住まないが、大熊町とのつながりを感じていたい

16　このＰＲ看板について、福島県が設置した東日本大震災・原子力災害伝承館に設置されることが決まったと報じられた。『河北新報』２０２１年１月８日、参照。
　なお双葉町は、かねてから原子力のｐＲ看板を東日本大震災・原子力災害伝承館にて展示することを要望しており、そういう意味では過去の原子力政策に町として向き合う姿勢を示しているといえるかもしれない。
　ただし大沼さん夫婦は、ＰＲ看板は現地に残しておくべきだと考え、だからこそ撤去することに抗議をしている。

と考えている。自宅は解体したが土地は残している。「いずれ新しい町ができたとき、自分の土地も有効に活用してもらいたい」（55頁）と考えている。土地を通じた町との関わりを可能にしている。また、6人目の中里さんも、「将来も自分は双葉町民、という意地や覚悟は強まっている」（47頁）と語る。すでに紹介したように、自宅の避難指示解除の見通しは立っていないものの、町民として双葉町の復興に関わっていきたいと考えている。5人目の西牧さんも、埼玉県に自宅を再建したが、それでも大熊町とつながり続ける方法を模索中である。

3人目の富岡町の望月さんは、広報誌を通じて町とつながっていると感じる。望月さんは避難先に自宅を購入し、避難元の自宅はすでに解体している。自宅という居場所ができたから、避難者ではないとの自己認識がある。それでも、「あ～また来た、もう要らないよと思いながら（広報誌を）開け、桜並木とかの写真を見ると、福島や富岡と、一応つながっているんだ」（35頁）と感じる。

このように広報誌を通じて町とつながっていると感じる人は多い。2人目の双葉町の武内さんのところにも、町から広報誌や地元紙の新聞記事のコピーなどが届く。18人目の古内さんは、町の広報誌に載っている人は知らない人が多くなったと語るものの、それでも毎月、町の広報誌を欠かさず読んでいる。

【住民票の取り扱い】

これからも避難生活が続くと予想されるなかでも、多くの避難者が避難元の住民票を持ち続けることにこだわっている。

さきほどの望月さんも、避難元の富岡町の住民票を持ち続ける一人である。「選挙権もあるが、住んでいないと誰がいいのか選べなくて近頃は投票していない」という。住民票を移そうとも思った。「でも本当は、どこか引っかかりがある。すごく意識しているわけではないが、完全に切れちゃうよね」（35頁）という。望月さんにとって、住民票がふるさとの富岡町との最後のつながりということになる。

14人目の栃本さんも、大熊町の住民票を持ち続けている。そこには、住民票で大熊町とつながっていないという想いがある。「祭りや餅つきで、懐かしい顔に会うのが一番の楽しみ」（79頁）だという。住民票がなければ避難元の住民に会えなくなるわけではない。ただしそこには、住民票を持っていることにいろいろな意味があると思われる。情報が入ってくるのもあるが、それだけなく、住民票を移したと避難元の住民に言いづらいのかもしれない。

7人目の古内さんも住民票を持ち続けている。「年が年だから、もう住まないから。すべてあきらめている」と語りつつも、「帰れなくても気持ちだけは町民でいたいからね」（51頁）と語る。そこには、夫の退職後に桜並木を気に入り、富岡町に移住したというこだわりがある。

■原発事故について

最後に、原発事故から10年が経過して、「原発事故とは何だったのか」という点から被災者の考えを読み解いていきたい。

【風化する原発事故】

多くの原発被災者は、事故がますます風化していると考える。被災者がどういった点で風化を感じているのか、見ていきたい。

5人目の大熊町の西牧さんは、原発事故がますます風化しつつあると感じる一人である。すでに紹介したように、避難先の埼玉県において、自分の中では震災も原発事故も続いているのに、周囲の人からは「まだ避難者なの？」と不思議がられた。このように避難先の住民と接するなかで、原発事故の風化を感じる被災者は多い。

4人目の浪江町の柴田さんも、原発事故への世間の関心が低くなり、ニュースとして取り上げられる頻度が減っていると感じている。「福島が忘れ去られる。風化のスピードが速い」と危機感を持つ。

20人目の田村市都路地区の坪井さんも、事故の風化を感じている。地元都路地区のことが報道されなくなったからである。だからこそ坪井さんは、地元に震災と原発事故を伝える公共的な施設が必要だと感じている。「何があったのか、わからないと、将来的にいけないじゃないの」（103頁）。坪井さんは自分たちにできることとして、事故を後生に伝えるための記念誌を作ろうと動いている。

写真 2-8　事故後９年が経過して避難指示が解除された双葉町で道路のゲートが開けられる＝2020年３月、古庄暢撮影

1人目の大沼さんも、自分たちの子どもに事故のことをきちんと伝えなければならないと感じている。子どもたちが徐々に原発事故に関心を持ちつつあるなかで、二度と事故を起こさないために、記憶を引き継いでいかないといけないと考えている。

【変わらない日本社会】

原発事故が風化することは、原発事故が起きても日本社会が変わらなかった、ということだと被災者は捉えている。原発事故により被害を受けた自分たちは何だったのか。そう感じてしまう被災者は多い。

さきほども紹介した西牧さんは、他の原発の再稼働に際して「原発関係しか仕事がない」と回答した地元の人の声を聞くと、「事故前の大熊町と同じだ。いつか第二の大熊町になってしまうのではないか」（42頁）と心配する。福島第一原発の事故が起こり、自分たちの暮らしが壊されても、安全神話は何一つ無傷であるように感じているのかもしれない。同じく2人目の武内さんも、すでに紹介したように、避難元の地区から届いた懇親会の案内に書かれていた「中間貯蔵施設に協力して豊かな生活を」という文言が気になっていた。それはまさに、東京電力が立地地域をいろいろな形で支配し、安全神話を押しつけてきた姿が今も変わらず存在することに対する違和感であった。

7　次の10年に向けて

これまで、20人のインタビュー記録から原発事故10年の被災者の様子を見てきた。そして被災者の語りを読み解いてきた。その上で、次の10年に向けた、原発被災者の生活再建に求められることを考えていきたい。

■被災者の救済と賠償

まずは被災者の救済と賠償について確認しておく。対象者の語りからは、原発被災者の多様な被害を読み取ることができた。自宅、自らの仕事や家族、コミュニティ、避難先での苦労、さらには人間関係など、多様な被害が語られた。これらの被害については、被災者の数だけ存在していると言っていいだろう。

さらに、国の復興政策の過程で生み出されてくる被害も確認された。避難の線引きによる被災者間の軋轢、特定復興再生拠点の整備のために牛の飼育を断念した、中間貯蔵施設の建設によって帰りたくても帰れなくなった、などである。塩崎賢明は災害後の施策による被害のことを「復興〈災害〉」[17]と呼んでいるが、原発事故からの復興過程における国の責任も確認すべきである。

17　塩崎賢明（2014）『復興〈災害〉』岩波新書。

そのような被害は東京電力ならびに国によって償われているかと言えば、そうではない。原子力損害賠償紛争審査会が示す賠償指針は、原発被災者の被害に十分に対応しているとは言えない。さらに東京電力も、原賠審が示す賠償指針さえ守ろうとしない。

このような原発被災者の受けた被害がきちんと東京電力ならびに国によって償われない限り、原発事故、そして原発避難は終わらない。それは、次の10年に向けた最大の課題であろう。

■多様な避難のあり方を支える

原発事故から10年が経過するなかで、被災者間で生活再建に違いがみられた。すでに避難元の自宅に戻った被災者もいれば、将来にわたって戻れない被災者もいる。避難先で住宅を再建した被災者もいる。またここでは通い復興、つまり避難先から避難元に通い、その地の復興に関わる被災者も紹介した。

今回の避難者の語りからは、避難元とのつながりを維持し、いつか避難元に戻ることを模索する避難者が多くいた。少なくとも、「元の町に戻ること」が生きていく上での希望であると考えている避難者は多くいる。

これらの事実は、原発事故から10年が経過しても、さらに時間が経過しても、避難元に戻る可能性を持ち続けたい、模索し続けたいと考えている避難者が多くいる、ということである。新聞報道では原発避難者の数は減少しているように見えるが、多くの人は、意識の上ではこれからも避難を継続するのである。

それはまさに、社会学者の舩橋晴俊が描いた「長期待避」を実践している人がいることを意味している[18]。舩橋は「帰還する」「帰還しない（移住）」という二元論にとらわれない選択肢の設定が重要であり、その上で第三の選択肢として「長期避難」を、つまり「5年をこえる長期の待避帰還を経て、放射線の危険性が十分低減した将来のいずれかの時点で帰還する」道を提案している。避難者の実態からは、「帰還する」「帰還しない（移住）」という二元論にとらわれない多様な避難のあり方を確認することができる。

他方、対象者の語りから明らかになったのは、現状の政府の復興政策は、被災者の多様な避難のあり方を支えるものとはなっていない、ということである。原発事故ならびに放射線被ばくへの対応、避難指示における線引き、政策が生み出す被災者間の分断など、枚挙にいとまがない。そのため、被災者にあわせて復興政策が作られているわけではなく、復興政策に原発避難者があわせるように仕向けられているようにさえ思えてしまう。

このように考えると、改めて原発避難者の多様な避難のあり方を支えるしくみづくりが必要だろう。例えば通い復興。通い復興をして避難元のまちづくりに関わる人を増やすための支援策などがあるだろう（例えば定められた区間の高速道路料金の無料化や交通費の支給）。また住民票に関しては、現在は原発避難者特例法によって避難先で避難元の住民票を持ち続けていても避難先でサービスを受け取ることができる。これについても恒久化することが求められるだろう。

18　舩橋晴俊（2013）「震災問題対処のために必要な政策議題設定と日本社会における制御能力の欠陥」『社会学評論』64(3)、342―635頁。

　他方、原発避難者の多様な避難のあり方を支えるために参考になるのが、最近注目されている災害ケースマネジメントという考え方である[19]。これは、それぞれの被災者の置かれた状況に合わせた支援策を提案していくものである。どのような家族構成のもとで、どこに避難し、どのような仕事をし、どのような意向があるのか、個々の個人または家族に対応する支援策を多様な関係者による連携のもとで提示していくべきだろう。そこにおいては、単に住宅だけではなく、仕事やつながり（コミュニティ）とのベストミックスを模索することが求められている。

　このような多様な避難のあり方を支えていくことは、復興政策の時間と被災者の生活再建の時間とのズレがはらむ問題を解決するうえで大きな役割を果たす。復興政策の時間と被災者の生活再建の時間とのズレとはどういうことなのか。政府は復興政策として、避難者の帰還支援だけでなく、避難元の基盤整備や雇用創出など、さまざまな取り組みを実施している。イノベーション・コースト構想[20]もその一つだろう。とはいえ、避難元でさまざまな復興政策を実施していても、避難者の側の条件が整わなければ、避難者は戻ることはできない。自分の都合だけでなく、家族の都合（教育や介護など）も含めて、帰還するタイミングが限定されることもある。要するに、いま生じているのは、復興政策の時間と被災者の生活再建のタイミングのズレである。避難者の多様な避難のあり方を支えていくことは、このズレによって不幸な思いをする避難者を少なくすることを意味する。ここにはもちろん避難先への移住支援も含まれる。

19　災害ケースマネジメントについて津久井進は「被災者一人ひとりに必要な支援を実施するため、被災者に寄り添い、その個別の被災状況・生活状況等を把握し、それに合わせてさまざまな支援策を組み合わせた計画を立てて、連携して支援を実施する仕組み」と定義している。津久井進（２０２０）『災害ケースマネジメントガイドブック』合同出版、１４８頁。

20　イノベーション・コースト構想とは、東日本大震災ならびに原子力災害によって失われた浜通り地域等の産業を回復するために、新たな産業基盤の構築を目指す国家プロジェクトである。主要なプロジェクトは６つあり、（１）廃炉、（２）ロボット・ドローン、（３）エネルギー・環境・リサイクル、（４）農林水産業、（５）医療関連、（６）航空

■避難元とのつながりづくりの「しくみ」

次に、避難元とのつながりを維持するための各種方策について考えてみたい。20人のインタビュー記録を振り返ってみると、ふるさとである避難元に対する想いがたびたび語られている。そこからは、もう元の自宅に戻らないと決めた避難者からも、もう戻れない避難者からも、ふるさととつながっていたいという想いを聞くことができた[21]。そこには「戻りたいけど、戻れない」という共通の想いを読み解くことができる。

このように考えると、避難者が避難元と、物理的にも、精神的にもつながるためのしくみづくりが求められている。例えば、避難元自治体から届けられる広報誌も避難元とつながっている感覚を被災者に与えていた。また、長期の避難を前提とした避難者と避難元自治体とのネットワークづくりも考えるべきだろう。

避難元とのつながりを維持するという点では、いまからでも二重住民票制度を導入することを求めたい。避難元と避難先の両方の住民票の保持を可能とする二重住民票については、原発事故直後においては総務省内で検討されたものの、結局導入は見送られた[22]。ただし、対象者の語りから明らかになったのは、当面戻れないと考えている避難者であっても、住民票を持ち続けるという意思（意地？）がみられた、ということである。この状況のなかで原発避難者特例法を廃止し、避難先に住民票を移すことを強制してしまうと、いつの日か避難元に帰ることを夢見て生きていた

宇宙、である。これらの主要プロジェクトを推進するために、福島県浜通りの原発被災地を中心としてさまざまな施設が造られている。例えば楢葉町には、遠隔技術開発センター（モックアップ施設）が建設され、廃炉を支える技術開発のための基盤が整備されている。また南相馬市と浪江町にはロボットテストフィールドが建設され、ドローン開発のためのプラットフォームが整備されている。

21　もちろん、今回のインタビューではたまたまそういった人が対象者になった可能性が高い。原発被災者のなかには、もう避難元のことについて語りたくない人も当然いるだろう。そのような被災者はインタビューには応じないだろうから、避難元に愛着のある人が対象となるのは確かである。

避難者の生きる意欲をそぎかねないと思われる。避難者が住民票に込める意味は政府関係者が思う以上に重いのである。

22　今井照（２０１４）『自治体再建』ちくま新書。

第3章

〈全記録〉から見える10年の変化

今井　照（自治総研）

津波で跡形もなく消えた南相馬市の親戚の家を訪れた男性＝2011年3月、中田徹撮影

プロローグの表にあるとおり、朝日新聞社と福島大学今井照研究室（当時）との共同調査は2011年から始まり、その後10年間、10次にわたって行われた。ここではその膨大な調査記録から被災者の10年の歩みと変化を振り返る。

1　住まいの推移

まず生活環境の変化から見ていく。典型的な変化は避難先とその住まいである。1次調査は2011年4月から準備し、実際には6月から面談をしてお話を聞いているので、ほとんどの調査対象者は避難所などの避難先で暮らしていた。すでに避難先から避難元に戻って暮らしている人もわずかに含まれている。表3−1は回答者と面談した場所、すなわち避難先について県内と県外とに分けて推移をみたものである[1]。

事故半年後の2次調査で県外比率が一番高くなる。その傾向は事故1年後の3次調査まで続くが、1000日後の4次調査では県内比率が高まる。このことから想像できるのは、原発避難の特質として、事故から一定期間経過後に放射線へのリスク意識が高まり、さらに遠方に避難するという行動が増えることである。そしてさらに一定期間が過ぎると県内への回帰がしだいに始まると考えられる。

この傾向は福島県からの避難者全般の傾向からも読み取れる。図3−1は復興庁発

1　以下、統計数値については端数処理のため合計が一致しないものもある。

表3−1　回答者の回答場所（県内外別）

	1次	2次	3次	4次
県内	75.7%	71.4%	73.9%	85.4%
県外	24.3%	28.6%	26.1%	14.6%

表の福島県からの避難者数の推移であるが、県外避難者数の最大値は事故から1年後の２０１２年３月８日現在の数値となる。

またこのグラフから読み取れることは県内避難者数と比べて県外避難者数の減少傾向が緩やかなことである。ただしそこには統計のマジックが隠されていることにも注意しなければならない。もともと復興庁発表の避難者数は過少であるという批判が繰り返されてきた。県外については避難先自治体からの報告を基にしているが、避難先自治体が把握していない避難者は最初から統計に含まれていない。避難者支援団体から指摘を受ける都度、多少の修正が行われているが、完全とは程遠い。

また県内避難者数についてはさらに問題が多く、避難指示が解除された地域に居住していた人たちは、たとえ避難を継続しているとしても自動的に避難者数から除かれている。また復興公営住宅に入居すると、たとえその住宅が避難先にあったとしても（原発避難の場合にはほとんどがそうである）避難者数のカウントから外されている。プロローグでも触れられているとおり、公表されている避難者数は明らかに実態を反映していない。

図３－１　復興庁発表の福島県避難者数の推移（県内外別）

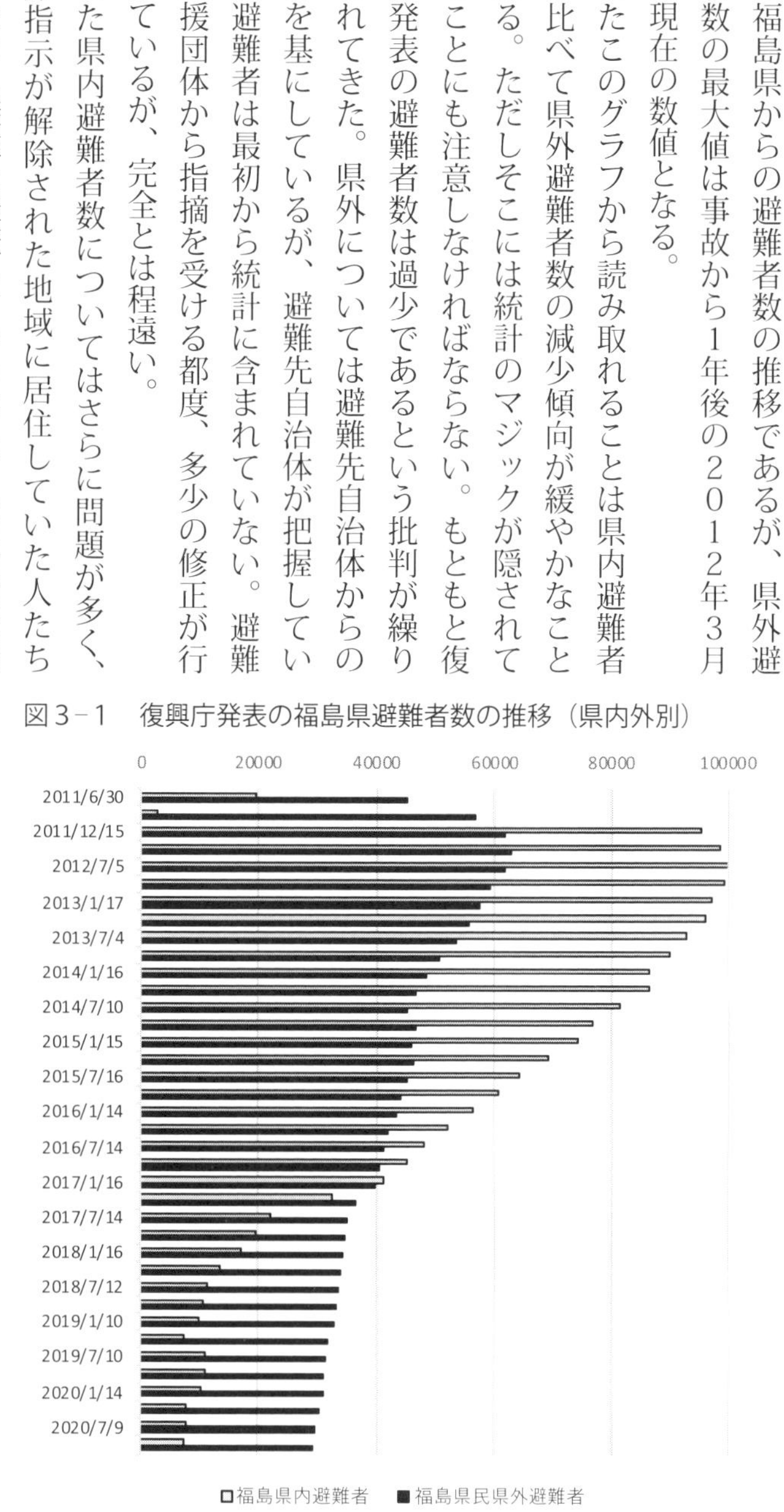

表3−2は4次調査以降の住まいの変化をたどっている。事故直後、避難者の多くは福島県内や新潟県、山形県などで開設された体育館などの公共施設の避難所に入った。並行して、親戚や知人宅を巡り歩いたり、全国各地の支援団体や自治体が斡旋する避難場所に入る人たちも少なくなかった。4月に入って、福島県内では旅館やホテルの空室を利用した「2次避難所」が開設され、多くの人が体育館などの避難所から移動した。

仮設住宅の建設や、アパートや貸家などの空き室を活用した「みなし仮設」と呼ばれる制度の創設もあり、7月頃からは仮設住宅や「みなし仮設」が避難場所の主流となる。2次調査あたりから本調査の回答者の過半が仮設住宅や「みなし仮設」に移行している。

5次調査時点までは仮設住宅と「みなし仮設」が半数以上を占めていたが、同時に5次調査では避難先などに新たに新居を購入して住む人たちが増えてくる。仮設住宅の次の段階として整備される復興公営住宅（災害公営住宅）[2]への居住者も次第に増える。復興公営住宅はテラスハウス方式の低層住宅もあるが、多くは中高層の住宅であり、これまで暮らしていた住環境と異なることから、孤立死などさまざまな問題が生じている[3]。

避難指示の解除とともに事故時まで暮らしていた自宅に戻る人も少しずつ増えている。7次調査の前には、川俣町、富岡町、浪江町、飯舘村で避難指示解除が続き、帰還した人たちが多少増えたものと推測できる。9次調査ではこれらの推移から仮設住宅や「みなし仮設」に住む人がゼ

表3−2　住まいの推移

	4次	5次	6次	7次	8次	9次	10次
仮設住宅	42.2%	29.0%	15.8%	6.9%	1.3%	0.0%	0.0%
借り上げ住宅（みなし仮設）	30.3%	21.0%	15.8%	8.2%	3.8%	0.0%	0.0%
復興公営住宅	−	2．2%	7.6%	10.7%	10.3%	13.0%	10.6%
新たに購入した新居	4.3%	22.3%	34.2%	39.0%	46.2%	45.7%	50.4%
知人、親戚宅	0.5%	1.3%	0.5%	2.5%	1.3%	2.2%	0.7%
震災前の自宅	14.6%	17.0%	18.5%	25.2%	28.2%	27.5%	25.5%
家賃を自己負担している賃貸住宅	−	−	5.4%	4.4%	5.8%	5.8%	6.4%
その他	8.1%	7.1%	2．2%	3.1%	3.2%	5.8%	6.4%

ロとなった。仮設住宅については集約や解体が進められたことと、避難指示が解除された地域をはじめ、当初は支援策が取られていた避難指示区域以外からの避難者への住宅支援が打ち切られた影響が大きいと思われる。

政策過程や避難者の心情から考えると割り切れなさが残るが、一方で、多くの避難者が何らかの形で住まいを再建したというのは事実であり、そのために公的資金や賠償が果たした役割は小さくない。もちろん個別には、「みなし仮設」の家賃や退居をめぐる紛争が起きていたり、十分な賠償を受けることができなかった資産の少ない層の貧困化などの問題が深刻化している。また、後述するように、たとえ避難先に新しい住宅を購入して生活再建を果たしたと外見上は見られていても、自分が避難者であり、ここはあくまでも仮の住まいであるという意識は根強く残っており、こうしたデータに現れない課題を注視しておく必要がある。

2 生活への不安

1次調査から4次調査まではこれからの生活上の不安を聞いている（複数選択・表3-3）。避難当初は収入不安が大きい。雇用を継続できる人たちは公務員、東京電力、地方銀行などに限られていて、土地や海に根差した第一次産業はもとより、第二次産業や第三次産業でも自営業や中小規模の事業に従事していた人たちはほとんどの

2 一般には災害公営住宅と呼ぶが、原発避難者のために福島県が建設した災害公営住宅は復興公営住宅とも呼ばれる。

3 高木竜輔（2018）「福島県内の原発避難者向け復興公営住宅におけるコミュニティ形成とその課題」『社会学年報』47巻、など多数の研究がある。

表3-3　これからの生活への不安（複数選択）

	1次	2次	3次	4次
収入	58.0%	55.4%	48.4%	38.4%
住まい	39.1%	46.0%	43.2%	27.0%
子どもの就学	19.4%	20.9%	20.5%	11.4%
親の介護	7.4%	8.0%	9.9%	7.0%
病気	23.8%	27.2%	25.3%	26.5%
近所つきあい	9.8%	4.2%	5.5%	5.4%
日常生活	6.4%	10.5%	8.8%	10.8%
役場からの支援	6.6%	5.6%	7.3%	2.2%
放射能	61.2%	55.4%	56.0%	36.2%
風評被害	9.6%	22.3%	17.6%	14.6%
特にない	1.7%	0.3%	2.6%	2.2%
その他	7.9%	6.3%	10.3%	5.4%

場合収入を失った。

すでにリタイアした高齢者は自分で食べるもの程度の田畑を持って生活している人も少なくなかったが、避難すればすべての生活物資を現金で入手しなければならなくなる。到底、国民年金程度の収入では賄えない。避難指示が出された区域に居住していた人たちには、事故直後、東京電力から精神的賠償が支払われたので、それを当面の生活資金に転用して凌いでいた。

9次調査では事故前と比べた仕事と収入の変化を聞いている。事故前と同じ仕事をしているのはわずか四分の一で、事故前の仕事を辞めた人は6割になる（表3-4）。「事故前から仕事をしていない」と「仕事を辞めて今は仕事をしていない」が合わせてほぼ半数になるが、これらの人たちの多くはリタイアした高齢者とみられる。

表3-5　事故前と比べた収入

	9次
増えた	2.2%
やや増えた	11.1%
変わらない	25.2%
やや減った	14.8%
減った	46.7%

表3-4　事故前と比べた仕事の変化

	9次
事故前から仕事をしていない	15.4%
事故前と同じ仕事をしている	23.5%
事故前とは別の仕事をしている	23.5%
仕事をやめて今は仕事をしていない	37.5%

収入については事故前と比べて「減った」人が6割であるから、リタイアした高齢者も含まれていることであるから、リタイアした高齢者も含まれているに違いない。「変わらない」と答えた人の割合は「事故前と同じ仕事をしている人」とほぼ同じになっている。

表3-3では放射能への不安が漸次低減しているが、現在でも7割ほどの人たちが放射能による健康被害に対する不安を抱えている（表3-6）。

暮らしやすさという点で大きな要素を占めるのは近隣関係である。とりわけ避難生活においては避難する前の近隣関係と避難した後の近隣関係の二側面がある。避難当初は避難前の近隣関係を維持しながら、新しい近隣関係を築いていこうとする傾向が見られる。しかし避難から時間が経過するにつれて、避難前の近隣関係とは疎遠になり、なおかつ避難先での近隣関係にも気を遣うようになる。ここでも避難者は二重に疎外される（表3-7、表3-8、表3-9）。

その象徴的な問題が避難先の学校におけるいじ

表3-6　放射能リスクに伴う健康不安

	2次	3次	4次		9次
大いに感じている	59.4%	53.7%	44.0%	健康を害する人が出てくる	32.1%
ある程度感じている	26.6%	29.6%	32.1%	多少、健康を害する人が出てくる	38.9%
あまり感じていない	12.2%	13.0%	16.3%	あまり健康を害する人は出てこない	24.4%
全く感じていない	1.7%	3.7%	7.6%	健康を害する人は出てこない	4.6%

表3-7　事故前に親しかった人との連絡

	3次	4次	5次	
よくとっている	34.6%	37.8%	増えた	4.5%
多少とっている	42.4%	43.2%	震災前と変わらない	15.3%
あまりとっていない	15.6%	18.9%	減った	80.2%
とっていない	7.4%			

表3-8　事故後に親しくなった人

	3次		4次	5次
たくさんいる	22.2%	よく話をする	48.6%	21.3%
多少いる	44.1%	たまに話をする	29.7%	47.2%
あまりいない	20.7%	ほとんど話をしない	21.6%	31.5%
まったくいない	13.0%			

め問題の顕在化であった。このことに関連した質問として、「避難していることを近所の人たちに言いたくないと思うことがあるか」を聞いている（表3−10）。4割前後の人たちが言いたくないと思うことがあると答えている。当然のことながら、避難者は被災者であり被害者でもある。しかし残念ながら被害者に対して、「甘えている」「賠償を受け取っている」といった言葉が投げかけられることもあり、被災者の口をさらに固くさせる。

具体的にそのような体験があるかどうかを聞いた（表3−11）。自分や家族が差別やいじめの被害にあった人が約2割で、周囲で見聞きしたことがあるという人が5割弱となり、合わせて65・5％の人たちがそういう体験を直接的間接的に受けていることが分かった。報道される個別事例に対して、量的に原発避難に対する差別やいじめの実態を明らかにしたのはこの調査が初めてだろう。

自由記述では次のように差別やいじめについての深刻な状況が寄せられた[4]。

「友人の子どもが小学校で使用する楽器を譲ってほしいと申し出たところ、学校長より『賠償金で買ってもらえませんか』と一言。泣いていました。あえて『賠償金』という神経を疑う」

「息子が部活でいじめにあった。医者から精神的ストレス性難聴の診断を受けた。知り合いが結婚したのだが、南相馬市を理由に相手の家族から反対された」

表3−9　友だちや近所とのつきあい

	9次
増えた	3.7%
やや増えた	17.0%
やや減った	21.5%
減った	57.8%

表3−10　避難していることを近所の人たちに言いたくないと思うことがあるか

	5次	6次
ある	38.2%	44.5%
ない	34.8%	36.5%
どちらともいえない	27.0%	19.0%

表3−11　原発事故で避難したことによって、差別やいじめの被害を受けたり、周囲で見聞きしたりしたことはあるか

	6次
自分や家族が被害に遭った	19.0%
見聞きしたことがある	46.6%
ない	34.5%

「働いていると『お金があるのに何で働いているの』と言われた。私には働く権利もないのかと悲しくなった」

「家を購入したが、地元の人たちから嫌味を言われるのでその家に住みにくく引っ越しをした。子どもが通う学校で、避難者であることをどうしても言わざるを得ない場合があり、私自身、だんだん保護者や先生の目が気になるようになった（無視されたり、先生が子どもに、私たち親のことを悪く言っている）」

「避難先であいさつ回りに行って塩をかけられたりお付き合いを拒否されたりと聞いたことがある」

「ひとつひとつ思いだして書くことがストレス」

「学校で放射能が移るとか、おまえがきたから放射能が増えたとか言われ転校した」

「就職面接時に『賠償金をもらっているのに働く必要があるのか』といわき市＊＊病院で言われたそうです」

「東京に避難した時に小さい子どもを連れて公園に行くと、遊んでいた子どもたちに『近くに来るな』『公園には来るな』と言われました。自分たちが悪いわけではないのに、電気だって東京の人たちが使用していたはずなのに」

「新築した家にスプレーでいたずら書き。ごみを捨てるな」

「子ども相手の教室を開いているので、地元の生徒たちに『こんなことを言われた』『子どもがいじめを受けた』などと明かされるとつらい」

「中学生が＊＊での研修で『母親は毎日遊んでいるのか』と言われた。私の知人家族3人が自殺した」

4　自由記述については、回答者が特定されるのを防ぎ、文意を明確にするために加筆修正している箇所がある。以下、同じ。

「移住先で近所にあいさつに伺ったところ『原発の避難者とはつきあわない』と言われた」

「福島の人は、福島と書いたプレートを付けて欲しいと言われた。スタンドで福島ナンバーを見て給油を断られた」

「いつまで避難しているの、早く帰ったら、と言われ嫌な思いをしました」

「自家用車にキズをつけられたり、駐車中のタイヤの前にクギなどがまかれていた」

「震災後すぐに避難しているとき、義弟の子どもに『放射能が移る。福島に帰れ』と言われた」

「新築して隣組にタオルを持って回れば、次の日、区長が全戸のタオルを集めて返しに来た」

「職安に行ったときにどうして働かないんですかと言われ事情を説明したが、『理由はどうあれ働く気がないんですね』『＊＊さんは東電からお金をもらってますもんね』と笑いながら言われた。人間不信になりました。怒りをどこにぶつけていいかわかりませんでした」

「お年寄りが避難先の老人会に参加させていただいたところ、『あんたら税金払わないでここに住んでんだろ』と言われた。避難先市町村に国からそれ相応の費用が払われていることをみんな知らないらしい」

「東電から毎月お金をもらっている事実はないのにもらっていると言われた」

「書きたくない」

5　吉田千亜（２０１６）『ルポ母子避難』岩波新書。

家族が離散し離反する事例が少なくないのも原発避難の大きな特徴である。避難指示が出された地域ではまず家族全員が避難をすることになるが、親子三世代や四世代の大家族であれば、当然ながら受け入れる避難先が限られるので、多くは親子単位での避難になる。また避難先の選択も放射能リスクをどのように考えるかという点で微妙に異なる。

こうして親子単位に分離した上で、仕事を継続することになれば「夫」と「妻と子」というように家族がさらに分解する。これらの実情については「母子避難」として優れたルポが記録されている[5]。

さらに深刻なのは避難指示が出なかった地域に居住していた被災者である。ここではまず避難するか否かというところから家族の離散ないし離反が始まる。親子三世代の家族であれば、まずは二つの親子世代の対立が起こりうる。加えて親子の中での意見が対立することもある。典型的には夫と妻との間で起こる。表3-12は家族離散の状況を避難初期の段階で見たものであり、約半数に家族離散現象が見られる。

また表3-13は9次調査で現況を聞いたものであり、ほぼ同じ傾向が見られるが、時間を経るに従い、家族数は子どもの成長や加齢と関係してくるために、原発避難に伴う要因かどうかが見分けられにくくなることに注意を要する。

4次調査では自由記述で家族離散ないし離反の状況を聞いている。

表3-12 震災前に暮らしていた家族といっしょに住んでいるか

	1次	2次	3次	4次
家族全員	54.6%	49.8%	46.2%	54.2%
家族の一部と	33.8%	46.3%	50.5%	45.8%
ひとりで	11.1%	—	—	—
その他	0.5%	3.9%	3.3%	—

表3-13 一緒に住んでいる家族の人数

	9次
増えた	7.4%
変わらない	47.8%
減った	44.9%

たとえば次のような声があった。

「原発事故後、長男の妻が岩手県の実家へ移った。孫は岩手県で小学校に通っている。長男と次男は郡山市の仮設住宅に。長男は今も福島第一原発で仕事をしている」

「飯舘村内にあった高校（相馬農業高校飯舘校）が福島市内で開校しているため。高校3年の息子が福島市で暮らしている」

「いっしょに暮らしていた息子夫婦、孫（現在中1）は震災後、福井に行ったあと、息子の妻（看護師）が京都で仕事を見つけ孫とともに引っ越した。息子はいわき市で水産加工の場長の仕事を見つけたのでそれぞれ別に住んでいる」

「福島では義母と暮らしていた。仕事で離れられなかった義母をのぞく家族4人で東京へ避難。その後、岡山、名古屋とたどる」

「震災前は両親と妻、子3人、弟との8人暮らし。震災後、全員で長崎県に避難したが、父は2011年夏に南相馬市に戻った。冬に父にガンが見つかったことを受け、母も南相馬市に戻った。元の自宅には住めないので、2人は市内の原町区で経営していた事務所に住んでいる。両親の面倒を見るため、弟と交代で佐世保と南相馬を行き来している。弟の避難先は市営住宅の別の部屋」

淡々と記録されることばの裏側に、原発避難がもたらしている酷さの実態が滲み出る。

3　行動変容

次に被災者や避難者のこの10年間の行動をたどってみたい。まずは事故直後の緊急時の行動である。１次調査ではその時点の避難所が何か所目の避難先にあたるかを聞いている（《資料２》(1)参照）。最大で12か所目という回答があり、多くの人たちは２か所目から４か所目と答えている。２か月目から３か月目あたりで多くの人たちが点々としているようすがうかがえる。

こうした避難先の移動について、どのような情報を参考にしたかを１次調査で聞いている（《資料２》(1)参照）。44・３％が役所の指示によったと答えている。次に親せきや知人の勧めが26・５％になる。新聞テレビの情報は６・８％で意外に少ない印象を受ける。とりわけ今回の原発避難で重要な役割を果たしたのは基礎的自治体である市町村であった。

双葉郡内では平成の大合併によって合併した町村はないので、すべてが比較的小規模な自治体である。なかには明治の大合併以降、合併していない町村もある。こうした双葉郡内８町村のすべてにおいて、役場が住民の避難誘導を行っている。集合場所からバスに乗せて避難誘導した大熊町や葛尾村をはじめ、自家用車中心で避難した町村でも、防災無線などで避難場所を指示して誘導している[6]。

6　室崎益輝・幸田雅治編（２０１３）『市町村合併による防災力空洞化：東日本大震災で露呈した弊害』ミネルヴァ書房。

多くの被災者が仮設住宅や「みなし仮設」に移り住んだころから、このような社会調査で繰り返し問われてきたのが「戻るのか戻らないのか」ということだった。それは復興庁と各市町村との共同調査ではそもそも調査の主旨がそこにあった。災害公営住宅をどの程度、どこに建設したらよいかという施策に関わることだったからであるが、同時にメディアの関心もそこに集中した。

私たちの実感としては「戻りたいけど戻れない（戻らない）」というのが実態に一番近いのではないかと推測していた。ところが「戻る」「戻らない」という二択になると、そのニュアンスが伝わらない。メディアでは、「戻らない」と答えた人がこんなに多いとセンセーショナルに報道されることが多かった。最近でもその傾向は変わらない。

好意的に考えると、原発事故の過酷さを社会的に強調したいのではないかと思われるが、そのことを強調すればするほど地域再建や生活再建に向けた施策についての意義を薄めることになる。被災者の最低にして最大の願いが、元の地域環境に戻してほしいということである。「戻らない」ことの強調はこうした願いを妨げかねない。

実はこの共同調査でも、初期のうちは「戻る」「戻らない」を聞いてきた（表3−14）。原発事故後の地域環境の過酷さが自覚されるにつれて、「戻りたい」が減り、「戻りたくない」が増える傾向が顕著に現れている。しかし同時に前述のような違和感を抱え続けてきた。「戻りたくない」で括ってしまうのはミスリードではないかと考えた。

表3−14　震災前に住んでいた地域に戻りたいか

	1次	2次	3次	4次
戻りたい	61.8%	43.0%	36.1%	24.2%
できれば戻りたい	17.0%	22.0%	21.6%	21.4%
あまり戻りたくない	4.7%	7.7%	5.6%	9.9%
戻りたくない	7.4%	9.4%	16.7%	21.4%
まだ決めていない	3.9%	4.2%	5.9%	7.7%
すでに戻っている	2.0%	8.0%	9.3%	15.4%
その他	3.2%	5.6%	4.8%	―

そこで何とか「戻りたいけど戻れない（戻らない）」というニュアンスが伝えられるように最初に工夫したのが表3－15と表3－16を組み合わせることである。表3－15では戻れると思う期間が時間を経るにしたがって長くなっていることがわかる。戻れる環境にはならないという意見も多くなる。

それに対して表3－16は被災者が主観的に「戻りたい」か否かを聞いたものである。この両者を組み合わせれば「戻りたいけど戻れない（戻らない）」という実感に近づくのではないかと考えた。表3－16の結果は表3－15に比較すると明らかにギャップが生じている。3次調査で比較すると、1年未満で戻りたいと考えているのが36・3％であるのに対して、実際に戻れる環境になっていると思っているのはわずか4・7％に過ぎない。

しかし、メディアの取扱いはどうしても「戻る」「戻らない」という二者択一の明晰さに関心がいきがちである。取材で避難者の声を直接聞いている記者には私たちの意見が通じるのだが、いざ記事を出稿して新聞に掲載されるときの見出しは東京本社の編集者がつけ

表3－15 今後どれくらいの期間でもともと住んでいた地域に戻れると思うか

	2次	3次	4次		5次
1年以内	7.0%	4.7%	7.4%	—	—
1年～5年以内	35.6%	25.1%	29.6%	5年以内	21.5%
5年～10年以内	9.9%	11.4%	23.5%	10年以内	16.9%
10年～20年以内	13.0%	7.8%	12.3%	20年以内	9.3%
20年以上	11.6%	11.4%	3.7%	21年以上	14.5%
戻れない	11.6%	24.7%	23.5%	もう帰れない	37.8%
その他	11.3%	14.9%	—	—	—

表3－16 いつ、住んでいた地域に戻りたいか

	3次
今すぐ戻りたい（1年未満）	36.3%
1年以上～5年未満	35.2%
5年以上～10年未満	6.7%
10年以上～20年未満	3.6%
20年以上	6.7%
すでに戻っている	11.4%

るので、結局「戻る」「戻らない」が見出しになってしまったという苦い経験がある。

そこでやや理屈っぽい選択肢になってしまうが、客観的な地域環境への評価と主観的な意向とを組み合わせた選択肢を考えて調査したこともあった。それが表3-17になる。選択肢として設けた「元のまちのようになれば帰りたい」と「元のまちに戻らないから帰りたくない」は表裏一体の関係にあり、実は同じことを意味している。つまり地域環境に対する見通しが「戻る」「戻らない」の選択に影響するということであり、それが6割から7割の間にあって多数を占めている。ただし、このようにしても「戻りたいけど戻れない（戻らない）」という被災者の実状を効果的に押し出すことができたかというと反省が残る。

表3-17　震災前にいた地域に帰りたいか

	5次	6次
元のまちのようになれば帰りたい	40.9%	39.7%
元のまちのようにならなくても帰りたい	17.0%	19.8%
元のまちに戻らないから帰りたくない	25.6%	26.0%
元のまちに戻っても帰りたくない	16.5%	14.5%

「戻る」「戻らない」という質問の次に来るのはなぜ戻らないのかという質問である。言い換えると、何が整えば「戻る」

表3-18　避難指示が終わった地域に戻らない理由は何か（複数選択）

	5次	6次	7次	10次
避難指示が続いているから	―	―	37.9%	35.4%
避難先で仕事に就いているから	14.1%	25.3%	20.4%	24.1%
子どもを転校させたくないから	18.3%	20.9%	22.3%	13.9%
現在の生活環境を変えたくないから	―	22.0%	28.2%	26.6%
生活環境（病院、買い物など）が不便だから	67.6%	54.9%	54.4%	49.4%
周りに戻っている人が少ないから	―	―	―	41.8%
住宅が住める状態にないから	52.1%	48.4%	57.3%	39.2%
除染が十分にされていないから	56.3%	46.2%	44.7%	45.6%
放射線被曝への健康不安があるから	―	―	46.6%	43.0%
フクシマ第一原発に近づきたくないから	43.7%	38.5%	40.8%	―
福島第一原発の廃炉作業に不安があるから	―	―	―	51.9%
除染土を保管する袋（フレコンバッグ）が生活圏にあるから	―	41.8%	32.0%	―
その他	―	19.8%	―	―

のかということになる。特にメディアの調査ではこの設問がしばしば取り上げられる。誰かに何かを要求するという見出しがつけやすいのであろう。

私はこの設問に対しても疑問を感じていたが、新聞社側からはたびたびこの質問を含めたいという希望が寄せられ、その都度、対応せざるを得なかった。表3－18のとおり、複数選択にするとどれも際立った特徴を得られない。当然のことだが、どの選択肢も該当するからである。

その中でも敢えて特徴を取り出すと、10次調査で初めて選択肢に入れた「福島第一原発の廃炉作業に不安があるから」が最大となっている。続いて「生活環境が不便」「除染が不十分」「放射線被曝への不安」と続く。

調査を重ねていくうちに、私は戻らない理由を3点にまとめることができた。これらの「戻りたくても戻れない（戻らない）」要因は、誰かに要求をしてもなかなか解決できない問題だった。だからそれを繰り返し質問する必要性をあまり感じなかったのである。

「戻りたくても戻れない（戻らない）」理由の第一はそもそも帰って住むべき住宅がないということである。とりわけ事故から年月が経てば経つほど多くの被災者はそのような環境に陥ってきた。直接的に地震や津波で住宅を失った人たちももちろんたくさんいる。また中間貯蔵施設に土地を売ったり貸したりして、少なくとも30年近くは住宅を再建できない人たちも多い。住宅が残った人でも時間の経過とともに住宅が劣化し、それと同じ頃に始まった環境省による住宅解体を希望して、物理的に住宅を失った人たちが増えてくる（表3－19）。とりわけ10次調査では「解

表3－19　震災前の自宅は今、どのような状態ですか

	1次	6次	10次
住んでいる	－	－	27.3%
時々行き来して住んでいる	－	－	5.8%
すぐに住める	57.8%	26.0%	－
修理しないと住めない	31.9%	24.9%	13.7%
修理しても住めない	10.4%	19.8%	9.4%
解体・売却・解約して存在しない	－	13.6%	27.3%
その他	－	15.8%	16.5%

体・売却・解約して存在しない」が６次調査から倍増している。住むべき住宅が存在しないのに、あえてそこに戻って生活を再建するということには異常なエネルギーを要する。

第二の理由は、しばしばメディアで紹介されるように生活環境の問題である。日常の買い物から始まって、医療、介護などの生活施設が整っていないことがあげられる。現在は、自動車を所有していれば、ある程度までは生活環境が整い始めている。正直に言えば、事故前も同じような車社会だった。日常的な医療については診療所が開業しているとは言うものの、突発的なけがや突然の発病に応えられるような救急対応の病院はない。ドクターヘリ頼みである。一方、重い看護や介護を要する人たちはあえて戻る必要はないので、意外に少ない。

また生活環境として空間線量の高さも要因になる。事故直後と比較すれば自然減衰もあって空間線量は下がりつつある。年間1ミリシーベルト以下を目標にしつつ、年間20ミリシーベルトを切る目安が付くと避難指示は解除されている。どこが健康被害の基準となり得るかは専門家によっても判断が異なるが、事故前から比べれば高いことに変わりはない。こちらも、敢えてそのリスクを取ってまで戻って生活するほどの理由にはならない。ただし高齢者など、戻って生活をした方がストレスのない人もいるので、帰還困難区域や福島第一原発周辺を除けば、「戻りたい」という人に「戻るな」とまでは言い切れない。

第三の理由は、いちばん重い理由であって、そこにまだ原発が存在しているからにほかならない。現在、東電はメディアや研究者の視察などを積極的に受け入れ、福島第一原発構内のリスクがいかに低下したかを広報している。４つの原子炉建屋も事故当時の姿から見ればはるかに整備されているように見える。これをもって廃炉作業が進みつつあるという見解を披歴するメディアや研究者も少なくない。

しかしまだ事故を起こした原発の安定化作業が中心であり、具体的な廃炉作業に入っているわけではない。楽観的に表現をしても廃炉作業を始めるための準備をしている段階である。近づけば瞬間的に生命を失うような放射線を出し続けている核燃料デブリは、かろうじて水で外気と遮断されているだけであって、そのために日々、汚染水が発生している。比較的被害の少なかった４号機の使用済み核燃料は排出されたが、１号機から３号機まではいまだに使用済み核燃料がプールに保管されている。

事故前の管理された原子炉であっても地震と津波でこれだけの事故を起こしたのである。もちろん何らかの手立ては加えられているであろうが、それでももう一度同じように地震や津波が来た時に、事故を経験してメルトスルーしている隙だらけの原子炉やその建屋に何事も起こらないと誰が言えるだろうか。少なくとも事故以前に、原発は安全である、事故は起きないと叩き込まれてきた住民はそれを信用していない。

とりわけ、３月12日15時36分に起きた１号機の水素爆発音を聞いた人たちはその音がいつまでも耳に残っている。当時はすぐには水素爆発とは思えず、原子炉格納容器そのものが爆発したと感じた人たちが多い。その音は生命を含めて「この世の終わり」を予感させるのにふさわしい音だったのである。その原発が残っている地域にあえて戻って生活する選択はなかなか取りようがない。

4次調査では福島第一原発の放射能汚染水の状況をどのように判断しているかを聞いている（《資料2》(4)参照）。「大いに深刻だ」が79・5％、「ある程度深刻だ」が14・1％となっていて、合わせると実に9割以上の人たちが深刻であると感じている。核燃料デブリを冷却し続けなければならない以上、放射能汚染水は日々新たに発生し続ける。しかもメルトスルーをして原子炉格納容器から抜け落ちているために、地下水とも混濁している。

表3‐20は福島第一原発の状況をどのように認識しているかを聞いたものである。「まだ危険な状態にある」と認識している人たちが4割から5割近くへと増加傾向にある。「安心できる状態にない」を合わせる95％程度になる。「不安は感じない」としている人たちはわずか数％に過ぎない。

その結果として、国が順次進めている避難指示解除についても疑念を抱えている人が多かった。帰還困難区域を除く地域のほとんどで避難指示が解除された2017年春直前の7次調査では、避難指示解除をするまでの除染やインフラ整備が十分だと思うかを聞いている。「どちらかというと不十分だった」と「不十分だった」を合わせると71・3％になる（《資料2》(7)参照）。

このような環境に置かれた被災者は、避難元と避難先との二地域居住を強いられ、二つの地域の間を行き来することも少なくない。これを私たちは「通い復興」と名付けている。これもまた原発避難の特徴の一つである。表3‐21のように、「ほとんど行かない」という人は少なく、多くの人は年に1回以上は行き来するが、週に1

表3‐20　現在の福島第一原発の状況についてどのように感じるか

	5次	6次	10次
まだ危険な状態にある	40.4%	44.4%	46.4%
安心できる状態にはない	55.6%	52.2%	48.6%
不安は感じない	4.0%	3.3%	5.1%

回以上行く人も１割ほどいる。問題は法制度や政策がこのように二地域居住を強いられる人たちを想定していないことである。

４次調査の自由記述から、帰還意思とその理由などに関するものを集めてみる。

「『帰りたい』と思っていた気持ちは薄れた。中間貯蔵施設を地元に建てるという話が出ているし、汚染水の問題も心配。近所の知り合いも県外にばらばらに避難。買い物できるところもなく、大熊町にいた姉も新潟に家を買った。生活基盤がないから戻れないと考えている」

「避難した当初から、汚染された地域には戻れないと考えている。政府が『安全だ』と言っても、チェルノブイリの避難区域に比べ、線量は高く信用できない。命が大切です」

「自宅は床も腐って、傷んでいて、とても住める状態にない。修理するにもお金がかかる」

「戻りたいという気持ちは変わらない。ただ、子どもへの放射能汚染の影響が心配で、現実には戻れない。妻も嫌がっている」

「夫が東電社員なので、通勤の負担を減らすため、大熊に戻りたいとも思うが、子どもを安心して育てられる所となるといわきの方がよい。まだ決められない」

「昔のように好きな畑仕事や山菜採りをしたりできるならすぐにでも戻りたいが、今、戻っていいと言われてもとてもそういうことが楽しめる状態ではない。いま、週５回できる仕事もあるし、もともと愛媛の出身で福島は結婚するまで縁のなかっ

表３–21　震災前に住んでいた地域にどのくらいの頻度で行くか

	８次
週に１回以上行く	9.9%
月に１回以上行く	15.8%
年に１回以上行く	49.5%
ほとんど行かない	24.8%

た場所。このままの状態では戻りたいとは思えない。数か月に一度、住んでいた家の片づけに行っている。直近は9月に行ったが、鼠がたくさんわいて死んで、べたべたですごいにおいになっていた。たくさん捕って塩漬けにしていたゼンマイなどの山菜は、密閉した缶の中でまだ食べられる状態だったのでもったいなくて懐かしくて、持って帰ろうとしたが、娘に怒られてやめた。庭に埋めてあった球根も本当は掘り返して持って帰りたい。震災前に、大阪にいる姪っ子に株分けしてあげていたクジャクソウがこちらでうまく育っているので、それを株分けしてもらっていまは大事に育てている」

「帰るたびに国道6号線の両側に積み上げられている除染廃棄物が山のように増え、広がっていく状況を見ると、恐ろしくなる。とても戻れるとは思えない」

「自分も夫も両親が南相馬にいる。いまはいいが、さらに高齢になって弱気なことを言われれば気持ちが揺れるだろう。気持ちとしては戻りたいと思うが、小学6年生の長女が中学生になると、転校はさせたくない。仲の良かった友達はもうだいぶ戻っているが、タイミングは難しい」

「戻れるなら戻りたい。家も店もあるのだから」

「避難指示区域は集落ごとに区切られているので、自分も集落の人たちに合わせて行動したい。集落内で差がついてしまうと、『村八分』状態になる」

どの回答を読んでも、国策としての原発政策の被害者という実態が見えてきて、やるせない気持ちにさせられる。

4 社会意識の変化

次に被災者の社会意識や心情の変化について見ていく。事故後、原発に対する考え方はどう変わったのだろうか。表3-22と表3-23のとおり、当然のことながら圧倒的多数が疑義をもつ。しかも、事故から時間を経て、過酷な避難経験を重ねるほど疑いが高まっていく。当然のことながら原発再稼働を進めるエネルギー政策に対しても厳しい見方をしており、こちらも時間の経過とともにさらに厳しくなっている（表3-24）。ただし10次調査ではやや揺り戻しの傾向も見られる。

時間を経るにしたがってポジティブな評価に変わる項目もある。たとえば、賠償に対する取り組みへの評価を聞くと、事故半年後の2次調査からみて、事故7年目の7次調査では評価が高まっている（表3-25）。多くの被災者が住まいの再建を果たしたことと無縁ではないだろう。

社会全体における原発事故の位置づけの変化を被

表3-22 原子力発電を利用することに賛成か、反対か

	1次	2次	3次	4次
賛成	26.7%	19.4%	18.1%	13.7%
反対	73.3%	80.6%	81.9%	86.3%

表3-23 日本の原子力発電は、今後、どうしたらよいと思うか

	1次	2次	3次	4次	10次
増やすほうがよい	2.5%	0.7%	0.8%	0.5%	1.4%
現状維持程度	27.2%	18.1%	16.2%	10.9%	19.3%
減らすほうがよい	38.5%	42.5%	36.8%	39.7%	28.6%
やめるべきだ	31.9%	38.7%	46.2%	48.9%	50.7%

表3-24 原発を再稼働することをどう思うか

	5次	6次	10次
賛成	3.2%	4.5%	2.9%
どちらかといえば賛成	16.4%	11.7%	15.1%
どちらかといえば反対	35.0%	35.2%	38.8%
反対	45.5%	48.6%	43.2%

災者は表3－26のように考えている。実に9割の人たちが「忘れ去られている」と感じているのである。だが、安倍晋三前首相は任期中、再三再四、福島県を訪問してきた。特に国政選挙の第一声を福島県内で行うことも多かった。にもかかわらず、被災者はなぜ事故のことが忘れ去られていると感じるのであろうか。

その象徴的な事例が東京五輪の誘致だった。２０１３年9月7日、ブエノスアイレスで開かれたＩＯＣ総会において、安倍首相は次のように英語でプレゼンを行った。

Some may have concerns about Fukushima. Let me assure you, the situation is under control. It has never done and will never do any damage to Tokyo.

首相官邸のウェブサイトにはその日本語訳が次のように掲載されている。

「フクシマについて、お案じの向きには、私から保証をいたします。状況は、統御されています。東京には、いかなる悪影響にしろ、これまで及ぼしたことはなく、今後とも、及ぼすことはありません」

ここでは世界を震撼させた原発災害について、あえて「フクシマ」というカタカナ表記の固有名詞に代替させ、原発災害が局地的であることを印象付けた上で、東京には何らの影響もないということを強調している（実際には金町浄水場で放射性ヨウ素が検出されるなど首都圏各地に影響があった）。原発災害を福島という「被災地」に閉じ込め、全国に拡散している「被災者」の存在を世界から覆い隠すという意図が見える。

その後の記者会見では、アルゼンチンの記者から「福島第一原発の汚染水問題を

表3－25　国や東京電力の賠償に関する取組みをどの程度評価するか

	2次	7次
大いに評価する	1.1%	6.4%
ある程度評価する	15.8%	42.3%
あまり評価しない	40.5%	34.6%
まったく評価しない	42.6%	16.7%

如何に解決するのか」と問われ、安倍首相は日本語で「汚染水問題でありますが、まず、健康に対する問題は、今までも、現在も、これからも全くないということはっきりと申し上げておきたいと思います。さらに、完全に問題ないものとする、抜本解決に向けたプログラムをすでに政府は決定し、すでに着手しています。私が、責任をもって、実行して参ります」と語っている[7]。これらの発言は東京五輪を開催する前提条件としての国際公約になった。

この発言があった直後、本調査の4次調査では、「安倍首相はオリンピック招致を訴える演説で、福島の原発事故について『状況はコントロールされている』と発言しました。あなたは、この発言をその通りだと思いますか」という質問をしている。その結果、「そのとおりだ」5・4％、「そうは思わない」88・6％、「その他」6・0％となっていた。9割近い被災者がこの発言に対して拒否感を持っていたことがわかる《資料2》(4)参照)。

その後、東京五輪は政府によって「復興五輪」と呼ばれるようになったが、2021年に延期された東京五輪は、いつのまにか「復興五輪」の看板を下ろして、コロナ禍を世界が克服したことを示す大会へと位置づけが変わっている。

表3-26　原発事故のことが忘れ去られていると感じることはあるか

	3次	4次	5次	6次
大いにある	25.1%	45.1%	49.8%	42.9%
ある程度ある	42.7%	39.0%	40.7%	47.5%
あまりない	17.6%	14.3%	6.8%	4.5%
全くない	14.6%	1.6%	2.7%	5.1%

7　首相の発言は「首相官邸」ウェブサイトによる。以下、同じ。

5　心情の移り変わり

この調査では何回か、国、自治体、東電に対するときどきの政策の評価を聞いている。１次調査では「政府によるこれまでの避難指示についてどう思うか」を聞いていて、「全く適切ではなかった」が半数を占める。同じ1次調査では、市町村と県の対応について「評価する」「評価しない」がほぼ半々になっているのに対して、国の対応に対しては9割近くが「評価しない」であり、東電の対応に対しては8割強が「評価しない」となっている（《資料２》(1)参照）。

事故後３か月の時点では、自治体が前面に立って避難誘導をし、避難生活を支えてきたことが目に見えて明らかだった。東電への評価が国よりはましなのは、文字通り、生命をかけて収束作業にあたっている東電関係者が身近にいたことも影響しているだろう。

しかしその後は自治体に対する評価も厳しくなってくる。３次調査では市町村が取り組む復興について聞いているが、「評価しない」が7割を超えた（《資料２》(3)参照）。5次調査においても、国への評価が相変わらず低いまま、県や市町村に対する評価も低くなりつつあった（《資料２》(5)参照）。

９次調査では「事故から現在までの国や自治体、東京電力の取り組み」について、

１００点満点で採点したもらった。10点刻みに集計したのが表３−27である。東電に対する評価が低くなっていることが読み取れる。ＡＤＲの斡旋を拒否するなど、東電の事故後の姿勢の変化に敏感になっているのではないかと思われる。県と市町村に対する評価はほぼ同じであるが、国に対する評価は事故直後から比べるとやや緩和しているのではないかと思われる。

共同調査でこだわっているのが住民票の移動である。住民票は住民基本台帳に基づいて作成される。住民基本台帳法22条は転入をした日から14日以内に市町村長に届け出ることを義務付けている。ただし、一般的に避難は臨時的に移動している状態なので、直接この条項に当てはまるとは考えられない。だが原発避難のように長期的に住まいを構えることになれば、解釈の揺れが生じる。

そこで２０１１年８月に施行された原発避難者事務処理特例法（東日本大震災における原子力発電所の事故による災害に対処するための避難住民に係る事務処理の特例及び住所移転者に係る措置に関する法律）２条２項は「避難住民」を定義し、避難者としての住民の地位を確定させた。このことによって避難者は避難先でその住民と同じ行政サービスを受ける地位を確保し、同時にそのために必要な財政措置が避難先自治体に対して取られることになった。

特に避難指示区域から避難している人たちは10年が経過した今でも多くが住民票を移していない。当初は子どもの転校や介護サービスを受けるために住民票を移す

表３−27　事故から現在までの国や自治体、東京電力の取り組みについて、採点するとすれば、100点満点で何点になるか

	国	県	市町村	東電
0～10点	16.8%	12.8%	11.9%	26.1%
11～20点	5.9%	3.4%	5.9%	10.1%
21～30点	15.1%	6.0%	5.9%	16.8%
31～40点	5.9%	9.4%	11.0%	7.6%
41～50点	32.8%	28.2%	28.0%	15.1%
51～60点	5.9%	11.1%	11.0%	5.9%
61～70点	8.4%	10.3%	7.6%	6.7%
71～80点	5.0%	12.8%	11.0%	9.2%
81～90点	1.7%	2.6%	5.9%	0.8%
91～100点	2.5%	3.4%	1.7%	1.7%

ようにという指導が避難先自治体からあり、それに伴って住民票を移した避難者もいたが、前述の事務処理特例法が成立したことによって、その指導についての法的根拠は失われた。

東電からの賠償については住民票を移しても支障はない。当初、被災地自治体には住民税や固定資産税、あるいは国民健康保険料などの減免措置が行われていたため、住民票を残しておくことに実利的な意味がなかったわけではないが、現実的に年金収入程度では大きな実利があるわけではなく、現時点ではほとんどの措置がなくなった。にもかかわらず、住民票を避難元自治体に残している人たちが少なくないのである。

一般的に住民登録というのは近代の行政体制上、機能的なツールに過ぎない。住まいを移動すればそれに応じて住民登録を変更し、国保や介護保険、あるいは就学など適切な行政サービスを受けたほうが便宜的である。統治者としては課税などの国民管理にとって主要な役割を果たす[8]。

しかし原発事故における避難者にとって住民票は特別な存在意義を放っている。人為的に住まいを移動させられたことに対する「思い」が込められている。多くの言葉を語らない避難者にとって、住民票を動かさないということは最後の無言の抵抗のように思われる。

表3−28は住民票を移すことに対する考え方を聞いている。時間を経るにしたがって「すでに移した」人が増加している。特にこの2年間では倍増している。しかし、それでも調査対象者の8割以上が長期の避難を経ても住民票を移動していない。さ

表3−28　あなたの住民票を避難先自治体に移すことについて、どう考えているか

	5次	6次	7次	8次	10次
移すつもりはない	59.2%	55.2%	51.4%	47.0%	44.3%
いずれ移そうと思っている	35.1%	38.1%	41.3%	45.0%	37.5%
すでに移した	5.7%	6.7%	7.3%	8.0%	18.2%

らに注目するべきは、そのうち半数以上が今後も移すつもりはないと答えていることである。

調査では自由記述でその思いを聞いている。まず「いずれ移す」という人たちの自由記述を見てみる。

「自治体の考えもあるので移してくださいということになれば、新居を建てたのでいずれ移すことになるのかと思っている」
「住民票と現住所が違うことで手続き、契約等に面倒なことが多くあるため」
「子どもの将来のことを考えると移そうと思っている」
「書類の交付に際して何かと不便であるから」
「中間貯蔵で全て売却することで、今までの土地に住所を持てなくなってしまう」
「（避難先の）町会の集まりのときに住民票は移したのかと今回だけじゃなく前回も言われ、切なくなってきたため」

一方、住民票を「移すつもりはない」と言う人はこのように書いている。

「自分が今住んでいる所は避難先であってふるさとにはなれない」
「ふるさとを捨てる感情があり、決断できない」
「＊＊の村民であるため」
「いずれ帰るつもりなので」

8　渡部朋宏（2020）『住民論―統治の対象としての住民から自治の主体としての住民へ』公人の友社。

「移せば＊＊町とのつながりがなくなってしまう」

「＊＊市民でいたい」

「＊＊町を忘れたくないから」

「所有する土地や建物が故郷にあるから、いずれ戻りたいと思う」

「＊＊町の住民です」

「＊＊町は生まれ育った故郷だから」

「お墓、土地、家が残っている」

「移せば郷里の思い出が消える」

「町とのつながりを保ちたい」

「住民票が福島にあるのは実際不便である。しかし福島との関係性が途絶えてしまいそうだし、福島出身と思っていたいから」

「今移すことは＊＊町から心が離れることと思う」

「＊＊町こそ私の住むべき町だから。現在の場所や、その後別の場所に移ろうが、どこも仮の住所に過ぎない」

「福島を捨てたようになるから住民票を移したくない」

「＊＊町の住民でなくなると、いろいろなかったことに、終わったことにされそう」


すでに移した人は少ないが、その理由の例としては次のように書かれている。

「子どもを幼稚園に入れるため。銀行口座が作れないため。福島のナンバープレートにガムをつけられた」

「新しく働こうと思っているが、避難地域の人だと思われたくないので」

「避難住宅への入居手続きで、区役所の人に問われた返事で何となく」

「仕事上、住所を移すことが条件の一つに入っていたので」

「息子は移した。住民票を移さないと市営住宅を借りられないから」

「＊＊町は原発で住む場所ではない。放射能のところは嫌です」

「進学、就職、選挙、免許、資格証更新など手続きの煩わしさ」


このように自由記述を読むと、住民票を動かさないということが被災者や避難者にとって、それなりの覚悟を持った「抵抗の手段」になっていることがわかる。もちろん、本来想定されている住民基本台帳制度はこのような人々の意思や感情に配慮したものではない。むしろ追いつめられた末に、人々は住民票に思いを込めているのである。8次調査では、いまだに自分が「被災者」であると「しばしば感じる」人たちが31・8％で、「ときどき感じる」が33・8％になっている《資料2》(8)参照)。その自己確認のためにも住民票を移せない人たちが多いのではないか。

避難元自治体の地域環境に対しては依然として厳しい見方が支配的である。10次調査（9次調査）では、福島第一原発の廃炉が計画通りに進むと考えているのはわずか0・7％（1・5％）に過ぎない。8割以上の人たちが「かなり計画より遅れる」「ほとんど進まない」と答えている《資料2》(10)参照)。紆余曲折を経て設置された中間貯蔵施設について、国が約束した通り、搬入後30年で県外に移されると考えている

表3-29　中間貯蔵施設について30年後に県外で最終処分するとの約束は守られると思うか

	5次	6次	10次
そう思う	1.8%	4.4%	3.6%
そう思わない	77.1%	79.0%	78.3%
どちらともいえない	21.1%	16.6%	18.1%

人たちは極めて少数である（表3－29）。前述のように、国や東電に対する信頼感が薄れている状態では、どのような約束も信じられていないし、もはやフィクションでしかありえない。

この調査で、唯一、1次から10次まで聞いている設問が「今の気持ちに一番近いものはどれか」である（表3－30）。当初、この設問を設けた主旨は、多くの被災者が喪失感を味わっているか、それとも加害者に対して怒りを抱えているのではないかという仮説からだった。しかし結果は想像と大きく異なっていた。「がんばろうと思う」という前向きの選択が5割前後もあったのである。

私にとっては衝撃的だった。これだけ過酷な環境に放り込まれていながら、なおかつ前向きに生きようとする姿には胸を打たれた。しかし子細に分析してみると、それほど単純な話ではなかった。数字の推移を見ればわかるように変動が大きい。それは個々人の回答にも表れている。つまり特定の個人を追いかけていっても回答が変動している。それこそが過酷な生活環境を意味していることに気づかされる（第1章のインタビュー参照）。

しかしそれでもなお、10年というこの調査の時間幅によって、ある程度の傾向が感じ取れるようになった。「がんばろうと思う」は長期的には低下傾向にある。帰還困難区域を除いてほとんどの地域で避難指示が解除された後の8次調査で、初めて「しかたな

表3－30　今の気持ちに一番近いものはどれか

	1次	2次	3次	4次	5次
がんばろうと思う	51.6%	47.5%	47.8%	55.1%	32.4%
しかたないと思う	19.3%	18.0%	21.9%	20.5%	23.1%
気力を失っている	6.8%	12.0%	10.0%	7.6%	17.6%
怒りが収まらない	15.3%	18.3%	16.7%	9.7%	18.5%
その他	7.0%	4.2%	3.7%	7.0%	8.3%

	6次	7次	8次	9次	10次
がんばろうと思う	32.0%	50.0%	31.4%	35.3%	38.3%
しかたないと思う	25.3%	21.5%	35.3%	19.5%	24.8%
気力を失っている	13.5%	12.0%	13.7%	23.3%	18.0%
怒りが収まらない	20.2%	9.5%	14.4%	15.0%	15.0%
その他	9.0%	7.0%	5.2%	6.8%	3.8%

いと思う」が「がんばろうと思う」を上回っている。避難指示が解除されても住めない地域には住めないし、一方、避難指示が継続された帰還困難区域に居住していた人から見れば、まさに先が見えない状況に陥る。「しかたないと思う」や「気力を失っている」人たちが増えるのも当然であろう。上下しながらも「怒りが収まらない」人たちは常に一定数が存在している。

この設問についてはプロローグと第1章で事例を含めて詳細に展開されている。

第4章

〈全記録〉から見える10年のその時

今井　照（自治総研）

構内に汚染水のタンクが並ぶ福島第一原発＝2020年10月、関田航撮影

1　1次調査

ここまで10年間の調査を貫く項目を中心に整理をしてきたが、ここからは1次調査から10次調査までの特徴的な質問項目についてまとめておく。そこからこの10年間で起きたことを振り返る。

1次調査は3か月後の2011年6月に行われたが、《資料1》調査概要のとおり、この時点では何もかもがわからず、幅広い質問となった。国、県、市町村、東電への評価については3(5)でも触れたが、図にすると次のようになる（図4-1）。

東電や国に対する評価が圧倒的に低い。それに対し、市町村については5割強の人たちが評価し、県についいいて半数近くが評価するという結果になっているが、一方、評価しないと答えている人もそれぞれ半数程度になる。

この場合の評価とは何を意味しているのだろうか。それぞれの理由の記述から目立つものを拾い上げると、まず東電に対しては、現場の人たちはがんばっているとしながら、説明に来ない、対応が後手後手になっていると厳しい。国に対しては、調査当時、内閣不信任案をめぐる攻防が焦点化されていたこともあり、政争をしている場合ではないといった声が多かった。政府の

図4-1　震災対応への評価

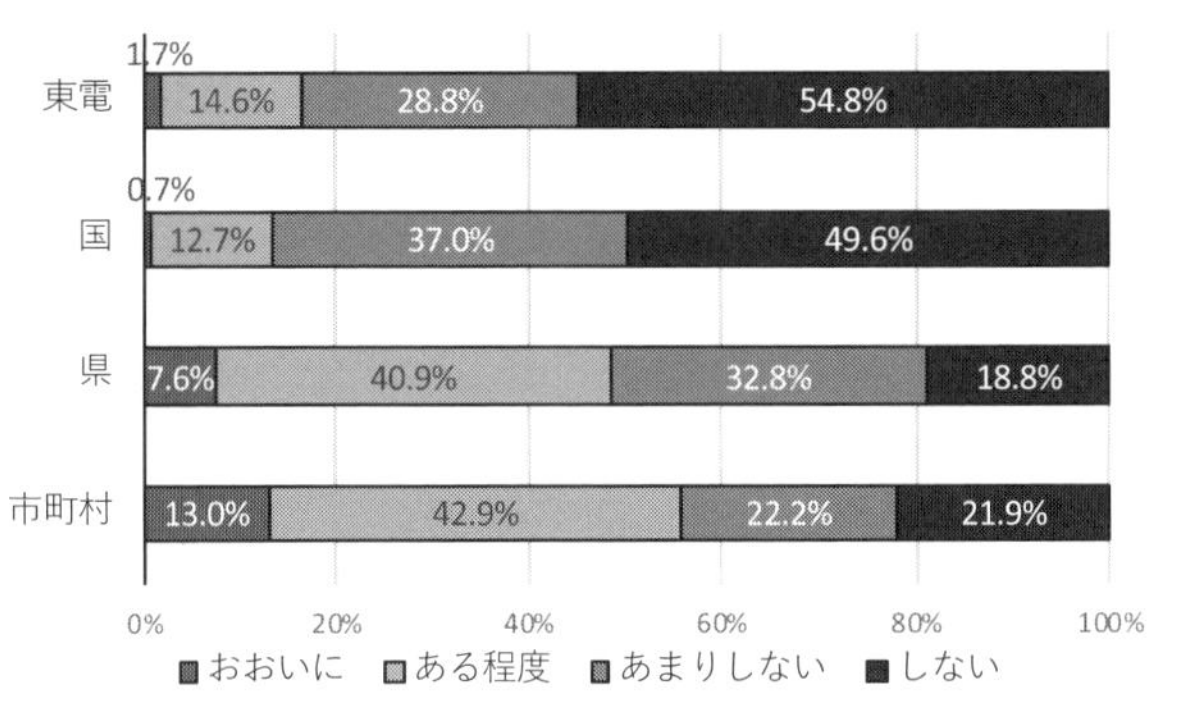

対応というよりは、国政への不信感が評価を下げているようであった。県に対しては、何をしているかわからないという声が目立ちながらも、知事のパフォーマンスについては情報発信能力を評価する人とその責任を問う人とが相半ばしている。

避難者にとってもっとも身近な存在となるのは市町村職員や市町村長である。被災直後から避難行動をともにしてきた機会も少なくないことから、評価も高めになっている。たとえば、情報不足の中でも的確に対応した、職員は同じ被災者だが寝ずにがんばっているといった声が代表的である[1]。逆に顔がみえてこない場合、たとえば自らの伝手を頼って各地に散って、仮役場とは離れたところに避難している場合には厳しめの評価になっている。

いくつかみられたのは、議会議員への何もしていないという意見である。議会が開かれる時だけ報酬をもらいにくるといった声もあった。そもそも議会議員の役割とは何かという問題を棚に上げておくとすれば、経験を共有化していないという点で議会議員への評価は厳しくなっているようにみえる。

市町村への評価がそれなりに高いとはいうものの、内訳を子細にみていくと、市町村ごとに評価は分かれている。市町村によっては調査件数が少ないものもあるので、数字をそのまま引用することはできないが、一般に原発立地4町よりも、その周辺部で対応が早かった市町村の方が高く評価されている。

理由の記述からみていくと、他の市町村と比較しながら自分の市町村を評価しているという人も少なくない。典型的なのは川内村に対する高い評価であり、住民はもちろんであるが、他の市町村の人たちからも高い評価を受けている。たとえば、

1　自治体職員の手による記録としては、今井照・自治体政策研究会編（2016）『福島インサイドストーリー――役場職員が見た原発避難と震災復興』公人の友社、今井照・自治総研編（2021）『原発事故 自治体からの証言』ちくま新書、など。

川内村に何でも負けているといった声が複数みられる。川内村の住民自身からも、他の自治体の首長より地震や津波の対応が早かった、村長が避難所にひんぱんに顔を出して、みんなのところを回ってくれるといった声がある。同じように葛尾村、飯舘村に対する評価も高い。これらのことからは重要な示唆が得られる。自然災害や原発災害に対して、市町村ができることは初めから限られている。そのことは住民自身も自覚的であり、だからこそ災害後の対応が問題とされる。たとえば、村長が避難所に顔を出すということ自体に即効的な意味があるわけではないが、しかし避難者にとっては限りなく重要なことなのである。むしろこのことこそ避難者の力になるのかもしれない。

原発関連の仕事の経験を聞いているのも1次調査の特徴である（図4-2）。当然のことながら原発からの距離で数値が異なる。立地4町は4割に上る。家族の原発関連の仕事経験になると立地4町は5割になり、南相馬市やその他の双葉郡4町村もかなり高くなる（図4-3）。

図4-2　原発関連の仕事経験

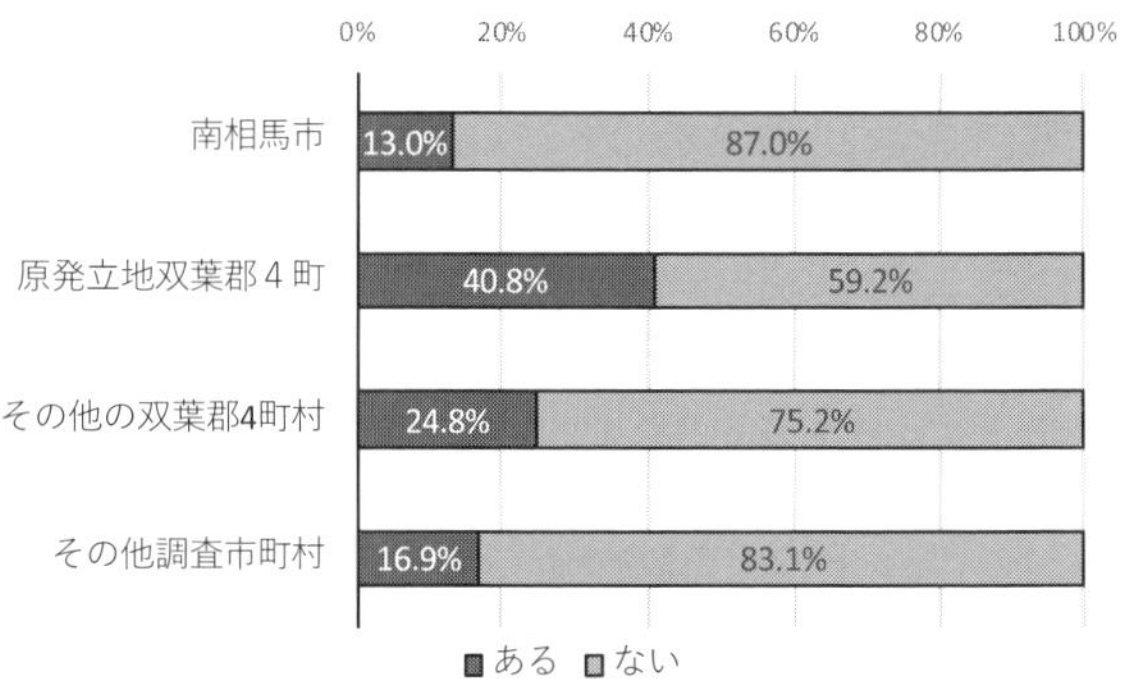

図4-3　家族の原発関連の仕事経験

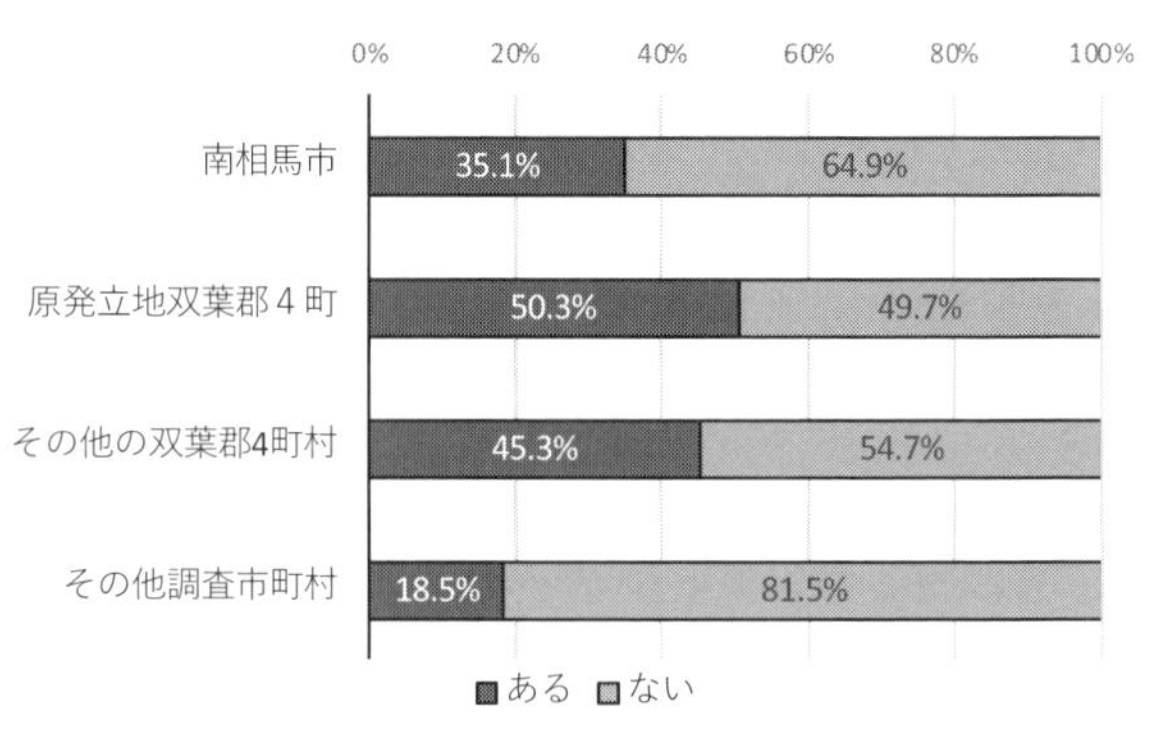

この経験別で原発の安全度認識や今後の原発政策の方向性を分析すると、原発での仕事経験のある人の方がやや安全だと思っていた人が多いものの、それほど大きな違いにはなっていない。ただ、原発が地域経済に貢献していたかという認識については、原発関連の仕事経験のある人の方が高めに出ている。

2　2次調査から3次調査まで

2次調査は事故から半年後の2011年9月に行われている。一般の自然災害であれば、被災者にとって災害発生時がいちばん過酷な状況であるが、原発災害は時間が経つにつれて厳しさを実感する災害であり、県外避難者を中心にむしろ避難者数が増加し、調査においてもますます被災者の心情は先鋭化しつつあることがうかがえる。

この頃起きていたことは、たとえば福島県内で製造された花火が他県での打ち上げを忌避されたり、福島県内で製造された橋桁がかけられずに工事が中断になったりなど、日本国内において「福島」が特別視され、切り離されていく疎外感だった。福島のことをフクシマと書いたり、あえてFUKUSHIMAと表記することも、福島の市民の心情を痛めつけた。これらのことは、この事故が全国規模、世界規模の災害

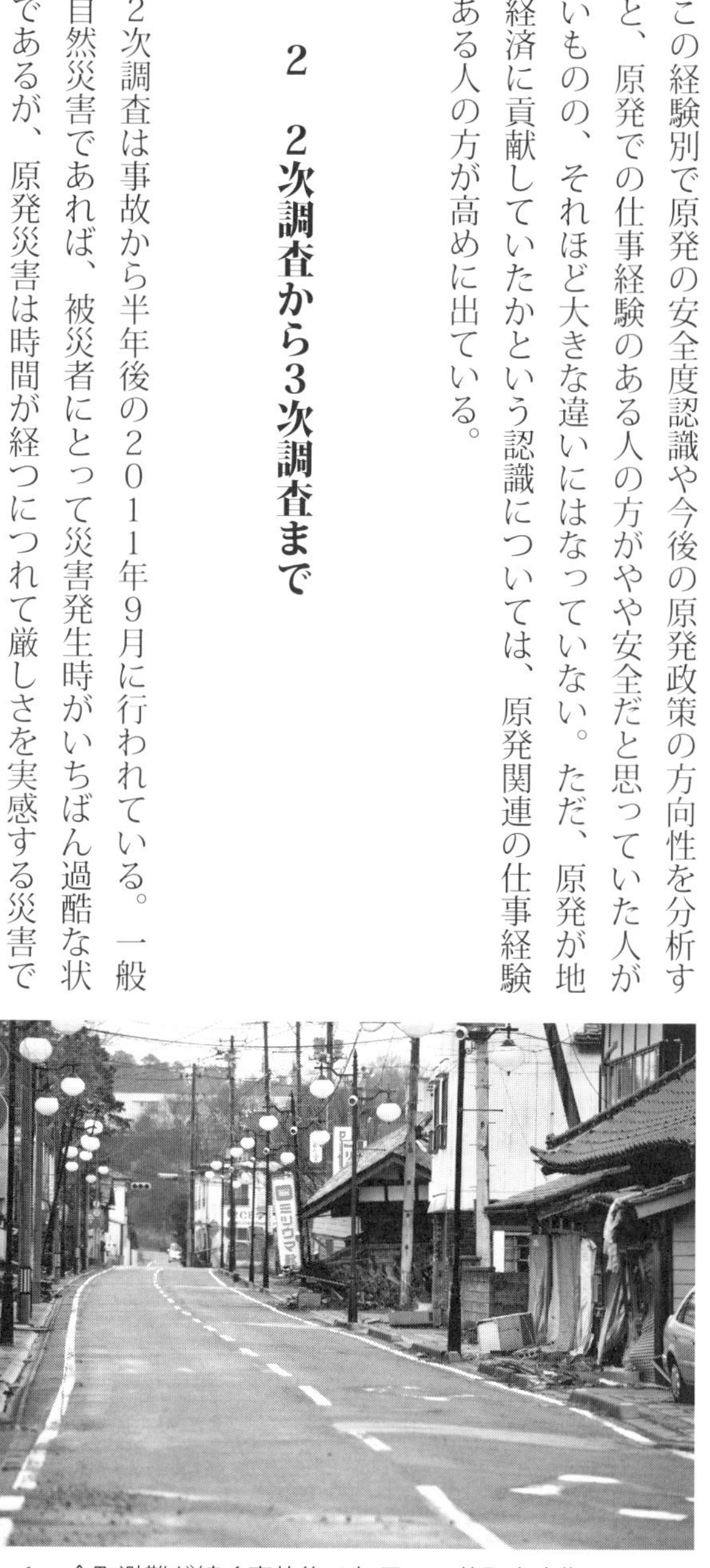

写真4－1　全町避難が続く事故後6年目の双葉町商店街
＝2017年2月、金居達朗撮影

であるという認識の欠如を示す。原発事故を福島というエリアに押しとどめることで、「あぶない」「かわいそう」「がんばっている」というようにこの事故を外在的なものにしようという構造である。

同時に、県内避難者と県外避難者との意識や行動の違いがしだいに鮮明になってくる。地域復帰意向を県内避難者と県外避難者とに分けると、それほど大きな違いはないように見えるが、「戻りたくない」人の割合が県外は県内の2倍に上る（図4-4）。

地域復帰までの期間についても、県内避難者は1年から5年以内が約4割と最も大きい割合を占めているが、県外避難者は10年以上や戻れないが半数を占め、なかでも「戻れないと思う」が約2割になっている（図4-5）。県外避難者が事態への危機意識を高く持っていることがよくわかる。

1次調査から4次調査までの回答者を県内と県外に分けた割合は表3-1で示した通りだが、そもそも県外に避難する人たちには属性上の特徴がある。総務省統計

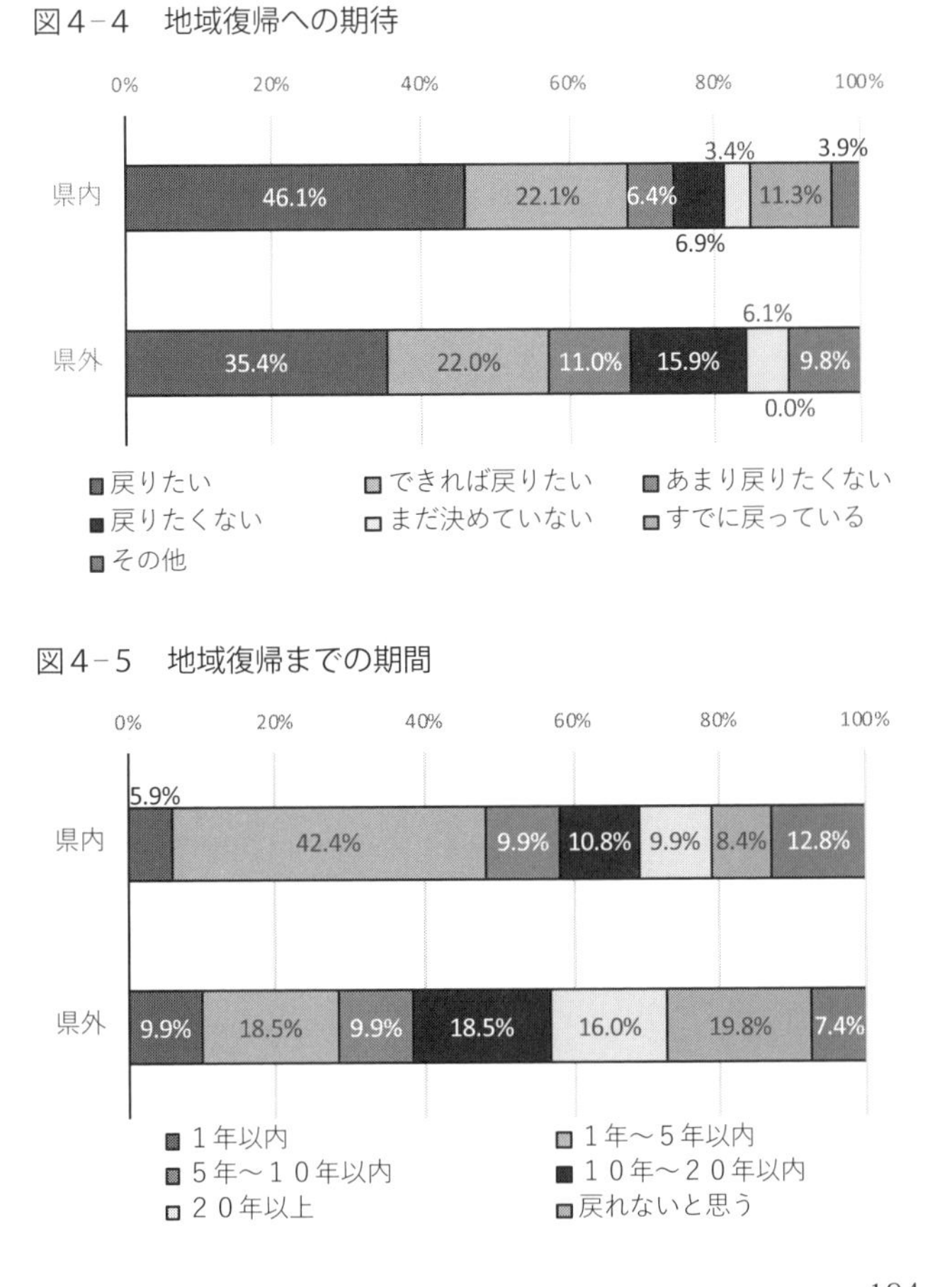

図4-4　地域復帰への期待

図4-5　地域復帰までの期間

局が2012年1月にまとめた「住民基本台帳人口移動報告平成23年結果—全国結果と岩手県、宮城県及び福島県の人口移動の状況—」においても、2011年における福島県からの転出者がすべての世代で増加している中で、とりわけ0～14歳、25～44歳が大幅に増加し、かつ20～39歳においては女性がひときわ多いということが読み取れる。

このデータはあくまでも住民基本台帳における人口移動であり、住民票を残したまま避難している人は含まれない。避難指示が出ている地域に暮らしていた人たちの多くが住民票をそのまま残していることは表3-28で明らかにしているが、避難指示区域外から避難者は比較的早く住民票を移している。その層が上述のように子育て世代の親と子であり、とりわけ女性が多いことから母子避難の多さが推測される。

3次調査は事故1年後の2012年1月から2月にかけて実施された。3次調査の回だけ聞いた質問は周囲の人たちの変化を聞くというものである（図4-6）。今の気持ちに一番近いものを聞くことはこの調査で続けてきたが、予想外に「がんばろうと思う」が多かった（表3-30）。ひょっとしたら自分のことを聞かれることで何らかのバイアスを与えているのではないかという危惧があり、周囲の人のことを聞くという形にすれば、素直に心情が見えてくるかもしれないという意図でこの設問を設けた。

その結果、自分のこととして聞くと「がんばろうと思う」が5割近くとなるが、周囲の人のこととして聞くと、復興への意欲の高い人は4割未満で、そうではない

図4-6 周囲の人たちの変化

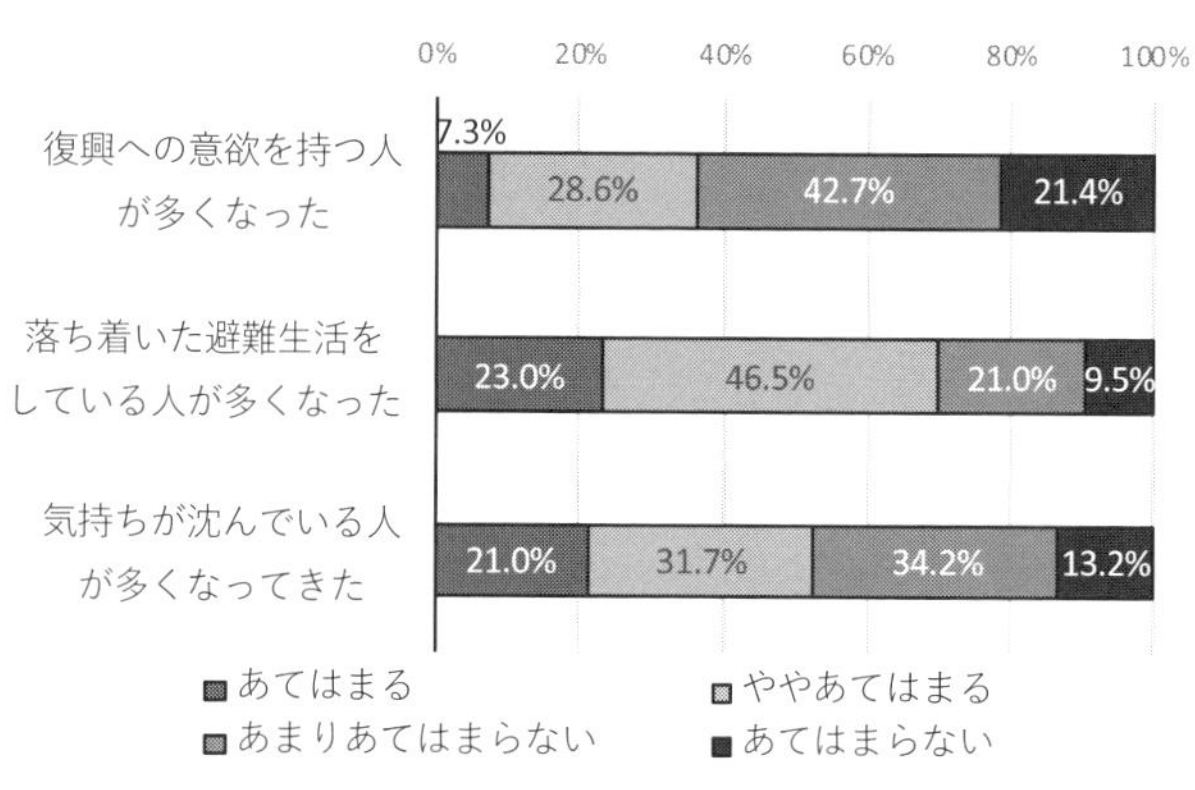

人が6割以上となる。自分のことでは「気力を失っている」が1割程度であるのに対して、周囲の人のことであれば「気持ちが沈んでいる」が半数にのぼった。

また、別の設問で避難生活に慣れたかという問いに対して約8割が慣れてきたと答えているが、周囲の人のことにすると約7割となっている。2次調査までは、避難先を転々としてきたものの、3次調査の時点ではこの半年間で住居を移した人が約2割となり、確かにやや落ち着いているようすがうかがえる。特に仮設住宅の建設などが進み、中でもいわき市など、元の住まいに近いところに移る人たちが目立つ。

写真4－2　原発から30キロ離れた南相馬市鹿島区ではこの先の立ち入り禁止を警察官が案内していた＝2011年3月、戸村登撮影

自由記述では「飲んで食って寝るだけ。まあすることないから体痛くなるけど、まあ慣れた」「ここに来て半年以上になる。同じ地域の人ばかり。ほとんど顔見知りなので安心。色々と話し合ってる」「いるしかねえんだからあきらめっかっていうか。他に行くとこもねえし、閉じこもっているから慣れた」という発言が見られ

るように、慣れたとはいっても、むしろ慣れざるを得ない、慣れるしかないといった心境が多い。地理がわかってきた、土地勘がついてきたという声もあった。

ただ周囲の人のこととして聞いても、多少の差はあるが、当然ながら本人と周囲とでは同じような傾向が見て取れるので、この設問をその後に繰り返して聞くことにはならなかった。

3　4次調査から5次調査まで

4次調査は事故から1000日目を報道の節目と考え、2013年10月下旬から11月上旬にかけて行われた。3次調査と4次調査との間が空いた事情については《資料1》の調査概要を参照願いたい。

この調査では「住まいの再建」を中心に質問を組み立てた。なぜなら3次調査と4次調査との間に避難区域の再編が完了し、「帰還困難区域」「居住制限区域」「避難指示解除準備区域」の3区分になったからである。これらの地域からの避難者にとって、将来をどのように考えるかという点で大きな転換点となることが予測された。

たとえば事故前に住んでいた場所が「帰還困難区域」に指定されれば、簡単には避難指示が解除されないことが明確になる。将来的には戻ると思い続けたとしても、当面の10数年間をどこでどのように暮らすかという判断を迫られる。高齢者であれば帰還することを事実上断念することにつながる。

このような現状に対して避難法制はうまく対応していない。たとえば、長期間の避難生活が予測される原発災害においても、自然災害と同様に仮設住宅の居住期間は1年ごとの更新になっている。常に「来年3月まで」という入居期限によって心理的、物理的な制約がかかる。その間に仮設住宅そのものの劣化が始まるが、入居期限が間近に設定されているので補修等が行われない。

また「みなし仮設」と呼ばれている貸家やアパートの居住についても、転居について制約が課せられており、子どもの成長や就学、さらに就労などで転居が強いられる場合でも、支援が打ち切られる可能性がある。これらは、避難法制と支援制度が比較的短期間で、しかも同一自治体に避難することが前提の自然災害対応になっているためであり、広域化・超長期化が見込まれる原発避難に対応していないからである。

仮設住宅の次に災害支援法制として用意されるのは災害公営住宅である。4次調査では災害公営住宅を含む「長期避難者生活拠点」（仮の町）という集住政策について聞いているが、半数以上の人たちが移行を希望していない。自然災害であれば、いち早く仮設住宅を撤去し、避難者の居住環境を整備することが求められたかもしれない。阪神・淡路大震災でも、あるいは東日本大震災の津波被災地でも同様のことが主張されている。

しかし、原発災害は異なる。なぜなら、災害公営住宅といえども、避難元の地域に建設されるわけではなく、依然として見知らぬ土地への避難が続くからである。

そのために、また転居することの負担感は重く、また3年弱の間、曲がりなりにも形成してきた避難先での人間関係や地域社会とのつながりを再びゼロからやり直すことになる。災害公営住宅への移行は原発災害避難者にとってハードルが高いのである。

自由記述から災害公営住宅を含む「長期避難者生活拠点」（仮の町）という集住政策に対する受け止め方を探ってみると次のようになる。

「子どもが避難先の学校にすでに慣れていれば転校させるのはつらい。自分1人だったら災害公営住宅などに行きますが」

「富岡町に戻るか、田村の新築住宅で暮らすかしか考えていない。災害公営住宅は必要な人はいると思うので整備は必要だが、現状では自分たちの生活では必要ではない」

「例えば仮の町をいわきに作るとしても、そこに戻るのでは帰ることにならないと思う。仮の町に行くのだったら、元いたところに戻りたい」

「双葉町の元の住まいに戻れるなら、戻りたい。仮の町とはいえ、別の町に住むつもりはない」

「最初から避難者がまとまっているところに避難していたら、行くかもしれないけど、子どももいるので、もうそちらに移動する気になれない」

「中小企業基盤整備機構の借り入れで、福島市で会社を再建した。3年で期限が切れるが、その後、延長して土地・建物を利用できるのか、まだ分からない。いまは会社の経営を最優先に考えているので、ここがどうなるかという見通しが立たない限り、仮の町とか、どこに所帯を持つかとか、そういうことまで考える余裕はない」

「仮の町に入ったとしても、近所付き合いがうまくいかないと思う。仮設は仮設の人たちで、なかよくなっているのが現状だ」

「今の生活に慣れたのに、また新しいところでは大変。ＮＰＯや社会福祉協議会の人たちが良くしてくれていて今、助かっている」

「仮の町の公営住宅でなく、ちゃんとした自分の家に腰をすえたい。どうせまた移動しなければならないようなところに住みたくない」

「自宅を再建する。生まれ育った家で、先祖代々の土地も受け継いでいる」

「葛尾村へ戻るつもりだから。仮の町ができると、帰村する人間が減る。だから復興住宅建設にも反対だ」

「夫の仕事（自営業：電気関連）で、駐車場や倉庫など広い土地が必要」

「夫の実家が南相馬市原町にある。震災後、夫の両親がその敷地内に私たちの家を新築した。そこに戻れと暗黙に言われているので、いつかは戻らないといけない」


ここからわかることは、少なくとも災害公営住宅の建設が解決策のすべてではないということである。むしろ、記述式の意見からはほとんど肯定的なものが見えない。現在の支援策ではこの部分がすっぽり抜け落ちていた。

５次調査は事故後５年を迎える２０１６年１月下旬から２月上旬にかけて行われた。この調査から主管が朝日新聞福島総局に移る。４次調査と５次調査との間には

２０１５年６月の閣議決定があり、ここで日程的な側面を含めた「復興の加速化」政策の具体策が見えてきた。そこで５次調査ではこの問題を中心に分析をしている。

２０１５年６月12日、政府は「原子力災害からの福島復興の加速に向けて（福島復興指針）」の改訂を閣議決定した。ここでは主として、①２０１７年３月までに避難指示を解除（帰還困難区域を除く）、②精神的賠償は２０１７年３月で打ち切り、③２０１６年度で事業・生業の再建、事業者の再建を図る（賠償を打ち切る）、ということが決められている。

避難指示が解除されれば避難者という存在は抹消される。それは自然災害対応の災害救助法制を適用する限り、避難者への支援が打ち切られることを意味する。さらに支援ばかりか賠償も打ち切ると言明されている。そもそも賠償とは原状回復がかなわない部分について、事故の加害者が被害者に対して事故前の生活水準を補償することである。加害者側から賠償を一方的に打ち切るというのはありえない。

２０１５年10月２日のテレビで当時の竹下亘復興大臣は「避難を続けている人に未来永劫、税金で面倒をみることはできない」という主旨の発言をしている（ＢＳ日テレ「深層ＮＥＷＳ」）。しかし、もともと政府が東日本大震災の復興に要する経費として見積もった19兆円には原発災害に対応する経費は含まれていない。なぜなら原発災害に対応する諸経費は原子力損害賠償法に則り、原因者である原子力事業者が負担することにしたからである。その後、中間貯蔵施設の建設など国が直轄事業として取り組むものも出てきているので、現在の復興予算のなかには原発災害関連予算が含まれるようになったが、少なくとも賠償に関する基本的な構図は変わっていない。

また福島県庁は福島第一原発の過酷事故により、避難を強いられている人たちが暮らしている応急仮設住宅の供与期間を２０１７年3月末までとするという決定を２０１５年に行った。この決定には「みなし仮設」と呼ばれているアパートや貸家なども含まれ、さらに公営住宅や雇用促進住宅、ＵＲの賃貸住宅で避難生活をおくっている人たちに対しても適用される。

このように単年度ごとに入居期限を延長していくということはいままでもあったことで、それ自体、長期避難が強いられる原発災害避難者を心理的に追い詰め、生活の不安定化を導く要因になるが、今回は福島県庁の政策転換を意味していた。避難指示区域以外からの避難者については「終了となります」と明記されたのである。「終了」ということは応急仮設住宅などから退去するか、賃貸住宅等への家賃支援がなくなることを意味する。

そこで福島県庁は、２０１５年の暮れも押し詰まった12月25日、「帰還・生活再建に向けた総合的な支援策」を公表した。福島県庁の「支援策」に書かれているのは、応急仮設住宅などへの入居が打ち切られた後、低所得者に限って、2年間、家賃を助成するというもので、1年目は家賃の二分の一（一月当たり最大3万円）、2年目は家賃の三分の一（一月当たり最大2万円）となっている。最大3万円とか2万円ということは家賃6万円が想定されているということだが、都市部に避難している人にとってみれば、単身者用のワンルームか1Kくらいしか借りられず、到底家族では暮らせない。

京都府主催で同種の説明会があった時、京都府庁職員は「せめて、平成29年の住宅無償提供終了まで、家賃、礼金の補助をして欲しいと、国と何度もやりあったが、国の答えは『ＮＯ』。国も、福島県も、あくまで、『帰還一辺倒の方針』で、力が及ばなくてすみません」と避難者へ謝罪したという。福島県庁は国の「加速化方針」に基づき、避難者を見えなくするために支援を打ち切るという決断をしたのである。

国、福島県庁、市町村の「復興加速化」政策に対する自由記述の回答をランダムに並べてみる。まず国や福島県庁に対しては次のような意見が寄せられた。

「国はいまだに責任を東電のみに押しつけ、一方で海外に原発を売り込むことを優先し、われわれに対しては対処療法に終始している。県はそんな国に対する突込みが弱い」

「国も県も単なる仕事としてとらえており、寄り添う気持ちが見えないので、何事もズルズル。空回りしたり、ムダが多かったりでやきもきしている」

「形だけ急いで戻しても復興ではない。時間をかけて復興しなければならない」

「やっているとは思うけど見えてこない」

「加害者（東電）が強くて、一向に進められない」

「命、健康より、経済、復興、人口減防止のように、形ばかりの施策。被災者の人権がないがしろにされている」

「知事ですら現地（仮設なり避難元なり）に足を運んではいない」

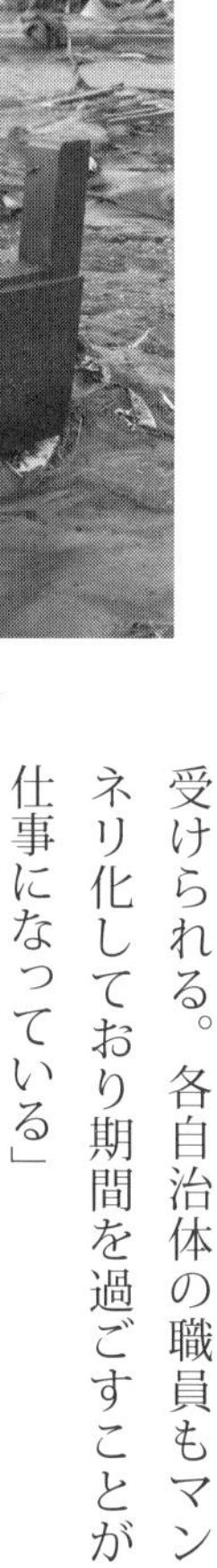

市町村に対しても厳しい意見が寄せられている。

「おのおのについて責任が明確ではないため市町村は県に、県は国に頼ることが見受けられる。各自治体の職員もマンネリ化しており期間を過ごすことが仕事になっている」

「国の言うとおりで、町民の話は聞き入れてくれず、富岡町と楢葉町との間に処分場ができるのも町民は反対であってもできてしまう」

「自治体は国、県に対して逆らえないので、住民に押しつけている」

「自治体は田舎の体質が抜けず、村民の意見を実現させる度胸がない」

「計画ありきが多く、各種委員会などがセレモニー化している。計画段階から、住民関係者の意見をくみ取るべき」

「自治体は職員が努力をしている姿が目に見え、ありがたい気持ちには

写真4－3　津波に流されたピアノ＝ 2011年3月、日吉健吾撮影

なる。県は国と自治体との板ばさみで強さがない」

代表すると「たくさんありすぎて書ききれない」「お金はすごく使っている印象」という意見に集約されるかもしれない。またすべての回答の中では、『復興』とは汚染された土地でもがんばって生きていくということなのか」という意見がいちばん心に沁みた。

こうした「復興の加速化」がもたらす将来の地域像を聞いた（図4-7）。半数が「以前とは別のような町になる」と答えている。次に多いのは「ほとんど人が住まなくなる」である。つまり被災者にとって「復興の加速化」とは、自分たちが戻るべき地域を失うということに他ならない。これが今回の原発避難における「復興」なのである。

図4-7　原発が立地する双葉、大熊、富岡、楢葉町の4町の今後をどう推測するか

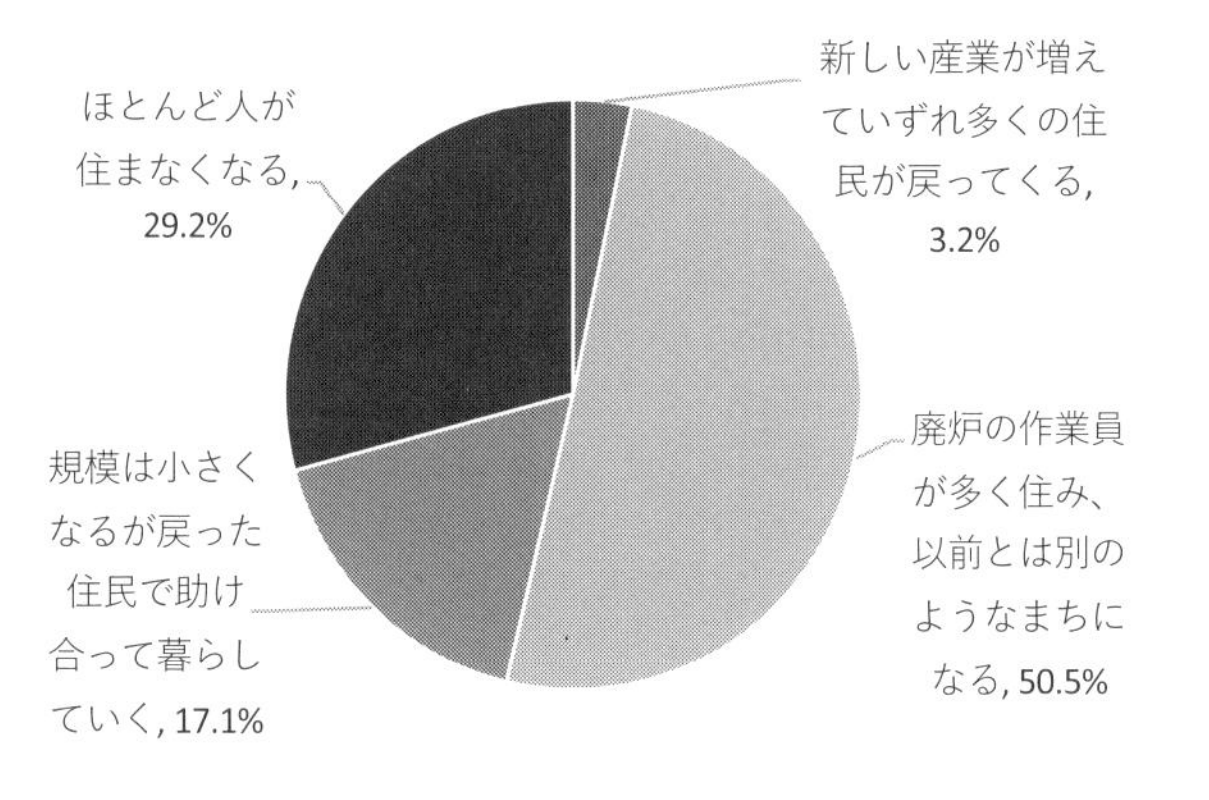

4　6次調査

6次調査は事故後6年の２０１７年1月下旬から2月上旬にかけて行われた。前年の２０１６年から原発避難に伴う学校でのいじめ問題が報道されるようになったことを受けて、被災者に対するいじめや嫌がらせについて初めて調査をした。この問題についてはすでに表3-10と表3-11で触れたのでここでは割愛する。

また前述のようにその春から帰還困難区域を除く大部分の避難指示区域で避難指示が解除されることになっていた。そこで6次調査ではもう一つのテーマとしてこの問題を中心に調査をすることにした。

図4-8は避難指示の解除という方針そのものへの賛否を聞いたものである。全体では賛否が拮抗しているが、直接的に影響がある避難継続中の人たちに限ると6割以上が反対の意思を示している。

それにしても意外に賛成が多いと言えるかもしれない。ところが自由記述を読むと、そこには屈折した感情が見え隠れする。前述のように「加害者」の責任が問われず、「被害者」が単に「かわいそうな」人という枠に押し込められると、なぜか後ろめたさに苛まされ、「がんばらなくてはならない」存在に追い込まれるのである。そこで被災者や避難者自身も「そっとしておいてほしい」「社会に申し訳ない」という感情が芽生える。これが「どちらかといえば賛成」になっていく。

賛成の自由記述をあげておく。

図4-8　国は今年3月までに避難指示解除準備区域、居住制限区域の避難指示を解除する方針だが、どう考えるか

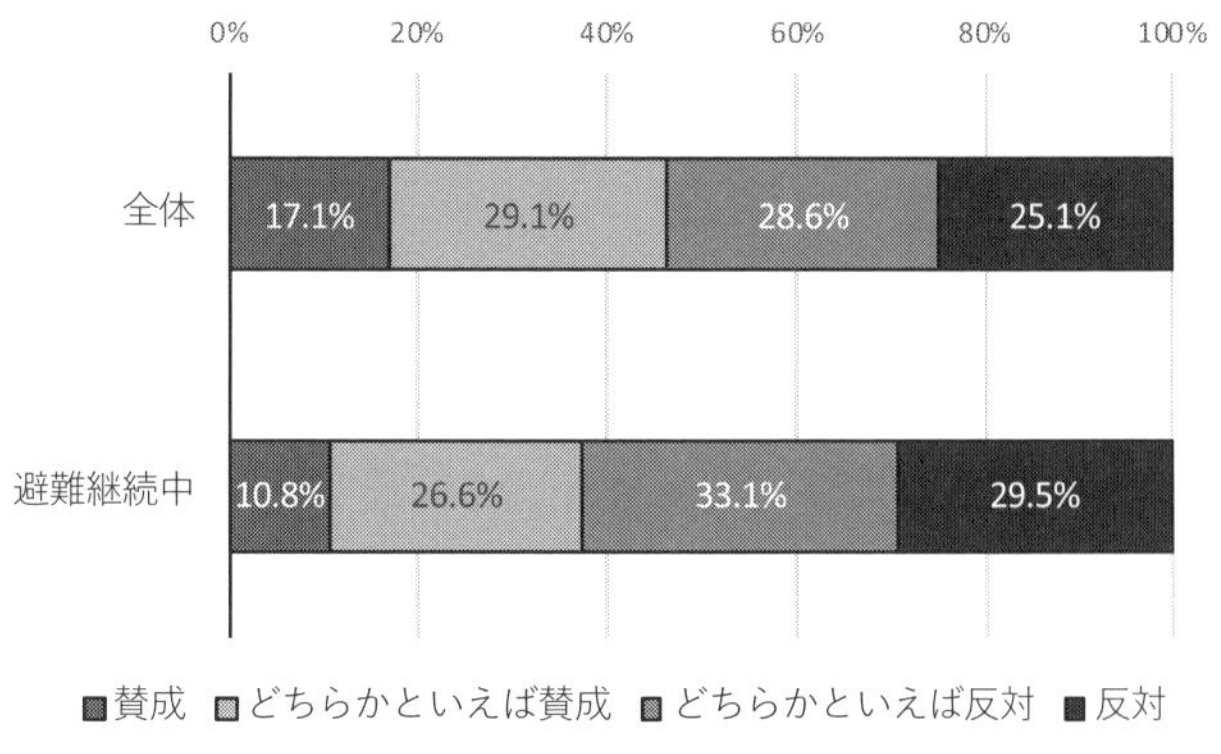

	賛成	どちらかといえば賛成	どちらかといえば反対	反対
全体	17.1%	29.1%	28.6%	25.1%
避難継続中	10.8%	26.6%	33.1%	29.5%

「いつまでも甘えていられない」
「戻りたい人はやっぱり前の家に戻って生活した方がいいと考えるから」
「避難先での苦労を続けたくなかった」
「私は4年前に仮設住宅で肺がんを患った。去年、帰ってきて、頭や手足の働きがよくなった」

「帰りたい人もいるので。人それぞれの考えがあるので」

「一日でも早い復旧・復興をするためには早めの解除もやむを得ない。その上で除染を進めて欲しい」

「第一原発の状況もまだまだ不安ですが、賠償金をもらって避難生活をずっと続けるのは、国税的に無理な話だと思いますし、地域格差による溝は深まるばかりです」

一方、反対の意見を拾うと次のとおりである。

「体への影響は長年にわたるとどうなるか初めてのことなのでまだわかっていない」

「原子力発電所の廃炉事業が計画より遅れ見通しが見えていない」

「聞くだけ野暮。フレコンバッグに囲まれた生活、無機質な風景。腹立たしい限り」

「町も国の方針ばかり重きを置いている。個々それぞれなのでもっと慎重に事を運んでほしい。私の家の状況を見ても急ぎ過ぎ。あと5、6年は見て欲しかった」

「国内から避難区域がなくなれば、原発災害も終わったと、世間や世界に知らしめられると思っていることがありありとうかがえる。『臭いものにはフタを』という考え方では、原子力保有国として危険だ」

「人のいないところに野生動物が住みつき危険。放射能は消え去らず、自由に行動できる生活（山、川、海）が取り戻せない」

「とにかく国で示す線量より高いし、まだ第一原発も安心できない」

「安心安全は当事者が納得してのこと。時間経過で判断するべきではない。国や専門機関を信頼できない」

「ライフラインのみでは生活できない」

「現地の姿を見ていない人たちのものさしでの判断や、考え方で決められるのはおかしい。現場をよく見て、少し時間をかけて状況を見極めてから決めていただきたい」

「国が東京五輪に集中し、賠償問題を長引かせないような目論見が見えるから」

「帰宅困難区域も除染していっしょに帰ろうと言っていたのに話が全然違う」

「目の前が真っ暗とでも申し上げます」

「うちの場合、帰還困難区域と１００ｍも離れていないのに解除方針はおかしい」

次に図4-9では東京電力の精神的賠償について聞いた。打ち切りもやむを得ないと答えた人は2割前後に留まり、圧倒的多数は継続もしくは充実を望んでいる。図4-8の避難指示解除の是非については賛意を示す人も少なくなかったが、精神的賠償については現在それを受けていない人たちも含めて打ち切りは時期尚早と考えている。被災者や避難者の生活再建が成っていないことを周囲の状況から理解していたためだろう。

避難指示が出されている地域に住んでいた住民に対しては月10万円の

図4−9　避難指示の解除に伴い、東京電力は精神的賠償を打ち切る方針ですが、その是非についてどう思うか

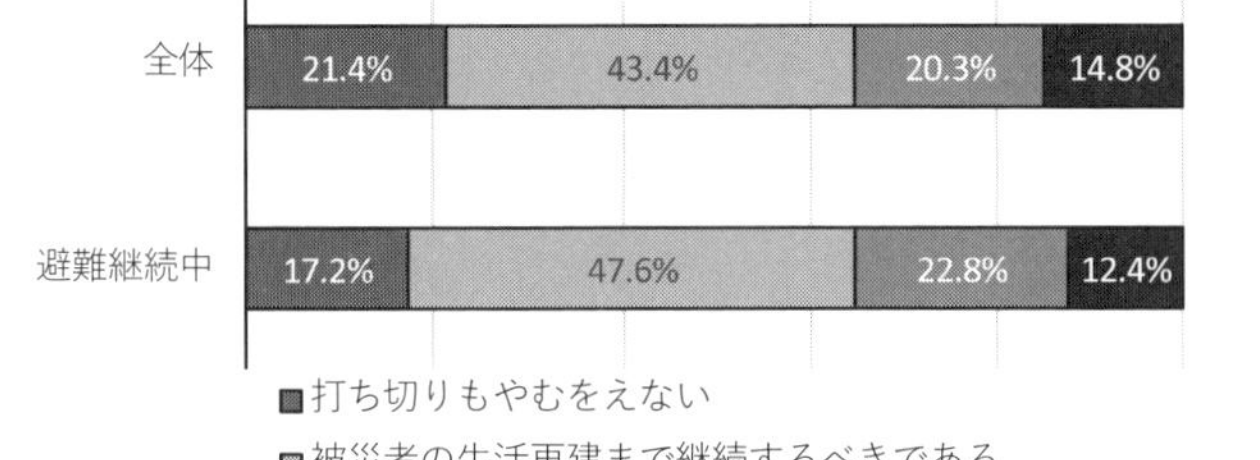

精神的賠償が支払われてきた。交通事故に例えれば慰謝料に相当するものである。この他には避難中の生活費などについての補償はない（仮設住宅や借り上げ住宅などの住宅支援については、各避難先自治体から福島県を通じ国が災害救助法に基づいて負担し、後日、国から東京電力に求償するスキームになっている。また自営業者などへの営業補償は不十分ながら一定期間行われた）。

もし単身世帯であれば、本来は慰謝料であるはずの月10万円で1か月間を生活することになり、生活保護よりも低く、病気や将来への備え等は不可能になる。そしてその月10万円すら避難指示の解除によって打ち切られる。逆に世帯の人数が多い場合には一見すると生活費見合いよりも多く支給されるので周囲から好奇の目を向けられることになる。事故直後においては一律1人当たり月10万円という精神的賠償にも一定の合理性があったが、時間の経過に従って、精神的賠償とは別個に、各世帯が置かれた条件や環境に基づき、生活補償としての賠償制度を構築するべきであった。国や東電はこれを放置することによって被災者や避難者間での分断をさらに引き起こしてきた側面がある。

この精神的賠償はあくまでも避難指示が出されている地域に住んでいた住民に対してであり、被災者全体にいきわたるものではない。広義の被災者とはこの事故で放射性物質が拡散した地域に住む人たちであり、さらにこのことによって経済活動や日常生活に支障や不安を抱えることになった人たちである。こういう人たちにこそ慰謝料としての精神的賠償の意味がある。しかし避難指示地域以外で精神的賠償を受けたのは福島県内の特定市町村に住む人たちだけで、しかもわずかな一時金だけであった。

それ以外の地域からの自主避難者と呼ばれる人たちや避難していなくても日常生活に不安を抱えながら生活している人たちに対して精神的賠償は支払われていない。さらに順次進められている避難指示解除によって避難指示地域ではなくなった人たちには逐次打ち切られている。２０１６年度末を前後する広域的な避難指示解除に伴い、精神的賠償を受ける人たちは帰還困難区域に住んでいた人たちに限定されることになる。

打ち切りもやむを得ないという人たちの自由記述は次のとおりである。


「国や東京電力が決めたことで、どうしようもない」

「東京電力もたいへんだろうと思う」

「自分たちも賠償を打ち切られているから」

「このまま賠償金をもらい続けていいのかわからない」

「解除となれば賠償もなくなるのは当然」

「いままでの6年間でずいぶん助かったと思います。東電の人的被害なので避難中の方は不満でしょうが、地域格差の溝が深まり、子ども間、大人間でのいじめややっかみの言葉はますます増大してしまうのではないかと思います」

「打ち切りはやむを得ないが、打ち切りたいために解除という考えが許せない。数十m先は帰還困難区域で何がどう違うのか疑問。解除するなら町全体でないと納得できない。納得していないからこそもっと責任を感じてもらいたい」

「20㎞圏内の人だけ優遇されて不公平だから」

一方、反対する意見には次のようなものがある。

「70代からの人たちは村に帰っても野菜や米も作れず国民年金だけでどうやっていけばよいのですか」

「帰還困難、居住制限、準備区域に線引きされるのはおかしい。私たち姉妹は3つに分かれている」

「被災者に責任はない。仕事、家族、友、すべてを奪っておいて勝手すぎる」

「現在打ち切られているところもまだまだ賠償をするべき。解除されても精神的な面では苦痛は残っている」

「他の地で身も心も地に落ちた気持ちです。避難先地域の人々の生活を見ると別世界の様相でうらやましい」

「加害者の自覚をしっかり持つのが当然。生命以外に何もかも失ったと同然な生活。人生が大きく狂わされてしまった」

「避難指示の解除と賠償は別問題。戻る人、戻らない人、いずれ戻る人、それぞれの意思を尊重し、いずれの選択をした場合にも、事故前以上の十分な再建が図れるまで責任を持つべき」

写真4−4　全町避難が続く富岡町のＪＲ夜ノ森駅近くで餌を求めて歩くイノシシ＝2016年11月、林敏行撮影

5　7次調査から8次調査まで

7次調査は帰還困難区域を除くほとんどの避難指示区域で避難指示が解除された後の2018年1月下旬から2月上旬にかけて行われた。そこで今後の町への思いについて聞いた。図4－10は避難指示解除までにまだ相当な時間を要すると思われる帰還困難区域や大熊町、双葉町からの避難者に限って聞いている。設問の全文は、「帰還までには、さらなる時間を要します。震災前に住んでいた町が様変わりしたとしても、町として存続してほしいと思いますか」である。

「町の存続」というときの「町」という言葉は多義的であり、行政としての町役場から、自治体としての町、地域の自然環境、あるいは、地域社会、商店街やその住民たちという意味にも取られるかもしれない。本来であれば、その一つひとつを選択肢とする設問を作るべきだが、ここでは設問量の制約もあり、これに関する自由記述を設けて補完することとして、あえて「町」として聞くことにした。

その結果「町として存続してほしい」と思わない人は1割以下で、6割以上が思うと答え、残りの3割がどちらともいえないとしている。

自由記述の回答からまずは否定的な意見を書き留めておく。

「＊＊町は中間貯蔵施設の予定地で、これから何十年も廃炉作業や汚染物質の搬入が続くのに、そのすぐ隣で普通の生活ができない。存続する意味がない」

「行政単位としての町が以前と同じ状態になることはあり得ない。様変わりはしかたがない」

「大きな負の東電（原発）をかかえ、町を存続とは喜べない。今から危ない核燃料の取り出しをするのに、住んでください、再建します、なんて平気で言う町？おかしくないですか？」

一方、存続してほしいという人はその理由を次のように書いている。

「町がなくなるのは悲しい。思い入れがあるから」

「自分の故郷が抹消されるのは嫌だから」

「生まれ育った町がこんな理由でなくなってほしくない」

「我々が生きてきた証を子孫に残せるのはふるさとのみである」

「小さくてもよいです。存続してほしいです」

「育んでくれた町がなくなってしまうなど考えたくもない。現在、がんばっているのは＊＊町へ帰るという一念です。町が消えてしまったら原発事故も永遠に忘れられてしまうだろうし、存続しないといけない」

図4-10　震災前に住んでいた町が様変わりしたとしても、町として存続してほしいと思うか

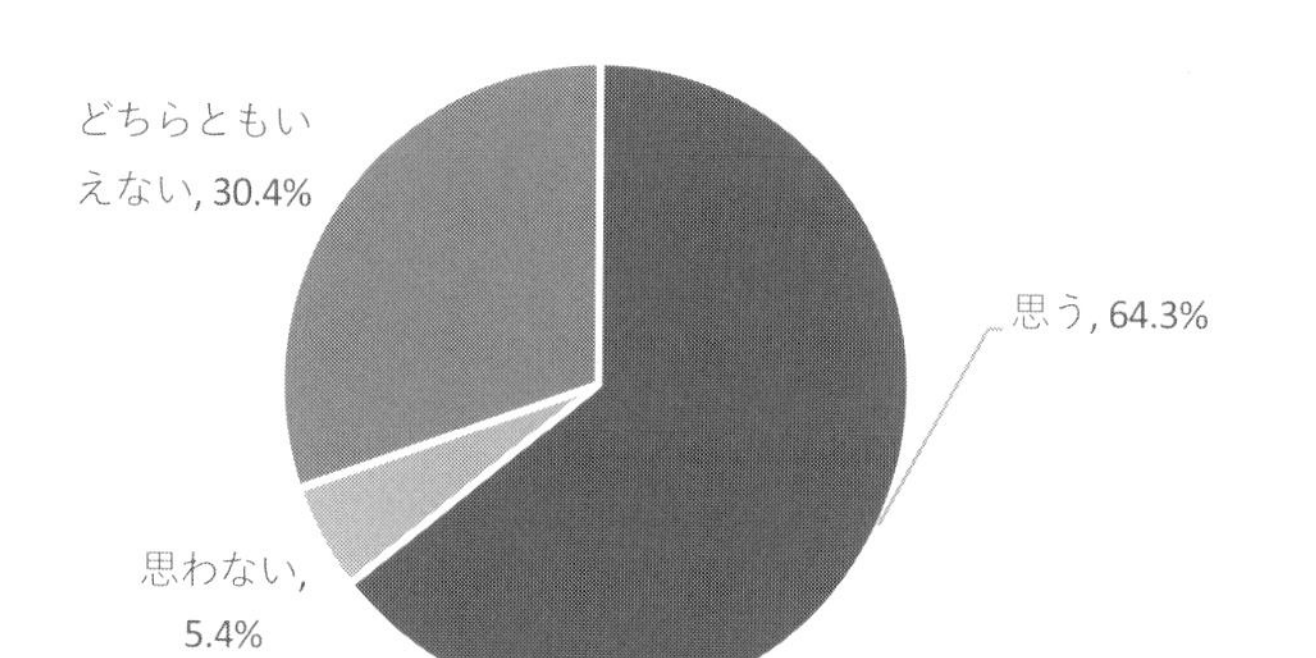

「町が存続しないはない。合併しても町はあり、なくならない。人口が少なくても同じ」

「町の存続がなければ自分の存在も宙ぶらりんになってしまいそう」

「町として残ってもらいたい気持ちと、少人数での自治体の機能が運営できるのか疑問」

存続してほしいという理由をこうして並べてみると、情緒的に過ぎると指摘されるかもしれない。しかし本来「わがまち」という社会意識を元にして成り立っていた自治体であるから、軽視できないどころか、むしろ自治の基盤がここにあるとも考えられる。

8次調査は事故後8年の2019年1月下旬から2月上旬にかけて行われた。復興庁が公表している避難者数の推移がしだいに実態と乖離し、避難者が見えない（不可視）存在へと追い込まれているのではないかという問題意識のもとに、各被災者の復興度合いについてと「通い復興」の実態についての質問を初めて聞いた。

具体的には「今年3月で震災と原発事故から8年がたちます。御自身の生活の復興度合いについて、数値で表すと一番近いものはどれですか」と聞き、0％から100％までを20％刻みの選択肢にして選んでもらうというものである。社会調査としてはオーソドックスなもので、客観的調査というよりは自らの主観的な評価になる。

その結果が図4-11のとおりで、20％と60％のところに二つの山ができた。復興度合いが比較的高いと思っている人たちと、低いと思っている人たちとに分かれる要因は何か。たとえば、図4－12は住まい別に見た復興度合いの認識である。住まいの種別によって復興度合い認識が大きく変わることはないが、二つの特徴が見られる。一つは震災前の自宅に戻って住んでいる人たちの復興度合い認識が、全体からみれば多少高めにシフトしていることである。これは理解できる。もう一つの顕著な特徴は復興公営住宅に住んでいる人たちの復興度合い認識で、こちらは他とは大きく違うカーブを描いている。明らかに復興度合い認識が低い。

一般的な自然災害であれば、災害公営住宅への入居が災害救助の最終段階となる。しかし原発災害の場合は、前述のように、ほとんどの場合、復興公営住宅でさえも震災前に住んでいた地域とは遠く離れたところに建設される。入居者にとって見れ

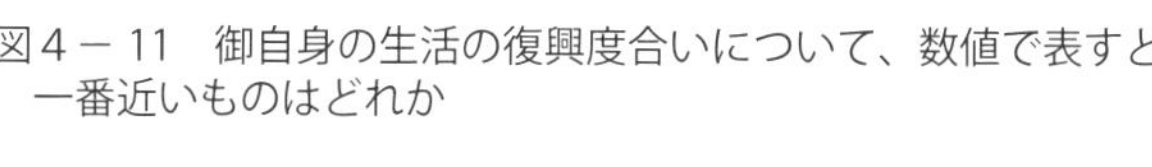
図4－11　御自身の生活の復興度合いについて、数値で表すと一番近いものはどれか

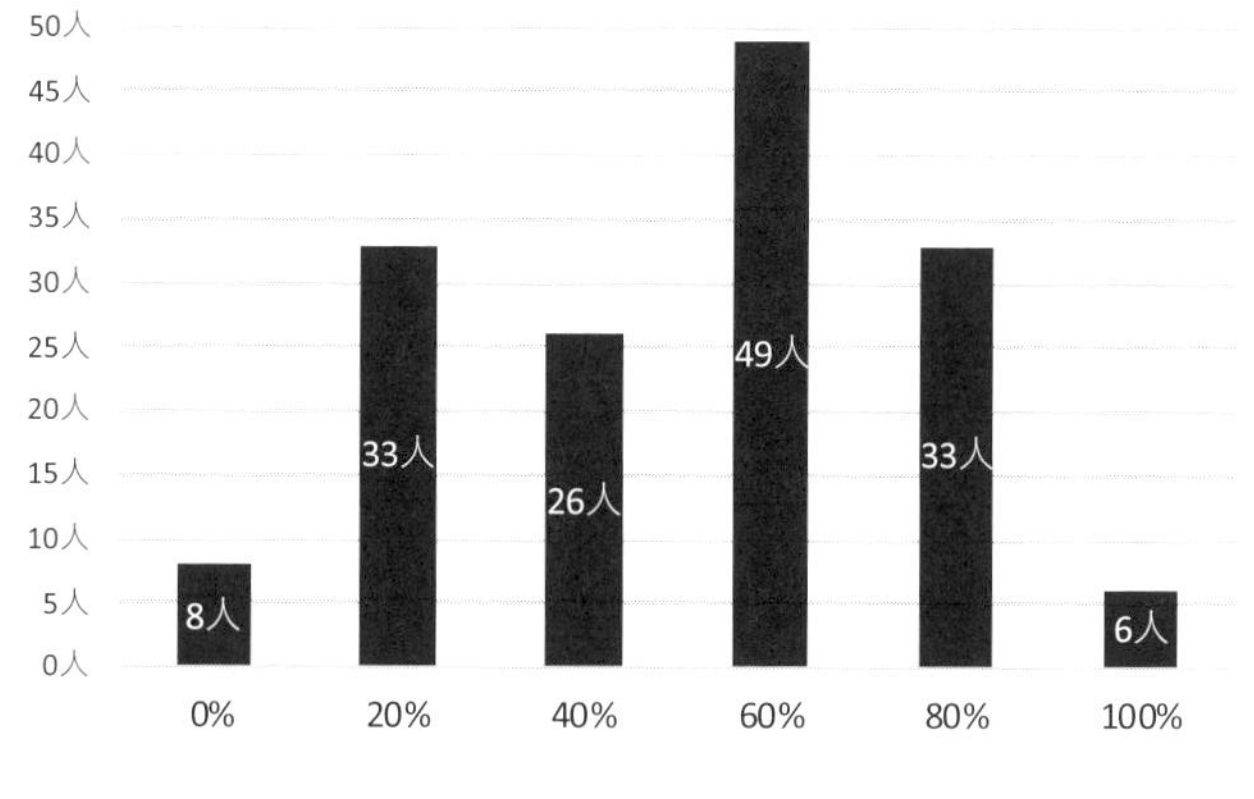

図4－12　住まい別の復興度合い認識

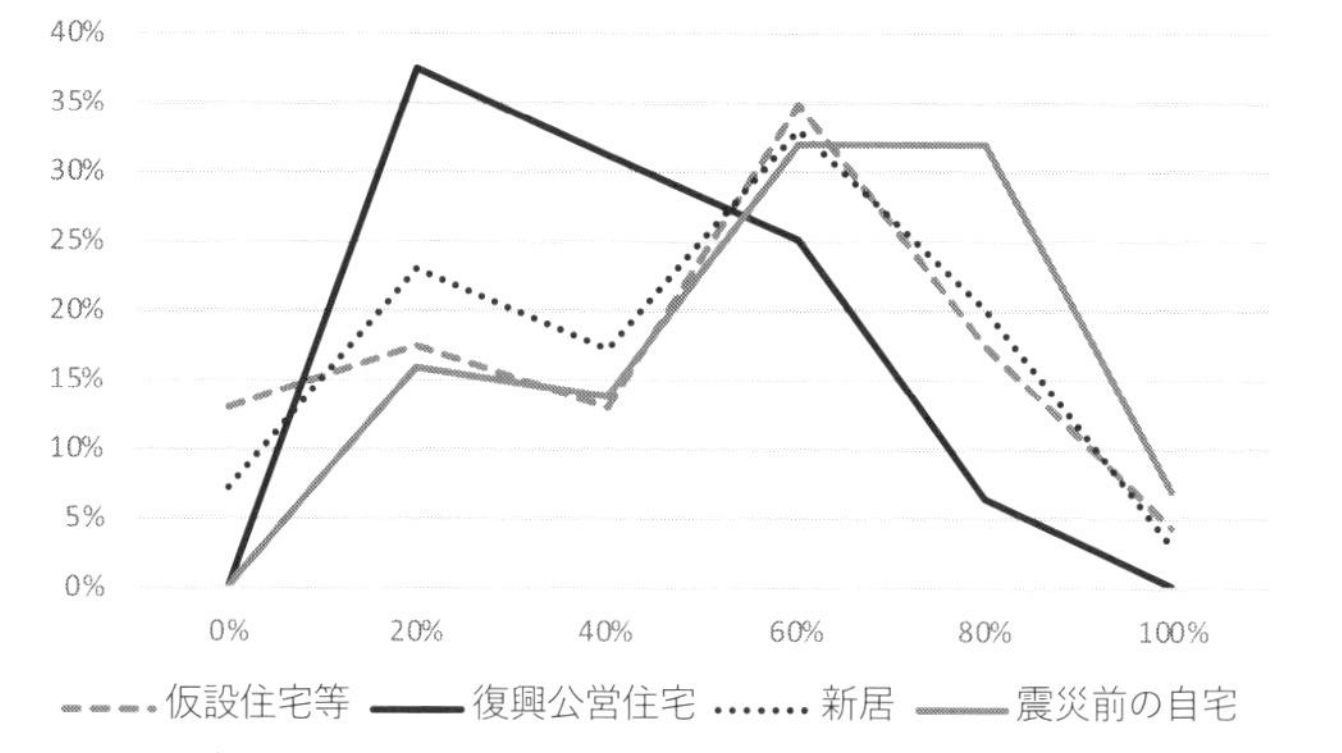

ば、依然として避難の延長上にある。

さらに復興公営住宅ならではの環境も作用する。震災前に大家族で暮らしていた住宅と比較すれば、仮設住宅はいかにも狭小で設備も貧弱ではあるが、平屋建ての棟続きで隣近所の声が聞こえる。それに比べて復興公営住宅は多少部屋が広くなり空調なども快適ではあるが、これまで暮らしたことのない集合住宅が多く、隣近所が何をしているかがわからない。

「通い復興」についてはすでに表4-26でデータを示しているので、ここでは調査後に改めて調査対象者から聞き取った記者の取材ノートから具体例を挙げておく。

①週に3回、避難元に通う

専業農家だったが、震災前の2005年、59歳の時に、この町のために何かをやりたいと一念発起し、たばこの乾燥所をリフォームして農家レストランを始めた。畑で取れた野菜のうち、傷があって出荷できないものや、山から取ってきた山菜を使った料理を出した。地産地消をかかげた店は完全予約制でかなり多くの人で賑わった。

孫の中学の卒業式に出たあと、地震にあった。家も店もなんでもなかったが、その後の8年間で、シロアリにやられ、ハクビシンが住み着いたので取り壊した。夫は肺がんで2011年3月15日に入院予定だったが、震災があって入院が遅れてしまい、翌年9月に亡くなった。避難先ではやることもなく家でテレビばかり見ていた。無意識のうちに、当時避難指示が出ていて人けがなかった町まで車で運転して、自殺できそうな場所を探していた。ふと我にかえって福島に戻ることが何度かあった。

　友人たちから、レストラン再開を何度も進められて、再開を決意した。夫と一緒にやった店をもう一度できると思うと、うれしくなった。今は週に3回くらい町に戻って、店内の掃除などをしている。皆が集まる場所にしたい。店を再開するという目標ができたから、今は気持ちが晴れた。ただ、町は寒いので、再開しても避難先から通おうと思っている。

②週に6日、避難元に通う

　震災前から夫と二人でガソリンスタンドを経営していた。避難先の仮設住宅にいたが、その近くで家を新築した。元の自宅は取り壊した。地震による被害は大きくなかったが、数年経つ中で、壁が壊れたり、戸が開かなくなっていた。震災前は兼業農家だったが、元の町では農業が再開できるわけではない（田畑があった場所はフレコンバッグの仮置き場になっている）。

　ガソリンスタンドは避難指示解除前の2013年7月に再開した。夫が「復興のため」と強く希望したから再開することにした。ガソリンスタンドは日曜日以外毎日営業で、朝6時から夜6時まで開いている。片道45分をかけて、避難先に新築した自宅から元の町へ通っている。朝は4時半に起きる。体のあちこちが痛いししんどい。再開当時は、除染作業が真っ最中で忙しかった。売り上げは震災前と同じくらい。ただ、除染や家屋解体、フレコンバッグの搬出などが終わってしまったら、客は減ってしまう。

何より、ガソリンスタンドでお客さんと話すことが元気をもらえる。油を入れなくても、店に寄ってくれてお茶のみをしたりするのが楽しい。家を壊すときも、未練はなかった。仕方が無いと思った。あきらめざるをえなかった。そう思うしかなかった。住民票もいずれは移さないとだめだと思っている。商売を続けているうちはいいけど、いつまでも元の町に残しているわけにはいかない。

③週に1回以上、避難元に通う

週に1回以上避難先から元の町へ行く。元の町では町役場から委託を受けた農地整備の仕事をしたり、家の草むしりをしたりしている。息子は千葉県へ避難して家を取得している。現在は元の町で働いているが、放射能や学校の問題で嫁や孫は来ないので、息子は金曜日の夜に元の町を出て千葉県に帰り、月曜の朝にまた戻ってくる。嫁や孫が来ないのは仕方がないと思っている。

夫の実家は代々酪農をやっていた。牛も子ども同然だった。震災で自分たちだけ逃げるとき、牛がずっと鳴いていた声が耳から離れない。

震災当時、住宅は新築して6年目だった。地震でやられて屋根が壊れ、水浸しになった。リフォームして帰還するつもりだったが、寝たきりの義母がいるので、病院がなければ戻ることもできず、やむを得ず帰還を断念し、避難先に家を取得した。前向きに生きてきたが、気力を失っている。あきらめざるを得ないが、あきらめきることができない。

週に1回以上、通っている。家の周りの草刈りや畑の管理、町から依頼された他の持ち主の田畑をトラクターでうならせ、草むしりなどもしている。4～11月ころまで、多いときには月に15日、10日連続で避難先から通うこともある。トラクターは震災前に使っていたものはだめになったので、新しく買った。避難先に取得した自宅を朝の7時半に出て、夕方5時半くらいに戻るが、腰や背中などとても負担になっている。夫の運転で通っているが、片道2時間半くらいかかっている。

避難先では知らない人が多すぎて落ち着かない。買い物以外で外へ行こうと思わない。元の町に行けばうれしくなって、知らない人にでも「おめえ、どっかで見たことあんなあ」と言って、積極的に話しかけている。

④週に3～4日、避難元に通う

第一原発で働きながら、兼業農家で生計を立てていた。娘夫婦が住んでいた家は震災で全壊し、自分たち夫婦が住んでいた家も壊れた。避難先の借り上げ住宅に住んでいたが、子どもや赤ちゃんの騒音がうるさくてストレスがたまる一方だったので、中古の一軒家を避難先で購入した。娘夫婦が住んでいた家のみリフォームした。娘夫婦は埼玉県へ避難して最初は社宅で生活していたが、一昨年埼玉県で建売住宅を購入した。

２０１７年春に避難指示が解除されることが決まり希望がわいた。それまではあきらめと怒りで、もんもんとしていた。元の町へ帰りたかったが、妻が歯医者、整形外科、眼科へ通院しているので戻れなかった。町が完全に戻れるまでは死ねない。

今は、週に3～4日くらい通っている。妻と一緒に1時間50分くらいかけて車に乗っていく。町に行く理由にするため、手紙の届き先を避難先から元の家に移した。「書留があったら」と考えると、毎週元の家に行くことになる。

先祖に申し訳ないと思う。開拓されてから110年になる。荒らされないように俺が動けるうちは、草むしりや枝の剪定などをして家を守ることが使命だと思っている。田畑を再開する気はない。除染で土をはがされてしまったので、一から土作りをするのは難しい。

通うのは大変ではない。毎日何をするか張り切って考えているから楽しい。避難先だとやることがないので、元の家でやることを見つけて仕事をする。仕事をしたくて仕方がない。農家だったので、土をいじっていないと生きた心地がしない。家庭菜園程度だが、じゃがいもとかも作っている。

元の家が本拠地で、避難先で取得した住宅は病院へ通うための別荘のようなものだ。このような生活に落ち着くまでは、自分の将来がどうなるか分からなくて落ち着かなかった。でも元の町へ週に3～4回通うことで精神的に安定してきた。7年間旅行なんて一度も行かなかったが、妻と最近行くようになった。

自分が生きているうちは家を守れるが、死んだ後、家を誰が守るのかが不安。子どもや孫に、「遊びに来なよ」とは言えない

写真4－5　広野町の民家の敷地で表土を剥ぎ取り放射性物質を取り除く除染作業＝2012年8月、小川智撮影

し、言ったこともない。第一原発で働いていたので、放射線についての知識はあるが、万が一を考えると気軽に「来て」と言えない。

6 9次調査から10次調査まで

9次調査は事故後9年の2020年1月上旬から2月下旬までの間に行われた。また10次調査は事故後10年という節目を目前とした2020年12月上旬から翌年1月中旬にかけて実施された。1か月ほど繰り上げたのは、その結果をいち早く10年の総括に活かすためであった。質問内容も9次調査と10次調査では、この10年を振り返り、この先の10年を展望するものを中心とした。

8次調査から10次調査までの間には、大熊町と双葉町における初めての避難指示解除が行われた。いずれもごく一部ではあるが、両町の居住制限区域と避難指示解除準備区域の避難指示が解除されている。

まず2019年4月10日に大熊町の居住制限区域と避難指示解除準備区域の避難指示が解除された。この結果、大熊町の大川原地区に役場の新庁舎が建てられ、その周囲に町内では初めての復興公営住宅が建設されるなどして、町内に住民が居住することになった。

また双葉町では2020年3月4日、沿岸部の避難指示解除準備区域について避難指示が解除された。ただし、この地域は中間貯蔵施設や産業団地などを整備するために区画整理事業が行われ、事故前に居住していた人たちが住める状態にはなく、避難指示が解除されても居住者はいない。

これらの避難指示解除により、福島県内全域で帰還困難区域以外の全ての区域の避難指示が解除されたことになる。帰還困難区域と比べて相対的に放射能の空間線量が低い避難指示解除準備区域や居住制限区域は、すでに他の町村では避難指示の解除が進められていた。これまで大熊町や双葉町のこれらの区域だけ避難指示が継続されてきたのは、両町の大部分を占める帰還困難区域と足並みをそろえ、町民間の分断を避けるためだったと推測される。

双葉町の一部地域の避難指示解除に合わせて、地震や津波で寸断されていた常磐線の再開（3月14日）があり、そのために、帰還困難区域内にある双葉駅、大野駅、夜ノ森駅の駅舎とその周辺の道路に限って避難指示が解除された。いわば点と線の避難指示解除になっており、住民が住むことを可能にしたものではないが、特例的な通行許可ではなく、ほんの一部ではあっても帰還困難区域の避難指示が解除されたのは初めてである。

だがこの3駅のどれについても、すぐ近くには立入が規制されている帰還困難区域があり、地震で倒壊したまま放置されている商店や家屋を見ることができる。また同じ帰還困難区域でも特定復興再生拠点として指定されている地域では、家屋の解体が進み、空き地が広がり始めている。いずれにしても震災前とはすっかり風景が変貌している。

一般的に、帰還困難区域ではいまだに除染も行われていないし、環境省による家屋の解体も行われていない。このような帰還困難区域は全部で1市4町2村にわたる340平方キロメートルほどがあり、この広さは東京の山手線内面積の約5倍にあたる。

帰還困難区域の一部を特定復興再生拠点として位置づけるしくみができたのは2017年のことだった。特定復興再生拠点に指定されれば、その範囲で国による除染が行われ、家屋の解体も進むことになる。そこで各町村ではできるかぎり広いエリアでの指定を望んだが、一部を除いて、結果的には駅周辺の中心部に限られた。

この時期にこうした動きがあったのは、2020年7月に東京五輪が開催されることになっていたからである（ただしコロナ禍の影響を受けて3月24日に「1年程度の延期」が決定された）。東京五輪の聖火リレーが全国の先陣を切って3月26日からこの地で始まる予定だった。ただし聖火リレーといっても、各町村のごく一部を数百メートルずつ走るというパフォーマンスに過ぎず、正確にはリレーとはいえない代物である。

聖火リレー開始予定日を目前に控えた2020年3月7日、安倍首相は福島を視察した。津波で流されたJR富岡駅近くに2017年に開業した富岡ホテルから出発し、常磐線の試運転列車に乗って、翌週の14日に開業する双葉駅に降り立つというパフォーマンスを演じた。その後、常磐道の常磐双葉インターチェンジ開通式に出席し、続いて浪江町に移動して、東日本大震災慰霊碑で献花及び黙礼をした。

最後に、震災前までは、東北電力の浪江・小高原発が計画されていた用地を開発して作られた福島水素エネルギー研究フィールドを視察し、開所式に出席した。そこでも自ら水素自動車を運転するというパフォーマンスを見せた。首相を追いかけてメディアで報道されたそれぞれの被災地の風景には、原発災害の影響を感じさせるものは何もなく、震災前までそこに長らく暮らしていた住民にとっては何もかもが初めて見るような見慣れない町の風景であったにちがいない。

後で詳述するように、安倍首相はこの視察中に記者団に対して「未来を見据えて、皆で新しい福島をつくっていく。その中で、避難しておられる方々に留まらず、日本中の多くの方々に、この浜通りに移住していただきたいと考えています」と語った[2]。「日本中の多くの方々に」「浜通りに移住していただきたい」という発言は、国のスタンスが被災者の「帰還」から新住民の「移住」へと重心を移したことを示している。

9次調査では事故前の居住地別を次の4つに分類し、それに基づいて分析をした。

A大熊町・双葉町
B富岡町・浪江町
C田村市（都路）・川俣町（山木屋）・広野町・楢葉町・川内村・葛尾村・飯舘村
Dその他（南相馬市等）

Aはほとんどの地域が帰還困難区域で、必然的にほぼすべての調査対象者が避難継続中という特性を持っている。BはAの隣接自治体で、避難指示は解除されたものの居住者が少ない。Cはその他の双葉郡地域か、一度は避難指示が出たものの、早めに避難指示が解除され、一定数の居住者がいる地域である。Dはその他の地域

2　https://www.kantei.go.jp/jp/98_abe/actions/202003/07fukushima.html

であるが、その大部分は南相馬市に該当する。自主的に避難した人が多いものの、多くは震災前の地域に戻って暮らしている。

これらの地域間の差が激しい項目を挙げると、まず仕事の問題がある。図4-13は事故前居住地別の仕事の変化である。いずれも「事故前とは別の仕事をしている」「仕事をやめて今は仕事をしていない」を合わせると5割から7割近くになり、それまでの仕事をやめた人の割合が高い。さらに、AとBで「事故前と同じ仕事をしている」割合が極端に少なく、避難指示の長期化が影響していることが想像できる。

友だちや近所とのつきあいについても、事故前居住地別の違いが鮮明に出ている(図4-14)。AとBについては群を抜いて「減った」が多い。だが、Cのように、やや福島第一原発とは距離を置きながらも、避難指示が出た自治体で暮らしていた被災者も、「減った」と「やや減った」を合わせれば8割弱になる。

図4-13 仕事(事故前居住地別)

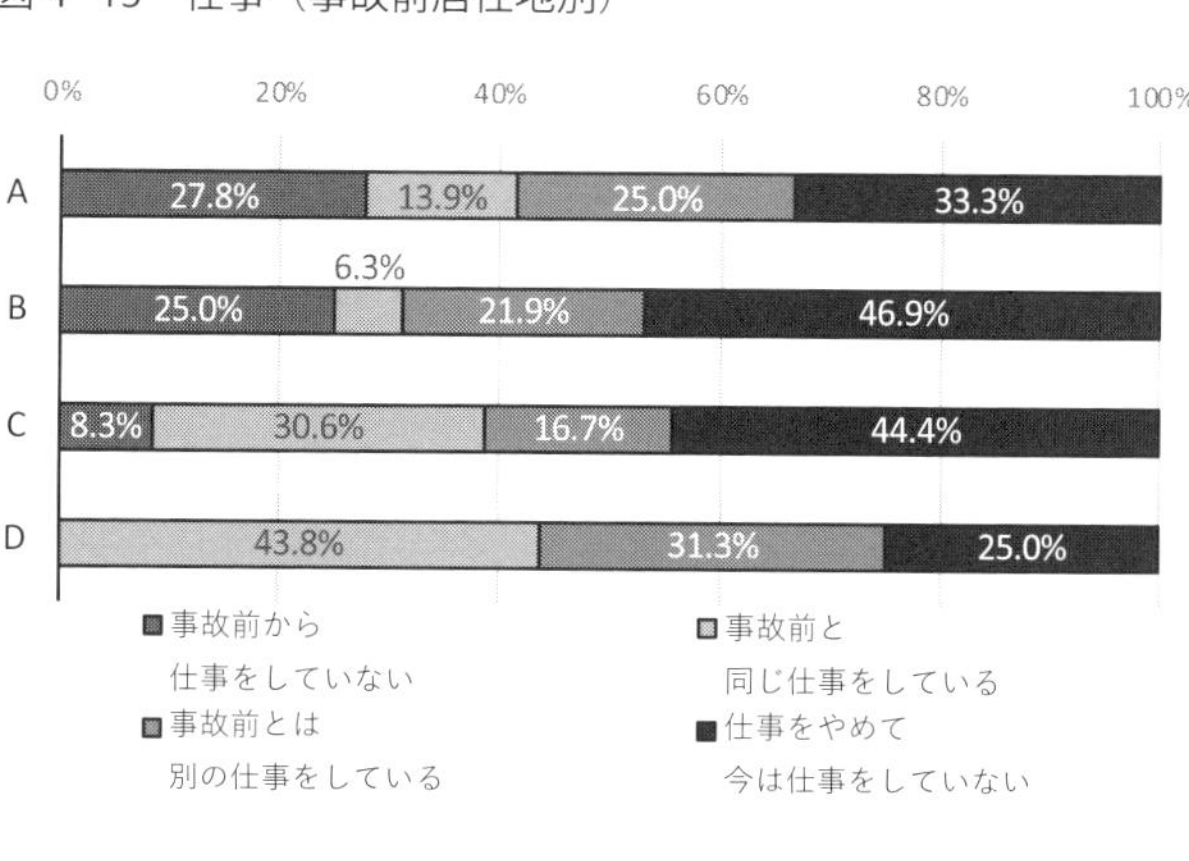

図4-14 友だちや近所とのつきあい(事故前居住地別)

	増えた	やや増えた	やや減った	減った
A	2.8%	8.3%	8.3%	80.6%
B		12.5%	12.5%	75.0%
C	5.6%	16.7%	33.3%	44.4%
D	6.5%	32.3%	32.3%	29.0%

■増えた ■やや増えた ■やや減った ■減った

10次調査では10年間を総括するということで、過去の質問項目を多めに聞いている。それらの推移は第5章で紹介している。10次調査では特に、10年間の東電や国への評価を聞いている。図4–15は東電に対する評価である。

写真4–6　避難指示解除に向けて災害公営住宅の建設が進む大熊町大川原地区＝2019年3月、関田航撮影

最も評価が低いのは事故前の安全対策であった。原発事故の主因が東電の安全対策の不足であったとほとんどの人たちが考えている。責任と賠償についても過半数は不十分だったと評価しているが、次の図4–16における国の責任と比較すると、多少評価が高く、国よりも東電の方が責任を果たしていると考えている人が多い。

この10年間の国への評価はいずれも7割から8割程度が評価しないとなっているが、その中でも差異を見出すと、住宅支援については相対的に評価がさ

図4–15　この10年間の東電への評価

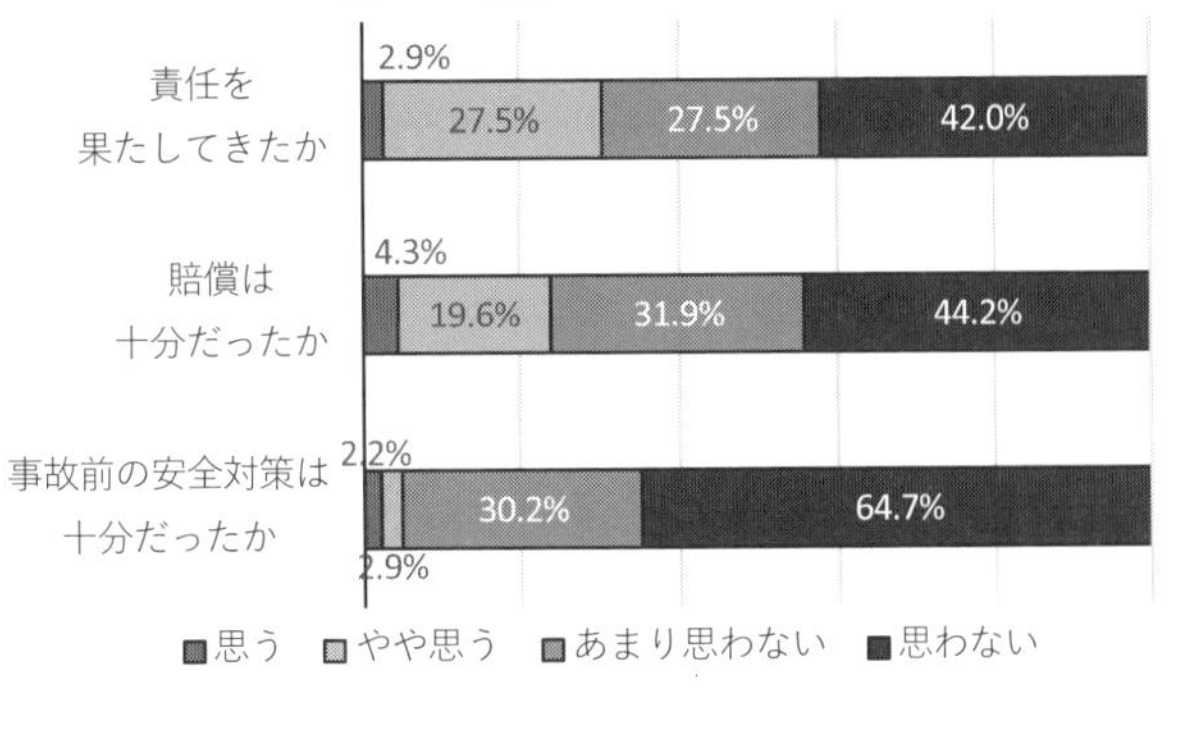

0%　20%　40%　60%　80%　100%
責任を果たしてきたか　2.9%　27.5%　27.5%　42.0%
賠償は十分だったか　4.3%　19.6%　31.9%　44.2%
事故前の安全対策は十分だったか　2.2%　2.9%　30.2%　64.7%
■思う　■やや思う　■あまり思わない　■思わない

れている。仮設住宅やみなし仮設、復興公営住宅などの対応に対する評価であろう。逆に厳しいのは事故に対する国の責任、避難指示の解除時期、復興政策などである。

図４－17は避難継続中の人たちに、このまま今いる地域に住み続けたいかを聞いたものである。まだ決めていない人たちを除くと、このまま避難先の地域に住み続けたいと考えている人たちが半数以上を占める。避難先への定住化が進んでいることがわかる。いずれ震災前に住んでいた地域に転居したいと考えているのは16・3％で、その時期は聞いていない。

自由記述では、今後も震災前の地域との「つながり」を持ち続けたいかという質問への回答の理由を聞いている。選択肢ごとに印象に残った意見を記しておきたい。

図４－16　この10年間の国への評価

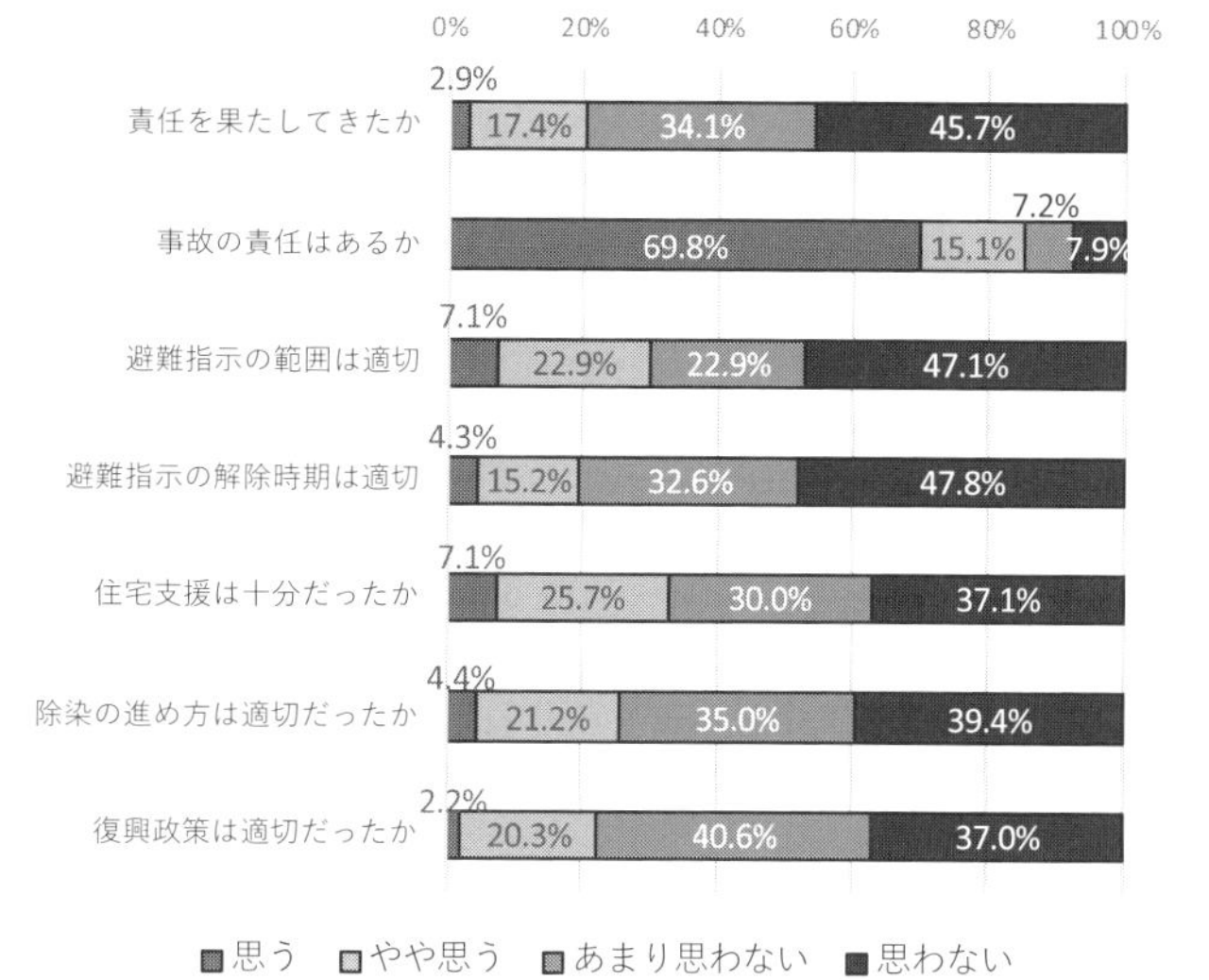

図４－17　（震災前とは違う地域にお住まいの方に）このまま今いる地域に住み続けたいか

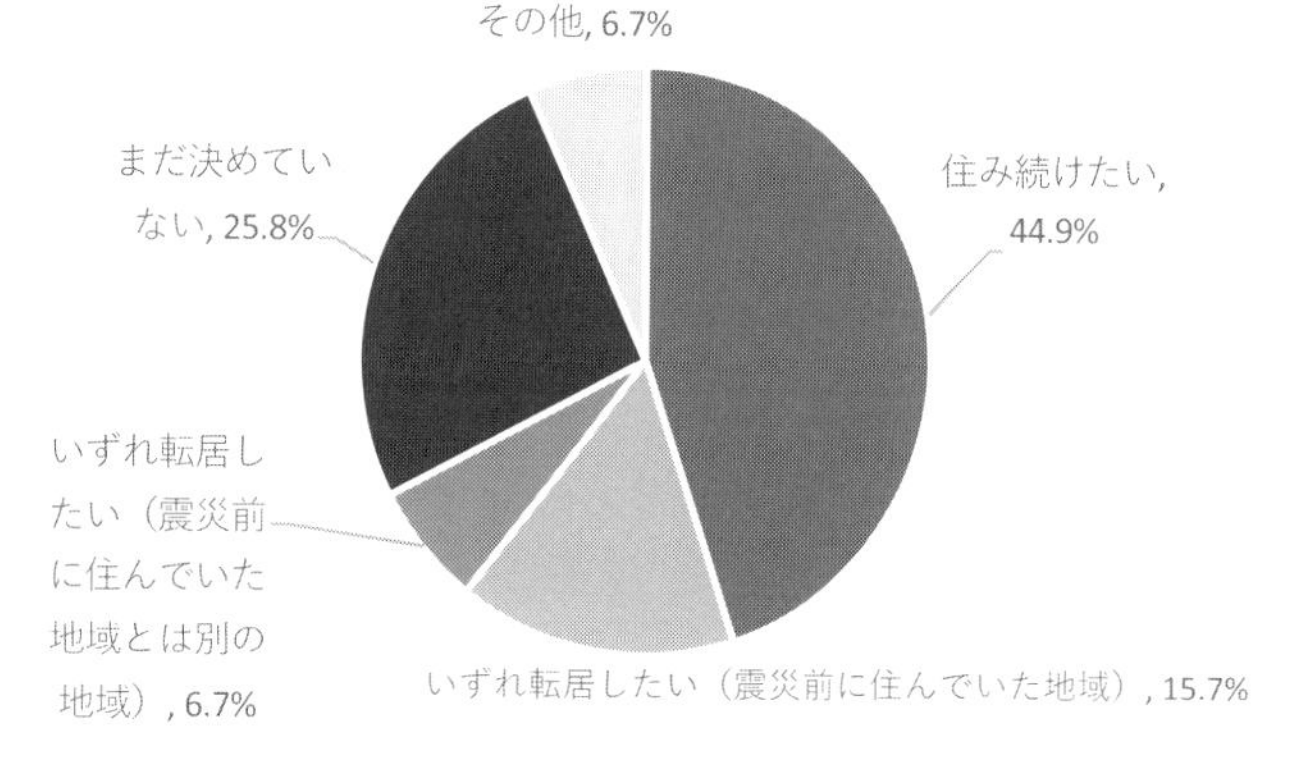

・持ち続けたい

「長年生活してきたたくさんのことはそう簡単に忘れるものではないし、忘れたくない。今でも震災前の地域に行くと落ち着くし、ここで生活したいとおもうし、自分のふるさとと強く思う」

「今住んでいる所は生活するには大変便利な所で病院も近いので便利ですが、人のつながりは特定の人以外になく、町や地域のふれあいの場には出づらいので友人と散歩をするくらいで部屋で過ごすことが多い。＊＊町で何かイベントがあるときは行ってみたいしそういう場所に行くと友人や知人に会えるような気がする。気持ちも和みます」

「持ちつづけたいというが誰もが持ってますよ。今さらです。ふるさとを忘れる人間はいないですよ」

「長年暮らして野菜や米などを育てて生活してきた。仕事の合間に山菜取りなど、とても楽しみがあった。避難している間にすっかり変わってしまった。ここ数年で亡くなった人も多数います。原発事故でこうも変わってしまうのかと考えるととても恐ろしい。私も決して若くないので、今住んでいる場所と長年暮らした場所を行き来して暮らしていくしかない。残念だけど仕方がない。こうして自分の気持ちを発言できる機会を頂いた朝日新聞、並びに今井照元福島大教授、本当にありがとうございました」

「原発立地町の職員として、誇りを持ち続けたい」

「以前の＊＊町の状態に戻ることは不可能とあきらめているが、『新しい街づくり計画』が進み、ちがう形で発展していく姿を見届けていけたらと希望を持ち今後も『つながり』を持ち続けたい」

・そうは思わない

「高齢のためいつまでも何年も待つのは無理がある」

「持ち続けたいと思うが現実的に無理があり、その気持ちがうすれて来ている。以前の様な行き来ができません。会いたいと思ってもすぐに会う事ができないのです。会う回数もだんだん減り、電話すらしません。何をするにも『めんどくさい』『しんどい』が会わなくてもいいやになってしまいました。これが私達の現実なのです。この10年つらかったの一言。親しい人は去って行くもの。『つながり』これから生きて行くうえで必要なのかと思いはじめ、考え、気持ちが変わりました。自分達の生活のことだけでいっぱいなのです。自分は以前と何ひとつ変わっていないと思っても相手はどうでしょう。原発事故のせいで大きく(何もかも、人の心も)変わってしまったのです」

「放射能の危険について根本的に考えが異なる。溝ができ、表面的なつきあいにとどめざるを得ない。避難したことの後ろめたさもある」

多くの人たちにとっては煩わしく、また成果が見えないアンケート調査であったと思うが、それに対してお礼の言葉をいただき、ありがたいことだと思う。「自分の気持ちを発言できる機会」として捉えていただいているが、この調査は最初の事故直後からそのような性格を負っていた。誰にもぶつけようがない言葉を、突然、避難所を訪れた記者たちに吐露してくださった人たちがたくさんいる。この10年間、私たちもそのときどきでは最大限の努力をしてきたつもりだが、調査にご協力をくださった方々の期待に応えたとは言い難い。改めてこれまでのご協力に感謝し、かつ私たちの非力さをお詫びしたい。

第5章
原発避難の特質
——「跛行性」「孤立」「感情被害」

今井　照（自治総研）

さいたまスーパーアリーナの回廊部で避難生活を送る双葉町の人たち＝ 2011 年３月、代表撮影

1　『「原発避難」論』から

■「避難する権利」「避難しない権利」

以上の調査結果を踏まえて、原発避難とはいったい何だったのかということを改めて考えていきたい。この10年間、繰り返し大きな自然災害が起きた。特に地震や大雨とそれに伴う河川の氾濫や山崩れなどで多くの犠牲者が出たばかりか、仮設住宅などで長期的に避難生活を過ごさざるを得ない多数の人たちがいた。もちろんこれらの災害と原発災害には類似点がたくさんある。災害救援に関しても多くは共通の法制度で行われている。

一方、原発避難ならではの特徴や特質も存在する。問題はここである。ここをうまく言語化できなかったことが原発避難法制や原発避難政策を生み出せず、根底的な意味での被災者支援につながらなかったのではないかという疑問を私は持っている。もちろんこのことがこれまで議論されてこなかったわけではない。いやむしろたくさんの議論があった。しかもそれらの議論が見通しを誤ったということではない。その時々では適切だったと思われる。しかし結果的に現在は被災者の期待とは異なった状況が生まれている。そのことに踏み込んでいきたい。

事故1年後には『「原発避難」論』という本が編まれている[1]。事故2年半後には『人

1　山下祐介・開沼博編（2012）『「原発避難」論——避難の実像からセカンドタウン、故郷再生まで』明石書店。

間なき復興』という本が編まれている[2]。いずれも時代を読み込んだ名著である。この２冊を手掛かりに、私たちの調査を踏まえて『「原発避難」論』再論」に取り組んでみたい。

『「原発避難」論』は全９章でその前後にまえがきとあとがきが付き、さらに避難経緯をまとめた概説が巻末につく。編者の山下祐介と開沼博はそれぞれまえがきと第１章、第９章とあとがきを分担して書いていて、これらがいわば総論にあたる。第２章から第８章までは各論になり、第２章と第３章が地域社会としての避難経過（富岡町と飯舘村）、第４章が家族の離散、第５章から第８章までが避難所や避難先地域に焦点を当てて書かれている（ビッグパレット、さいたまスーパーアリーナ、岡山県、いわき市）。

ここでは山下と開沼の総論から、事故１年後時点での原発避難の特質と思えるような論点を抽出して整理しておく。山下はまず原発事故の報道においては事故の経緯や放出される放射能の話題が中心になり、原発避難が問題の中心に置かれずにきたとする。時間の経過とともに見えなくなる避難を「少しでも可視化していく」ことがこの本の目的だとしている。

そこで山下は、①避難の構造（避難の静態）、②避難の展開過程（避難の動態）、③再生に向けた課題、の３点に分けて整理していく。①では避難を類型化する。(1)直接避難区域からの避難、(2)福島県からの自主避難、(3)関東圏からの自主避難、の３つに分け、それぞれに性格が異なることを明らかにする。たとえば(2)と(3)では「避難する権利」が唱えられるが、(1)について避難は選択ですらなく、むしろ「避難しない

2　山下祐介・市村高志・佐藤彰彦（２０１３）『人間なき復興―原発避難と国民の「不理解」をめぐって』明石書店。後に２０１６年、ちくま文庫として再刊。

権利」、もしくは避難指示解除に伴う「戻らない権利」が唱えられる可能性があるとする。

②避難の展開過程（避難の動態）では、避難の時系列を３段階に分ける。第Ⅰ期は「事故発生から緊急避難期」（３月11日からおよそ半年・９月頃まで）、第Ⅱ期は「避難長期化期」（震災後、半年から約２年後まで）、第Ⅲ期は「転換期」（２、３年後以降に生じること）とする。第Ⅰ期はさらに「緊急期」と「避難期」に分けられるが、避難指示の発出時期によって地域による差が生じるとしている。この本の刊行は事故１年後だったので、第Ⅱ期後半から第Ⅲ期まではまだ到達していない時期区分となる。

③再生に向けた課題においては、まず「賠償の論理」に偏りがあると批判される。被害や精神的苦痛を金銭に置き換える形でのみ発想されているとする。このことによって道義的、倫理的な問題が遠ざけられていると指摘する。このような発想が成立するのは、時間の観念が排除され、３月11日に起きた事故の損害について金銭を支払おうとするからだと言う。つまり事故後、引き続き避難している日々に対しては何らの補償がされていないという意味のように読み取れる。そこで金銭に置き換えられない「この事故がもたらした（もたらしつつある）社会的被害の全貌」を明らかにすることが課題として挙げられる。

写真５－１　津波で流された南相馬市原町区下渋佐の集落跡
＝2011年３月、日吉健吾撮影

具体的に、再生に向けた課題として取り上げられているのは、第一に「新しい地域市民社会―地域再生基金の創設と地域再生円卓会議」、第二に「新しい地方自治―避難自治体を維持する制度の確立と、セカンドタウンの実現」、第三に「新しい地域経済―脱原子力・再生可能エネルギー開発拠点の形成」である。第二の柱には、二重住民票、二重行政サービス、分割納税の制度について、他の自治体にも応用可能なものとして構想すべきとある。

■「避難をしない」選択

もう一人の編者である開沼は、20世紀が「国民」の時代であったとすれば、21世紀は「難民」の時代であるという先人の言葉を引きながら、「国」という存在が後継に退きながら「小文字の避難」における「避難する民」の一例として原発避難を捉えていく。ここで議論されるべきは「国家」であり、「科学」であり、「共同体」であるとする。「国」や「科学」を自明視できなくなり、「自由」や「自立」とは程遠いところに追いやられた「民」を「難民」と呼びかえている。

ここで開沼は「避難する、できることは特別なことである」とし、「避難指示区域外における避難」「個人的な避難」「避難をしない」に着目している。山下の避難類型で言えば(2)(3)、にあたり、加えて「逃げたくても逃げられない」地域内避難者や、意思的あるいは社会的に「避難をしない」という選択をした人たち（仮に避難類型(4)としておく）をも射程に入れるべきということになる。確かにそのような視点も重要である。本調査では《資料１》でまとめた経緯で調査対象者を確保したため、図らずも開沼が指摘するような人たちも調査対象者に含まれることになった。

この後、開沼は自らの聞き取りから「避難指示区域外における避難」「個人的な避難」の事例をいくつか紹介する。この中には「戻った」事例も含まれる。そこから引き出される知見は、社会関係資本（人のつながり）、経済資本（経済力）、文化資本（知識）を持つものと持たざる者との間で、「避難すること」と「しないこと」の溝が表面化しているということである。そこで改めて「避難しない人」「避難しない論理」を扱う必要があるとする。

「国」や「科学」が自明視できなくなって相対化され、あるいは「共同体」からはじき出される中で被災者は、「避難する／しない」という「国」にも、「放射能リスクが高い／低い」という「科学」にも身を委ねることはできない。さまざまな「生活のリスク・要因」における二値コード、たとえば、「仕事・学校がある／ない」「行政の近くにいたい／そうでもない」「馴染みがあるところの近くで生活したい／そうでもない」「年齢的に移動しやすい／しにくい」など無数の二値コードの重層性の中で「私（個人）」の行動が主観的、客観的に決められていくことになる。これが原発避難において生まれた「新しい難民」像だとする。

かつて開沼は『「フクシマ」論―原子力ムラはなぜ生まれたのか』（青土社、２０１１年）において、「原発を推進する／しない」という外部者の視点に対して、「原発を通して郷土の発展を進める／進めない」という当事者の二値コードを対置して分析をしたことがある。ここでも、現実には多数派である避難類型(4)に当事者性を見て、「避難しない人」「避難しない論理」を考察していると思われる。

2　『人間なき復興』から

■避難の終期

もう1冊の『人間なき復興』はかなり特異な構成になっている。山下と佐藤彰彦という二人の研究者と市村高志という避難当事者の間で繰り広げられる鼎談が基になっているが、その内容をさらに編集して、一定の物語性が見出せるように記述されている。目次の上では第1章から第4章まであり、それぞれに「復興」「原発避難」「原発立地」「今後の方向性」が主テーマになっている。ここではそのうち「原発避難とは何か」という第2章を中心に、必要に応じて「復興」概念に関する記述を整理する。

まず原発避難には二つの意味があるとされる。第一には「爆発前における爆発の危険性に対する避難」、第二には「爆発後の放射性物質による汚染からの避難」である。当初、国から発出された同心円状の避難指示は原発を中心とした距離に基づくものなので前者であり、4月になって進められてきた空間線量に基づく避難指示区域の再編は後者による避難となる。

このように避難の意味を分けて考えるのは、避難の終期の想定が異なるからだろう。爆発の危険性に対する避難であれば、爆発の危険性が去ったときに避難は終了する。だが、汚染からの避難であれば、汚染による生活上、健康上の影響がなくなるときに避難が終了する。つまり避難の終期に関して二つの考え方がある。そのことが避難者の「戻る／戻らない」という選択ばかりか、国の避難指示解除の判断の根拠としても反映されるかもしれない。

現実に起きた爆発は原子炉建屋の水素爆発だった。ただ実際には最悪の想定である原子炉格納容器の爆発ではなかった。ただ実際にはメルトダウンからメルトスルーに至り、核燃料は原子炉格納容器から露出した。現在は水で覆われていることでかろうじて外気に触れてはいないが、原子炉格納容器の爆発とは紙一重の状況ともいえる。

避難者にとって、爆発の危険性が回避されたと思えるか、居住地の放射能汚染状況が生活上、健康上に支障がないと思えれば避難が終了する。国の避難指示が解除されて戻った避難者はそれぞれを根拠として避難の終了と考え、戻らない避難者はまだその時期ではないと判断しているからだろう。

しかしここではもう一つの避難の終期の可能性が指摘されている。それは避難先から戻らないことを決めたときだとされる。戻らないと決めたとき、避難者は「戻る／戻らない」の選択から逃れることになり、避難者という存在ではなくなるというのである。被災をしたのは事実だから「被災者」ではあり続けるが、「避難者」ではなくなる。仮に避難の過程で病気になったりけがをし

写真５－２　家屋解体が進み更地が広がっている浪江町中心部＝ 2019 年 3月、福留庸友撮影

たりすれば、「被害者」ではあり続けるが、「避難者」ではなくなる。

これらについて避難を指示する国の立場から考えると、避難指示を解除した地域（最初から避難指示を出していない地域を含む）は、国としては爆発の危険性もなく、放射能汚染の影響もないと判断した地域であり、そこに戻らない避難者は避難を終了したと見なすことになる。プロローグでも触れられているとおり、現に避難者統計はそのようにして算出するのを基本としている。

しかし避難当事者は自分が避難者という存在から外れたことを誰もが意識するわけではない。調査でも明らかなように、自分の意思ではなく居住地を変更させられたという意識は変わらず、その意味では、たとえ住宅を避難先に再建して戻らない選択をしたとしても、避難者であるという自覚は続く。国による避難の終期と避難者における避難の終期との間にはねじれ構造があり、このこともまた原発避難の特質の一つといえる。

■「復旧」の不可能性としての「復興」

原発避難の実態として、市村は「1階だった家が突然30階になる」という比喩を用いている。おそらく「1階だった家」というのは事故前の日常生活のことを指す。しかし自分が望んだわけではないのに、突如として高層マンションの最上階に住むことになった。30階に住むことは新たなリスクを抱えることでもある。たとえば高所恐怖症かもしれないし、エレベータは時間がかかりすぎて脆弱である。つまり周囲の環境や人間関係を含めた生活のまるごとがどこか異次元の世界に投入されたという意味かもしれない。このことを山下はコミュニティという言葉を使って説明しようとする。しばしば裁判上では、「ふるさと喪失」という概念で表現されるが、この本で市村は「失ったのはふるさとではない。失ったのは生活の場であり、暮らしそのもの」と違和感を唱える。

避難の終期という問題は必然的に「復興」概念を問い直すことになる。被災者の最低にして最大の希望は原状回復（復旧）である。原状回復という希望に対して国や東電が取りうる対策は、まず除染であり、道路や農地の復旧などである。しかしなぜか歴代の為政者は、関東大震災以来、災害に乗じて「創造的復興」を目指す。「創造的復興」は「復旧」の上乗せという側面もあるが、現実的には「復旧」の不可能性を覆い隠すという機能も持つ。

たとえば原発災害で言えば完全な除染の不可能性である。局地的な除染は一定の効果をもたらすが、地域全体の原状回復には自然減衰を待つしかない。「復旧」の不可能性を覆い隠すための「創造的復興」であれば、その担い手である「人」は必ずしも原状回復を願っていた避難者でなくてもかまわないと山下は言う。

「創造的復興」政策の象徴は産業や雇用の創出である。原発災害における「創造的復興」の代表例は「福島イノベーション・コースト構想」となる。しかし経済学の論理で言えば、同じ効果がもたらされれば「人」は誰でもよい。避難者が避難を終えて実際に帰還するか否かは問題とされない。ただ、帰還したいという避難者の意思さえ確認できれば（実際に多くの避難者は「戻りたいけど戻れない（戻らない）」と思っている）、その帰還意思に基づいて「帰還政策」としての「創造的復興」事業が認知される。そのことが為政者にとって重要なのである。つまり「帰還政策」は擬制の上に成り立っている。避難者の避難意思に基づいて正当化されるが、避難者が帰還することは必須の条件ではない。

一方、避難者にとってはそうではない。その地域に存在するべきは事故前まで居住していた自分たちであるから原状回復を望んでいたのである。「創造的復興」をビジネスチャンスとする避難者を除く多くの避難者は「創造的復興」から疎外される。つまり「創造的復興」によって避難の終期を迎える避難者も少なくない。

こうした現象は東日本大震災の津波被災地でも見られる。ただ原発災害と異なるのは「復旧」の不可能性が何によってもたらされたかという点だろう。津波被災地の場合には、もしやろうと思えば原状回復は不可能ではなかった。ところが「創造的復興」政策がそれを妨げた。危険区域を設定し、土地のかさ上げや巨大な防潮堤建設によって、より安全な環境が追求された。誰にも反対しがたい「創造的復興」政策によって、いわば人為的に「復旧」が不可能になったのである。一方、原発災害は放射性物質と事故後の原発の存在が「復旧」の不可能性をもたらしている。

3　原発避難の類型化

■避難類型の遷移

以上の事故直後の分析に基づいて原発避難の類型化を試みる（表5−1）。類型によって避難の終期が異なり、そのことが被災者の権利に影響しているからであるが、このような複雑な構造もまた原発避難の特質の一つでもある。

表5−1　避難の類型化

A	爆発の危険性からの避難（２０１１年３月）
Ⅰ	国の避難指示による避難
	福島第一原発から２０キロ圏、福島第二原発から１０キロ圏
Ⅱ	国の屋内退避指示による避難
	福島第一原発から３０キロ圏
Ⅲ	自治体の避難指示・避難誘導による避難
	広野町、楢葉町、川内村、浪江町、葛尾村のうちⅠ以外の地域
Ⅳ	その他全国からの避難（いわゆる「自主避難」）
Ⅴ	その他全国における地域内避難（避難しない、できない、戻った）
B	汚染の危険性からの避難（２０１１年４月）
Ⅰ	国の避難指示による避難
	福島第一原発から２０キロ圏、福島第二原発から８キロ圏
Ⅱ	国の緊急時避難準備区域指定による避難
	Ａ－Ⅱの一部が移行、Ａ－Ⅲの一部が加わる
Ⅲ	国の計画的避難区域指定による避難
	Ａ－Ⅳの一部が移行
Ⅳ	その他全国からの避難（いわゆる「自主避難」）
	→Ａ－Ⅳの一部にＡ－Ⅰ、Ａ－Ⅱ、Ａ－Ⅲの一部が加わる
Ⅴ	その他全国における地域内避難（避難しない、できない、戻った）
	→Ａ－ⅤにＡ－Ⅰ、Ａ－Ⅱ、Ａ－Ⅲ、Ａ－Ⅳの一部が加わる
C	汚染の危険性からの避難（２０１３年８月再編完了）
Ⅰ	国の避難指示による避難（帰還困難区域、居住制限区域、避難指示解除準備区域）
	→Ｂ－Ⅰ、Ｂ－Ⅲが移行
Ⅱ	その他全国からの避難（いわゆる「自主避難」）
	→Ｂ－ⅣにＢ－Ⅱの一部が加わる
Ⅲ	その他全国における地域内避難（避難しない、できない、戻った）
	→Ｂ－ⅤにＢ－Ⅱの一部が加わる
D	汚染の危険性からの避難（２０１９年３月再編完了）
Ⅰ	国の避難指示による避難（帰還困難区域）
	→Ｃ－Ⅰの一部が移行
Ⅱ	その他全国からの避難（いわゆる「自主避難」）
	→Ｃ－ⅡにＣ－Ⅰの一部が加わる
Ⅲ	その他全国における地域内避難（避難しない、できない、戻った）
	→Ｃ－ⅢにＣ－Ⅰの一部が加わる

図 5-1　避難の類型化

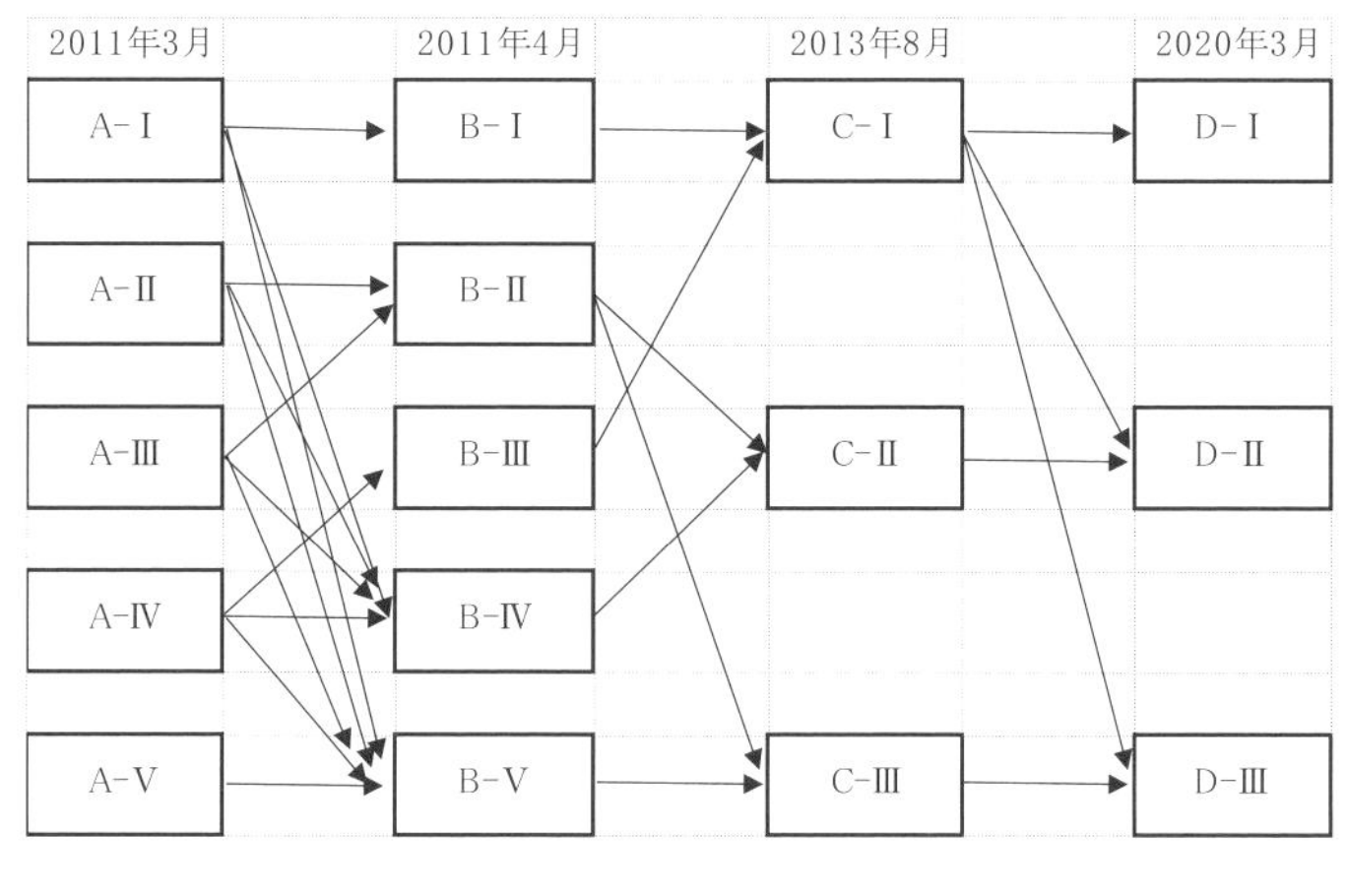

表５-１をチャート図にすると図５-１のようになる。たとえば、現在、D-Ⅱに位置付けられる被災者は、C-ⅠとC-Ⅱから移行してきた人たちであるが、C-Ⅰには、B-ⅠとB-Ⅲから、C-ⅡにはB-ⅡとB-Ⅳから移行してきている。さらにB-ⅠにはA-Ⅰから、B-ⅡにはA-ⅡとA-Ⅲから、B-ⅢにはA-Ⅳから、B-ⅣにはA-Ⅳの一部にA-Ⅰ、A-Ⅱ、A-Ⅲの一部が加わり、B-ⅤにはA-ⅤにA-Ⅰ、A-Ⅱ、A-Ⅲ、A-Ⅳの一部が加わっている。これだけで256通りのルートが存在する。つまり現時点で同じD-Ⅱにあっても、それぞれの経由ルートによって避難の終期や権利に対する主観的、客観的な位置づけが異なるのである。

多少、わかりやすく整理すれば、被災者の考え方としては、現在、どのように類型化されているかよりも、Aの避難とBの避難でどこに存在していたかによって規定されるところが大きい。一方、国の考え方とすれば、現時点でどこに類型化されているかということのほうが重視される。

そこに齟齬が生じる。

■「住まいの再建」の意味と無意味

事故直後、私たちは原発避難の特質を、超長期、広域、大規模という3つにまとめてきた。それぞれ時間軸、距離、量の側面において、いままで経験したことのない避難行動であるとしてきたのである。現在でもこの構造は基本的には変わっていない。時間軸でいえば、放射性物質の自然減衰期にも匹敵する将来を見据える必要があり、距離的には全国各地や海外にまでに広がる。たとえ「避難者」という存在から主観的客観的に離脱したとしても「被災者」としては確かに存在する。そしてその規模はいまだに正確ではないが、最低でも16万人を超える（復興庁統計）。

ただ10年間の経験や調査で、原発避難には、超長期、広域、大規模という外形的な特徴ばかりではなく、もう少し質的な特質のあることが見えてきた。私たちはそれを言語化することで、後述する「復興」の蹉跌に抗することができたらと願う。

山下に倣って、①避難の構造（避難の静態）、②避難の展開過程（避難の動態）、③再生に向けた課題という順で、事故後の10年から原発避難の特質を考えてみたい。まず①避難の構造（避難の静態）については避難指示の解除が進むにつれて大きく変化してきた。国による避難の終期設定と被災者による避難の終期と

写真5−3　さいたまスーパーアリーナの回廊部分に設けられた町役場の執務スペース＝2011年3月、竹谷俊之撮影

が大きくずれることになった。

たとえば、A-Ⅰ、B-Ⅰ、B-Ⅲでは、被災者にとって避難することは選択ですらなく、むしろ国に対して「避難しない権利」を行使する余地さえあった。しかし、10年後の現在ではD-Ⅰに対してD-Ⅱ、D-Ⅲが空間的、量的に拡大し、被災者としては国に対して「避難する権利」をどのように行使できるかが課題となっている。なぜならD-Ⅱ、D-Ⅲは国によって避難の終期を設定されたからである。

前述のように、現在、D-Ⅱ、D-Ⅲであっても、かつてはA-ⅠからA-Ⅲ、もしくはB-ⅠからB-Ⅲに属していた被災者が含まれている。この人たちにとって避難は選択する余地もない強制避難であり、それが時間の経過とともに再び国によって、今度は強制的に避難の終期を与えられることになったのである。こうして結果的に「避難する／しない」の自由を付与され、D-Ⅱとして避難を継続するとしても（あるいは避難先で生活再建をしたとしても）、D-Ⅲとして避難元に戻ったとしても、いずれも簡単には承服できずに割り切れない思いで過ごすことになるだろう。

このように原発避難はどのようにしても被災者に割り切れなさを残す。この調査でも随所に被災者の心情の揺れが現れる。典型的なのは「今の気持ちに一番近いものはどれか」（表3-30）である。第1章のインタビューでも明らかだが、綱の上を歩くように、些細な揺れで右に傾いたり左に傾いたりする。開沼が指摘するように、被災者は相対化された「国」や「科学」と直面し、なおかつ「共同体」からはじき出されているのである。

②避難の展開過程（避難の動態）においても10年間の変化は顕著である。象徴的に

は住まいの推移（表3－2）に典型的な変化が現れる。まだ一部に紛争状態が残って苦闘する被災者はいるものの、大部分の避難者は住まいを再建した。避難元に戻った被災者も一定数いるが、災害復興住宅を含めると多くは避難先に住まいを再建している。しかしそれで問題が片付かないのが原発避難の特質である。

たとえ避難先で住まいを再建したとしても、かつてA－IからA－Ⅲ、もしくはB－IからB－Ⅲに属していた被災者のほとんどは住民票を避難元に残したままである（表3－28）。実利的な意味合いは薄れ、各種の手続きでも煩雑さが残るにもかかわらず、住民票を残すのは、少なくとも主観的には避難継続中だからではないのか。ここでも避難の終期についての認識が被災者と国との間でずれている。

写真5－4　南相馬市立の小学校校庭で表土を剥いでいる除染作業
＝2011年8月、日吉健吾撮影

4　再生に向けた課題

■組織化の困難性

そして最大の変化は、③再生に向けた課題にある。事故1年後に山下はここで、「新しい地域市民社会―地域再生基金の創設と地域再生円卓会議」、「新しい地方自治―

避難自治体を維持する制度の確立と、セカンドタウンの実現」、「新しい地域経済─脱原子力・再生可能エネルギー開発拠点の形成」を掲げた。事故10年後の現時点ではどのように提起できるのか。

第一の「地域再生基金と地域再生円卓会議」という提案は、原発避難を支える資金と組織の必要性を提起したものであろう。だが結局、原発避難を支える資金は基金化されず、A-Ⅰ、B-Ⅰ、B-Ⅲの避難者に対しては東電による精神的賠償が実質的な支えとなった。本来の賠償の考え方からすれば、事故前のそれぞれの生活水準を維持できるだけの金額が賠償として支払われるべきだが、慰謝料見合いである精神的賠償が一律に支払われ、それが避難生活の維持費に流用させられていた。

またA-Ⅳ、B-Ⅳ、C-Ⅱの一部については一時的に住宅の支援があったが、現在ではなくなった。A-Ⅴ、B-Ⅴの一部である福島県内の特定市町村の住民に対してはほんのわずかな一時金の賠償があったが、到底、生活を支えるだけの金額ではなかった。このように原発避難を支える基金は日の目を見なかった。

原発避難を支える組織については、各地に多数の市民活動があったが、行政を交えてそれらを総合的、統合的にネットワークする組織は創出されなかった[3]。国からの交付金を利用し、福島県や市町村が市民活動団体に委託する形で、原発避難を支える事業を立ち上げていて、実際にいくつかの地域ではそれなりに重要な役割を果たしてきたが、行政という「発注者」に対して市民活動団体は「受注者」という関係にとどまりがちであり、まして避難当事者を交えた組織には至らなかった。もちろん、これは原発避難に限った課題ではない。

3 西城戸誠・原田峻（２０１９）『避難と支援─埼玉県における広域避難者支援のローカルガバナンス』新泉社、など参照。

したがって、比較的現実的と思われるのは第二の「新しい地方自治―避難自治体を維持する制度の確立と、セカンドタウンの実現」であった。少なくとも双葉郡8町村においては前述のように小規模自治体が多く、その点では有利な条件がそろっていた。富岡町や浪江町では復興計画の策定などにおいても、全域避難中であるにもかかわらず、広範な市民参加が行われている。その結果、復興計画においては避難している人たちも町民であるという理念が描かれている。

■「第三の道」の提起

こうした理念が共有化された要因の一つとして、社会学者の舩橋晴俊（当時、法政大学。2014年逝去）によって整理された原発避難における「第三の道」という提起があったことも大きい。「第三の道」とは、原発被災者に対して「戻る／戻らない」の二者択一の選択ではなく、「第三の道」として長期的に「待避」するという選択肢を示すことを指す。避難を継続する被災者を戻らない人として切り捨てるのではなく、将来的に戻ってくる町民として位置付けることによって、避難者の「避難する権利」を保障しつつ、空間としての町の復旧をいっしょに進めようとしたのである。後述するようにこうした考え方は学術会議の提言としても活かされてきた。

写真５－５　水素爆発で建屋が吹き飛んだ原子炉建屋にカバーが取り付けられた＝2018年２月、川村直子撮影

これを法制度として保障する方法が、山下のいう「二重住民票」「二重行政サービス」「分割納税」の制度づくりであった。調査でも顕著なように、避難の時間軸の中では多くの被災者が「二地域居住」を迫られる。避難先と避難元の双方に市民権（市民としての権利と義務）を確保するために、最もシンプルな方法が二重の住民登録を可能にすることだった。

二重の住民登録の主旨については今井（２０１４）[4]、また国政を含めた議論の経緯については、金井・今井（２０１６）[5]にまとめてあり、ここでは繰り返さないが、簡単にその後の動きについてフォローしておきたい。

２０１７年９月29日、日本学術会議の東日本大震災復興支援委員会原子力発電所事故に伴う健康影響評価と国民の健康管理並びに医療のあり方検討分科会は、「東日本大震災に伴う原発避難者の住民としての地位に関する提言」をまとめている[6]。ここでは、「福島第一原発事故の結果、元の居住地から避難することを余儀なくされた住民が、避難先（移住先）と避難元の双方の自治体との結びつきを安定的に維持することを可能にするために、国は、今後生じうる類似の事態をも念頭に置きつつ、避難元に住民登録を維持している者を対象とする『特例住民』（仮称）制度、および避難先に住民登録を移した者を対象とする『特定住所移転者』（仮称）制度を立法措置により設けることを検討すべきである」としている。

また関西学院大学災害復興制度研究所は２０２０年11月27日に「二地域居住を可能にする政策・制度提言」を出し、原発避難者準市民制度の創設を提言している。さらに住民概念の研究も進み、松尾隆佑や渡部朋宏などが意欲的な著作を出してい

4　今井　照（２０１４）『自治体再建―原発避難と「移動する村」』ちくま新書。
5　金井利之・今井　照編著（２０１６）『原発被災地の復興シナリオ・プランニング』公人の友社。
6　http://www.scj.go.jp/ja/info/kohyo/pdf/kohyo-23-t170,929.pdf

る[7]。国土政策としても二地域居住は焦眉の課題となっていて、ひょんなことから制度化される可能性もないではないが、渡部も書くように、統治の客体という現行法制度上の住民管理システムをどうやって換骨奪胎し、人々が地域で生きるための制度に転化させられるかという大きな課題が残っている。

第三の「新しい地域経済—脱原子力・再生可能エネルギー開発拠点の形成」という提案については、むしろ一番進んでいるといえるかもしれない。双葉郡内各町村の復興ビジョンとして経済産業省と福島県庁がまとめ上げてきたのが「福島イノベーション・コースト構想」だった。このことについては改めて次の第6章で考えたい。

5　原発避難の特質

■規則性がなく揺れ動く

これまで私は原発避難の特徴を「超長期」「広域」「大規模」の3項目にまとめてきた。前述のように、これは時間軸、空間軸、量という外形的な要素であった。しかし事故から10年が経過した現在、これだけにはとどまらない質的な特徴を抽出しなければならないのではないかと考えている。原発避難への社会的理解を深めることが被災の事実を社会的に位置づけることに資するのではないかと思うからである。

これまで見てきたように、質的な特徴については10年間にわたるこの調査の中で

7　松尾隆佑（2018）「原発事故避難者と二重の住民登録：ステークホルダー・シティズンシップに基づく擁護」『政治思想研究』18号、渡部朋宏（2020）『住民論—統治の対象としての住民から自治の主体としての住民へ』公人の友社、など。

しだいに顕著になりつつある。この時点で整理すれば「跛行性（はこうせい）」「孤立」「感情被害」というキーワードになるのではないか。

まず「跛行性」である。跛行とはつりあいのとれていない状態のまま、物事が進行していくことを指す。直線的な動きや何らかの法則的な動きではないことを意味する。もちろん自然災害の避難も決して単純な動きではない。しかし、前述のように一般的な災害では発災時に最大の打撃を受けるのに対して、原発災害は発災時点では被害を推し量ることができない。特に放射能汚染に対する危機感は放射能汚染の実態が解明されていくにつれて強まり、右往左往することになる。たとえば初年度は日々目に見えない何らかの力にせかされて、自分でさえもあしたどこにいるか想定できないような避難行動をとることが多い。

２０１７年３月17日前橋地裁判決によって認定された45家族の事例から典型的な３つの避難行動の跛行性を確認してみる。

事例①

- Aさんは原発事故発生時、中学2年生でサッカー部に所属して、地区予選決勝大会を目前としていた。母と祖父母と４人で南相馬市に居住。
- 事故後、母はAさんの被ばくを心配し、友人やAさんの同級生が避難したことに焦り、何が信じられる情報かわからないまま、着の身着のままで3月13日午前10時ごろ、車で叔母のいる東京都練馬区に出発、午前2時ごろ到着。
- 16日母の姉のいる東京都日野市に移るが手狭で、22日再び叔母宅に移る。

・Aさんは転校後、服に「放射能がついている」等と嫌がらせにあう。

事例②

・Bさんは事故発生時1歳9か月、両親と祖父とともに南相馬市内に居住。家族は地域、友人、親族と密接なつながりのなかで生活していた。
・3月11日、友人たちから原発が危険な状態であるとの情報を得て、Bさんの被ばくを恐れ、相馬市内の体育施設に避難。Bさんが寝付けず、泣き続けていたため車中泊をした。
・13日に川俣町内の高等学校に移って避難。白い防護服を着た人たちのバスとすれ違い、放射線量が高いのではないかと考えた。
・同校では、トイレ、水道、電気が使えず、衝立もないままシートの上で生活する環境で、Bさんはオムツかぶれができた。
・そこで15日に福島市内の避難所に移ったが、係員から「この避難所は福島市内からの避難者用」と指摘され、18日、宮城県内の友人宅に向かう。
・そこでも水道やトイレが使えず、19日、山形県内の避難所に移動。Bさんを背負ったままあやす。避難所で胃腸炎がはやり、両親も感染し、盗難事件も起きた。
・30日、群馬県みなかみ町の旅館に移動し、4月26日群馬県内の借り上げ住宅に移った。
・父親は祖父の仕事の手伝いで南相馬市に戻り、母親は避難で保育士の職を失ったが、依然として南相馬市の線量が高く、群馬県に留まった。

・Bさんは避難先で、チック症、川崎病、ぜんそくに悩まされ、これまでとは異なる環境に置かれたストレスが原因ではないかと両親は考えている。

事例 ③

・Cさんは２０１１年４月に小学校に入学する予定で、両親、弟（次男・2歳）、妹（長女・1歳）とともに、浪江町の一戸建て住宅に居住（住宅ローンあり）。母親は妊娠８か月。
・12日、水道が出なくなり、ラジオで原発情報が流れていたので、避難所になっていた浪江町津島の施設に避難。すぐに帰宅可能だと思い、預金通帳と免許証だけを持参。
・同日18時ころ、自衛隊員や消防団員から「どこでもいいから遠くに逃げてください」と言われ郡山市に向かう。
・コンビニの駐車場で車中泊し、13日、叔父の住む山形市に向かう。23日、名古屋市で避難者を受け入れているという情報を聞き、市役所に連絡した上で名古屋市に向かい、24日市営住宅を紹介されるが、職員から早く出ていくようにというニュアンスのことを言われる。
・市営住宅は4階建ての4階でエレベータもなく（流産の不安）、電気、水道、ガスも通っていなかった。駐車場もポールが固定されていて停めることができず、車中泊をしたが、寒くて眠れなかった。

写真５−６　避難所に入るためにスクリーニング（放射能測定）を受ける
＝2011年３月、中田徹撮影

- 25日、群馬県内で避難者を受け入れていることを知り、群馬県庁に問い合わせ、群馬県内の体育館を紹介される。25日の夜中に到着し、対応した職員に優しくされ、食料や寝具も用意されていた。
- その後、群馬県内の県営住宅に入居。Cさんは群馬県内の小学校に入学。
- 下の階の住民から「足音がうるさい」「声が響く」と苦情を言われる。Cさんら子どもたちは夜中に突然泣き出したり、徘徊したり、歯ぎしりやそれまでしていなかった寝小便をするようになった
- 母親は予定日より2週間早い5月に妹（二女）を出産した。
- 県営住宅の駐車場で、車のナンバープレートを複数回曲げられ、車体に傷を付けられたりし、警察に相談したが対応してもらえなかった。
- 翌年になってCさんは両親に「小学校で周囲の子どもたちから『福島くん』と言われていたことについて、とても嫌な気持だったけれど、心配かけてしまうから言えなかった」と話した。
- 両親は子どもの負担を軽減したいと考え、群馬県内に自宅を購入し、２０１４年に転居した。
- 福島から避難してきたというと嫌がらせを受けるかもしれないと思い、子らが通学している小学校にも伏せている。
- 父親は事故時に勤めていた飲食店のオーナーが避難先の神奈川県で店を再開するのを待っているが、避難以降、夜眠れず、「うつ状態」と診断されている。
- 事故後、最初の避難先である浪江町津島などに大量の放射性物質が飛散していた

と聞き、家族やお腹の子どもが被ばくしたのではないかと不安。

原発避難の跛行性は災害情報が不可視であるところにも要因がある。放射能汚染の度合いを客観的に示すデータは人間の五感ではわからない。機器を通してしか把握できない。しかもそのデータは多くの場合、自分で知ることはできず、メディアを通した情報で知ることになる。情報源によってデータもばらばらであり、ときには揺れ動く風向きにさえ影響される。つまりその数値さえも不安定である。

ほとんどの場合、被災者は放射能被害を受けている（かもしれない）ことを後で気づくことになる。被害の度合いでさえもリアルタイムで自覚できない[8]。そもそも放射能汚染の度合いと被害の度合いとが科学的にリンクされていない。つまりどのくらいの放射能汚染でどのくらいの被害を受けるかが明瞭になっていない。無数の個別ケースと個体差によって、ポジティブに考えることもできるが、ネガティブに考えればいくらでもネガティブになりうる。日々、その繰り返しである。

この不安定さは放射能被害だけの問題ではなく、原発避難全般に特有の問題である。次に見るように連帯を求められない孤立性にもつながり、さらにその次で触れる感情被害そのものでもある。したがって時間によっては解決できない。解決しているかに見えるのはむしろ被災者の諦観によることが多い。10年を経てもそれぞれの被災者の心の奥底に溜まり続けている。

表３－30で被災者の感情の揺れ動きを見た。しかし同一人に聞き取った調査がここまで揺れ動くのは、明らかに一人の人間の心情が揺れ動いていることを示してい

8　榊原崇仁（２０２１）『福島が沈黙した日—原発事故と甲状腺被ばく』集英社新書。

る（図5-2）。第1章のインタビューでも明らかなとおり、個別の調査対象者を追いかけてもそうである。

■連帯を求められない孤立性

原発避難の第二の特質は孤立性にある。社会からの孤立性については表3-10や表3-11で見てきた。加えてここで問題にしたいのは被災当事者間での孤立性である。被災当事者同士でも心を開くことがなかなか困難になっている。社会的な被災であることは明らかであるにもかかわらず、それを個人で引き受けざるを得なくなっているのである。

避難類型でも見てきたように、仮に現時点で同じ環境、たとえば同じ復興公営住宅に隣同士で住んでいるとしても、そこに至る過程は無数に存在する。その多くは社会的なインパクトによって半ば強要された環境変化であるが、一方、個別の環境や意思によって迫られた変化もある。たとえ現在は隣人であっても決して経験や意思を共有できているわけではない。それを確認する以前の段階として、まずはバリアを張って自分を守るしかない。迂闊に自分を吐露するわけにはいかないのである。

同一家族内においても同じことが起こる。家族離散については表3-12、表3-13で見てきた。親世代と子世代との差異、夫と妻との差異、自分と子どもとの距離感など、同じように被災したのにもかかわらず、さまざまな分裂が起こる。自己の意思に忠実であれば孤立し、自己の意思を曲げて同調すれば心的に痛む。頼れるのは

図5-2　今の気持ちに一番近いものはどれか（表3-30）

自分しかいないし、自分こそがもっとも頼りない。

原発避難の第三の特質は、跛行性や孤立性からも明らかなとおり感情被害であるというところにある。もちろん原発被災における物質的被害や健康被害を軽視するという意味ではない。避難指示区域居住者であれば、ほとんどの人たちが家を失い、土地は活用できないまま放置しておくしかなくなった。商工業などの自営業者であれば顧客を失ったので、事実上、仕事を失い、収入の術は閉ざされた。年金生活者であっても、何十年もかけて営々と蓄積してきた生活基盤を一気に失い、これまでの人生を無にされる。こうした環境は避難指示区域以外からの避難者にとっても多かれ少なかれ同様である。むしろ賠償を受けることができないだけ、さらに過酷な生活環境に陥っているかもしれない。このように物質的被害や健康被害への不安は暮らす以前に生き続けることを困難にさせているが、一方で原発被災は感情被害であることに大きな特質がある。現在まで感情被害に対しては適切な対処ができていない。

感情被害とは自らの感情を抑圧し、抑制せざるを得ないところから起こる生活上の被害である。類似の概念に「感情労働」がある。韓国の「ソウル特別市感情労働従事者の権利保護などに関する条例」（２０１４年３月20日制定）では、『感情労働』とは、顧客応対など業務遂行過程で自身の感情を節制して自身が実際感じる感情とは異なる特定感情を表現するように業務上、組織上要求される勤労形態をいう」（２条）と定義されている[9]。

脇田（２０１７）によると、たとえば、「直接に顧客と対面する販売業、公共交通

9　脇田滋（２０１７）「韓国における雇用安全網関連の法令・資料（６）」『龍谷法学』５０巻1号、による。

などの接客サービス業だけでなく、電話などを通じて声による顧客との対応をするコールセンターなどの労働者が、感情労働に従事する労働者（感情労働者）の典型」であり、「こうした感情労働者が顧客から、暴言、暴行、セクハラなど不当な扱いを受ける事例が増加してきた」とされる。これらは人間としての尊厳を否定する働かせ方として批判され、韓国では感情労働から労働者を保護するための法制化の動きもあるという。

原発避難における感情被害とはこうした感情労働からインスパイアされたものであるが、性質的にはかなり異なっている。感情労働は働かせ方という勤労形態の問題であり、直接的には顧客と労働者との関係であって、基本的には雇用者と労働者の問題として構造化できる。一方、原発避難における感情被害の「加害者」は見えにくい。少なくとも直接的ではない。だから解決に向けた対処が取られてこなかったという側面がある。だが被害は確かに存在する。

それでは原発避難における感情被害はどのようにして起きてどのように対処すればいいのか。『人間なき復興』の言い方を借りれば「国民の『不理解』」によって感情被害は起きる。もう少し具体的に考えると、前述のように社会との接点において起こるだけではなく、被災当事者間でも起こるし、さらに家族の中でも起こりうる。

まず「国民の『不理解』」とは、原発被災の構造への想像力の欠如であり、その構造における当事者性の欠如と言い換えることができる。原発事故をフクシマとかFUKUSHIMAと表記することで「福島の事故」に閉じ込めようとするのは、安倍前首相の東京五輪誘致演説で用いられた手法でもある。こうした政治的意図によって、

「福島の人」は「かわいそうな人」であり、「それでもがんばる人」として取り扱われる。

「福島の人」なのに福島以外に避難している人たちに対してはさらにいびつな形で、なおかつ善意をもって「不理解」が表現されている。善意であるから主観的には悪意は含まれていない。ただその善意が当事者性を欠くと、被災者はバリアを張らざるをえなくなる。そっとしておいてほしいと思う。それが感情被害をもたらす。しかしこの構造の中には感情被害の「加害者」は見当たらない。すべては善意で動いている。

同じことは当事者間でも起こりうる。かつて隣に住んでいた人同士でも原発被災に対する考え方は異なり、どこでどのように暮らすかという生活の選択は異なる。同じように小さな子どもを持つ親同士でも、簡単には気持ちを交わすことはできない。手探りで相手方の琴線を迂回するように会話を成り立たせなくてはならない。家族内においても同様である。

こうして自らの感情を抑圧し、抑制しながら自らの感情とは異なる表情を作って暮らし続けている。このことは感情被害そのものである。しかし「加害者」がすぐそばには見当たらない。逆にいうと周囲の誰もが「加害者」のように見える。そこで被災者はさらに周囲への警戒感を増幅させる。

原発事故が起きた。明らかなのはこのことだけである。そして自分たちはその被災者である。このことも明らかなように思うが、「加害者」が特定されない限り、ひょっとしたら被災者であるというのは単に自分の思い込みに過ぎないのかと懐疑的になることもないではない。事実、誰一人として原発事故の「責任」をとった人はいない。

事故は東京電力という会社が所有する原子力発電所で起きた。このことは確かである。しかしその構内で働き、現在もなお事故の収束作業に命を懸けて従事しているのは、かつての隣人であったり親族であったり、あるいは家族だったりする。その人たちには感謝こそすれ、責任を追及する気持ちは持てない。「怒り」を覚えてもぶつける対象がない。すべては自己撞着し自分の感情に返ってくる。いったい自分が受けた被災とは何だったのか。

写真５−７　福島第一原発構内に林立する汚染水貯蔵タンク＝ 2020 年 10 月、関田航撮影

第6章

「復興」の蹉跌
――私たちはどこで何を間違えたのか

今井　照（自治総研）

双葉町の復興拠点と位置付けられているＪＲ双葉駅の西側地区で進められている除染作業＝2016年11月、杉村和将撮影

1　5つの復興シナリオ

こうした「跛行性」「孤立」「感情被害」という原発避難の特質への想像力の欠如（あるいは意図的な無視）が「復興」の蹉跌を引き起こす。前述のように福島県庁は避難者に対して執拗に「戻る／戻らない」を聞き続けた。彼らがそれを聞く目的は単に復興公営住宅の建設戸数を見積もるためであったかもしれないが、それを聞き続けることがどれだけ被災者の感情を痛めつけているか、おそらく自覚できていないのであろう。

こうした「戻る／戻らない」という選択の強要に対して私たちは「第三の道」を提起した[1]。被災地自治体の多くの復興ビジョンや復興計画にもその主旨が取り入れられた。しかし残念ながら結果的には物量的な「復興の加速化」の勢いに押されて、実質的にその果実を得ることはできなかった。

もう少し具体的に「復興」の蹉跌の実態を考えてみたい。テキストにするのは金井・今井（2016）[2]である。この本は2013年夏から準備会を発足させ、2014年から稼働し始めた自治体再建研究会の成果物の一つとなっている。富岡町復興計画（第二次）策定に向けて約60人の町民で組織された住民検討委員会に並走しつつ、そこで紡ぎ出された町民の意見を基に、5つの復興シナリオ・プランニングをまと

1　たとえば、日本学術会議社会学委員会（東日本大震災の被害構造と日本社会の再建の道を探る分科会）「原発災害からの回復と復興のために必要な課題と取り組み態勢についての提言」2013年6月27日、日本学術会議社会学委員会（東日本大震災の被害構造と日本社会の再建の道を探る分科会）「東日本大震災からの復興政策の改善についての提言」2014年9月25日、日本学術会議東日本大震災復興支援委員会（福島復興支援分科会）「東京電力福島第一原子力発電所事故による長期避難者の暮らしと住まいの再建に関する提言」2014年9月30日、など。

2　金井利之・今井照編著（2016）『原発被災地の復興シナリオ・プランニング』公人の友社。

めたものである。

何といってもこの本の焦眉は巻末に閉じられた「避難者として抱える悩み、問題は何か」という巨大なチャート図である。これは前述の住民検討委員会における町民ワークショップで出された町民の意見の全てを構造化したものとなっている。住民検討委員会は２０１４年８月から２０１５年３月までに計８回の全体会と部会が、それぞれ１泊２日で開催された。その中で取り組まれた山浦晴男による質的統合法によるワークショップの成果がこれである[3]。ありとあらゆる課題がこの図の中に込められているといっても過言ではない。

当然のことながら町民の意見は多様である。それぞれの立場や考え方が反映されるので、ときには二律背反的な意見がチャート図に含まれていてもおかしくはない。そこで「多様な意見のそれぞれを鋭角的に切り出し、エッジの効いた複数の長期シナリオを策定」して、明確な政策物語（ストーリー）を作成することとした。

こうして「複数の長期シナリオを持つことは、焦燥を回避する」という効果を生み出す。単一の長期シナリオしか持たなければ、「残されているのは、早いか遅いか（「加速化」するか否か）だけの速度の問題」になり、「国策によって自治体は、急かされ、焦らされる」。そこで、「熟慮して方針を選択するには、自治体は複数の長期シナリオを持つことが肝要」[4]だと考えた。それが５つの復興シナリオ・プランニングである。

５つのシナリオは、大きく①没入シナリオ～焦燥の物語と、②主体的な４つのシナリオに分かれる。①は、長期シナリオの構築を思考停止し、ただ、外界から与えられた状況に急かされ没入するものであり、その意味で、焦燥の物語である。つまり、

3　山浦晴男（２０１５）『地域再生入門』ちくま新書。
4　金井・今井（２０１６）、11頁。

成り行き／漂流のシナリオとも言える。

それに対して②における4つのシナリオは、前述の町民ワークショップで出された多様な意見をそれぞれの方向別に整理したもので、没入シナリオとは異なり、将来への展望を感じさせる。具体的には次の4つとなる。

○被害者シナリオ～追及の物語
○反省シナリオ～悔恨の物語
○凍結シナリオ～待機の（機を待つ）物語
○再建シナリオ～もう一つの物語

被害者シナリオは、様々な責任を追及することを通じて、長期展望を描く追及の物語である。責任を追及しなければ、国・県・事業者という優位な立場にある主体は、「したいことだけする、それ以外は何もしない、知らないふりをする」ということができる。

反省シナリオは、このような事態になったことを反省することから、長期的な未来を見据える悔恨の物語である。反省するべきは被害者ではなく、加害者の方であるともいえるが、実際の住民意見からは反省の指向性の萌芽が看取される。

凍結シナリオは、外界の圧力に翻弄される現状を抑えるため、一定期間の事態の凍結による鎮静化を図り、将来に向けてのチャンスを待つという長期ビジョンである。将来に向けて待機するということは何もしないということではなく、何もさせないようにするという作為が必要となる。

再建シナリオは、主体的に、地域社会・住民共同体および自治体政府を再建する長期シナリオである。それは、現状の趨勢とその加速化のもとで、なし崩し的に既成事実化しつつある没入シナリオに対して、もう一つの物語を提示する。

この本ではそれぞれのシナリオについて町民から表明された意見とリンクさせながら具体的に記述されているが、ここでは割愛したい。ここで考えるべきはその後の5年間の「復興」のありようが、これらの5つのシナリオと照らし合わせてどうなっているかという検証である。

2　「空間の復興」の担い手からの疎外

これらの5つのシナリオを事故10年の現時点から振り返ってみると、大きく前提が異なってしまっていることに気づかされる。5つのシナリオはいずれも被災地の地域再建をその地域で暮らしていた避難者や被災者が担うことを前提として立てられていた。その時期については、長短いろいろとバリエーションは考えられていたが、その主体はあくまでも町民であった。

それもまた当然と言える。なぜなら5つのシナリオのもとになっているのは町民ワークショップで出された意見だからである。町で立てられた復興計画は町民とともに町が主体となって「復興」することが暗黙の前提になっていた。当時の富岡町は全域に避難指示が出ていて、参集した町民約60人も各地の避難先から駆け付けている。だから毎回1泊2日で開催されたのである。まさに避難していても町民であるということが前提となっていた。

これまでも繰り返し述べてきたように、被災者が望む最低にして最大の希望は原状回復である。地域が元の環境に戻り、そこで事故前と同じように生活ができることが「復興」そのものとなる。そのような状態をいつごろとして設定し、それまでにどのようなことをするかというのが5つのシナリオの差異に他ならない。

しかし事故10年後の今、現実に起きていることはそうではなくなっている。その直後に延期が決定されたが、東京五輪開催の直前に福島第一原発周辺の復興状況を視察した安倍首相（当時）は、前述のように現地で記者会見をして次のように語っている。

「未来を見据えて、皆で新しい福島をつくっていく。その中で、避難しておられる方々に留まらず、日本中の多くの方々に、この浜通りに移住していただきたいと考えています。そうした考え方の下、従来の交付金を拡充いたしまして、魅力的ある働く場づくり、そして移住の推進に重点を大きく振り向けてまいります」（2020年3月7日）[5]

「日本中の多くの方々に、この浜通りに移住していただきたい」「移住の推進に重点を大きく振り向けてまいります」とある。首相がここまであからさまに被災地への「移住」政策への転換を口にしたのは初めてかもしれない。もはや「復興シナリ

5 https://www.kantei.go.jp/jp/98_abe/actions/202003/07fukushima.html

オ」の担い手は事故前までそこに居住していた町民ではないという宣言でもある。

ここで「復興」の意味変換が行われている。「復興」が目指されているのはもはや被災者や避難者の生活再建や地域再建ではない。被災者の「生活の復興」「関係の復興」と被災地の「空間の復興」とが断ち切られている。目指すべきは福島第一原発周辺という土地そのものの「空間の復興」になっている。順次、前のめりに行われている避難指示解除は、避難者が戻って生活することを主目的としているのではなく、この土地を活用したいためだったのかもしれない。

どうしてこういうことになってしまったのか。表層的に理解すれば「原状回復の不可能性」に要因がある。少なくとも5年や10年で事故前の地域環境に戻すことは不可能と思われる。まして再臨界の可能性と紙一重の原発がいまだに存在していることを考えれば、被災者の最低にして最大の希望である原状回復には道が遠い。このことは日を経るにしたがって明らかになりつつある。

だから帰還者数は伸びない（表6-1）。ここでの「居住者数」は新規転入者を含む居住者数であり、避難していた人たちが戻ってきたという数字ではない。その内訳は集計されていな

表6-1　避難指示区域の事故前人口と2020年現在の居住者数

	帰還困難	居住制限	解除準備	計	居住者数	居住率
田村市	—	—	358	358	229	64.0%
南相馬市	2	506	12,092	12,600	4,209	33.4%
川俣町	—	126	1,071	1,197	351	29.3%
楢葉町	—	—	7,510	7,510	3,932	52.4%
富岡町	4,207	8,745	1,381	14,333	1,205	8.4%
川内村	—	54	276	330	118	35.8%
大熊町	10,565	370	23	10,958	153	1.4%
双葉町	6,214	—	253	6,467	0	0.0%
浪江町	3,318	8,193	7,841	19,352	1,227	6.3%
葛尾村	117	62	1,329	1,508	416	27.6%
飯舘村	270	5,268	791	6,329	1,408	22.2%
計	24,693	23,324	32,925	80,942	13,248	16.4%

〔出所〕避難指示区域（２０１４年１２月末）の人口は経済産業省ウェブサイトから、居住者数はNHK WEB特集「原発事故９年 住民の帰還はどこまで進んでいるのか？」から筆者作成。居住者数には新規転入者が含まれているので、帰還者数（帰還率）とは異なる。

いが、感覚的には、戻ってきた住民と新規転入者とはほぼ半々というのが自治体関係者の声である。つまり原状回復が不可能であるから避難者は戻らない。避難者が戻らないから移住者に頼るしかないという構図である。しかしこれはあくまでも表層的な理解に過ぎない。

3　復興財政に見る惨事ビジネス

問題はもう少し根深い。もし原状回復に時間がかかるというのであれば、前述の凍結シナリオを選択すればよい。もちろん中には、地域環境が元に戻る前に、地域に戻って生活したいという人もいるし、そのほうが望ましい人たちもいる。しかしそういう人たちには特例宿泊制度があり、現に多くの人たちがそれを利用していた。単に原状回復が困難なので新たな移住者が必要という論理にはならない。

むしろ意図的に新規の移住者を必要とするような「復興」政策を立案したからという要因が強いのではないか。つまり「復興」政策そのものが被災者や避難者の存在を前提とするのではなく、別の意図に基づいていたからではないのか。

井上博夫の整理に沿って財政面からそのことを探ってみたい[6]。表6-2は東日本大震災と原発事故関連の復興財政の全体像（2011年度から2018年度まで）を一覧にしている。国の支出のうち、自治体へ財政移転されているのは全体で約18兆円

6　井上博夫（2020）「福島原発事故からの復興政策と財政―避難指示12市町村の財政分析に基づいて」『環境と公害』49巻4号。

であるが、岩手県や宮城県の両県と福島県とが際立って異なっているのは、都道府県に交付された支出の割合である。岩手県が56％、宮城県が48％であるのに比べて福島県は79％に上っている。つまり市町村よりも福島県庁に入っているお金の割合が際立って高い。

表６‐３は福島県内への各種交付金の一覧である。帰還環境整備と長期避難者生活拠点形成という二つの事業の割合が極端に高いことがわかる。その内訳を見るとほとんどがハード事業で、生活支援などのソフト事業は極めて少ない。

注目されるのは中間貯蔵施設整備等影響緩和交付金である。中間貯蔵施設の立地自治体である大熊町や双葉町が交付を受けるのは当然としても、福島県庁も両町よりも高額の交付を受けている。それでは福島県庁がこの交付金をどのように使ったのか。それが表６‐４となる。これ

表６‐２　復興財政の全体像（2011 ～ 18 年度決算累計）単位億円

			全国	岩手	宮城	福島
国の支出			315,356			
うち、自治体へ移転			178,729	33,011	65,509	58,554
都道府県へ			105,281	18,441	31,124	46,442
	国庫支出金		79,467	12,448	22,303	39,699
		普通建設・災害復旧	26,165	5,707	8,770	3,261
		復興交付金	5,041	1,602	2,439	941
		その他	48,261	3,963	8,484	32,572
	震災復興特別交付税		25,814	5,993	8,821	6,744
市町村へ			67,251	14,570	34,385	12,112
	国庫支出金		47,620	11,152	26,054	7,779
		普通建設・災害復旧	8,354	2,216	3,715	1,357
		復興交付金	27,034	7,024	16,463	2,550
		その他	12,233	1,912	5,876	3,872
	震災復興特別交付税		19,631	3,418	8,331	4,333
その他の地方交付税			6,197	0	0	0
都道府県の支出			121,544	23,012	36,279	43,971
うち、市町村へ移転			23,782	2,406	4,125	16,036
市町村の支出			90,270	16,216	37,208	27,782

〔出所〕井上（２０２０）

表６-３　福島への各種交付金（単位億円）

福島再生加速化交付金（全体事業額）		6,725
帰還環境整備	早期帰還促進、地域再生加速	3,722
長期避難者生活拠点形成	災害公営住宅整備、コミュニティ支援	2,336
福島定住等緊急支援	子育て世帯帰還定住環境整備	425
道路等側溝堆積物撤去・処理支援	道路等側溝堆積物撤去・処理支援	196
原子力災害情報発信等拠点施設整備	イノベ構想情報発信	45
既存ストック活用まちづくり支援	空き地空き家活用	0.3
中間貯蔵施設整備等影響緩和交付金	県600億、大熊町461億、双葉町389億	1,500
福島原子力災害復興交付金	県1,000億	1,000
福島特定原子力施設地域振興交付金	電源立地地域対策交付金増額（30年間）	2,520

〔出所〕井上（2020）

を見ると、主として県立医大と県立会津大学の二つの県立大学の運営費に使われている。

中間貯蔵施設とは除染に伴って発生した福島県内各地の汚染土や枝葉等を福島第一原発周辺地域に集約するものである。中間貯蔵施設というと、一つの建物のような印象を受けるが、実際は福島第一原発を取り囲むようにして大熊町と双葉町にまたがる１６００ヘクタールもの広大な土地になる。原発敷地を合わせれば20平方キロメートル近くになり、東京でいえば、山手線内の三分の一弱、千代田区と中央区を合わせた面積に近くなる。

中間貯蔵施設の敷地は原発事故前の住宅地や市街地も含まれていて、登記簿上の地権者数は２３６０人にのぼる。つまりこれだけの人たちが土地を差し出すか貸し出したことになり、今後は戻って住むことが事実上不可能になった。ただでさえ原発事故による最大の被害を受けた地域であるにもかかわらず、それに加えて事故後に土地を拠出させられて、

表６-４　中間貯蔵施設整備等影響緩和交付金福島県分の使途（2015 ～ 18年度累計）

事業名	内容	基金充当	単独経費	合計
県立医大地域医療の維持・向上	県立医大の運営	10,675	29,735	40,410
県立会津大学先端教育の充実	県立会津大学の運営	5,915	3,821	9,736
広域的減容化施設影響緩和	立地市村に補助金	1,400	8,665	10,065
ふたば診療所医師確保	診療所の医師経費	104	210	314
特定廃棄物埋立処分地域交付金	富岡町、楢葉町に交付	10,000	0	10,000

〔出所〕井上（2020）

原発事故処理に協力させられたのである。

中間貯蔵施設整備等影響緩和交付金はその犠牲に対して国から交付された。したがって、大熊町や双葉町の中間貯蔵施設立地自体が受け取るのは当然である。むしろ経緯から考えれば福島県としてはそれに上乗せして大熊町や双葉町の協力に感謝するくらいのことがあってもよいと思われる[7]。ところが、福島県庁は大熊町や双葉町以上に国から交付を受け、さらにその支出を、中間貯蔵施設建設の影響を直接受けているとは思えない県立大学の運営費に充当しているのである。

以上のような財政面での福島県庁の行動を分析すると、福島県庁は「復興」を名目とした財政収入の獲得に非常に熱心であったことが推測される。もちろんそれ自体は非難されることではない。問題はこういう福島県庁の行動によって「復興」の性格がゆがめられたのではないかという点にある。その象徴がイノベと呼ばれる前述の「福島イノベーション・コースト構想」である。

写真６−１　県内の除染による汚染土などが運び込まれている中間貯蔵施設＝2019年２月、福留庸友撮影

7　今井照・自治総研編（２０２１）『原発事故 自治体からの証言』ちくま新書。

4　福島復興再生特別措置法の誤謬

「福島イノベーション・コースト構想」とは、２０１４年に経済産業省と福島県庁が中心になって打ち出したプランで、福島第一原発立地地域を中心とした産業集積の実現、教育・人材育成、生活環境の整備、交流人口の拡大などの取り組みを指す。組織的には、福島イノベーション・コースト構想関係閣僚会議と、原子力災害からの福島復興再生協議会（福島復興再生特別措置法１００条）の分科会として位置付けられている福島イノベーション・コースト構想推進分科会、さらに福島県庁内に福島イノベーション・コースト構想推進本部がある。またその実施機関として福島イノベーション・コースト構想推進機構が作られている。

ただし中身を子細に見ると多様なプロジェクトの集合体になっている。たとえば、パンフレットには全部で60か所の施設が紹介されているが、この中には道の駅とかイオンモールなどが含まれている。プロジェクトは、廃炉、ロボット、エネルギー、農林水産、環境・リサイクルと分かれていて、それこそ無数に記述されているが、要は国の補助金などをもとにして国や県が関与している事業が羅列されているだけのように見える。

浪江・小高原発が計画されていた用地に建設された「福島ロボットテストフィー

ルド（ドローン用の飛行場）」や「福島水素エネルギー研究フィールド（水素製造施設）」など、目新しい施設も並ぶが、本質的には国の財政が流れ込む仕組みの数々であって、それらがここに立地する必然性が感じられない。まして、事故前にここに居住していた人たちが働く場にもなっていない。

構造的には「誘致」による地域振興策であるが、そのほとんどが民間企業ですらなく、国の資金が外部注入される施策である。確かに国のお金は流れ込むかもしれないが、それを運用する人材には「移住」してもらわなくてはならない。つまり、経済的にも人材的にも地域循環する構造になっていないので持続可能性に欠ける。こういうプランで「復興」を描いたからこそ、もはや住民の「帰還」を待つまでもなく、被災地への「移住」政策に転換せざるを得なくなったのである。

このような「復興」の構図は福島復興再生特別措置法の制定から始まった。これを主導したのは福島県庁である。政府との交渉の実務に携わったのは当時の副知事であり、現在の知事である内堀雅雄だった。福島県庁からの「要望は半分以上、いや、ほとんど認めてもらった」という[8]。福島復興再生特別措置法が導いた一つの結果が「福島イノベーション・コースト構想」だった。

このような「復興」の絵図は、前述の5つのシナリオで分類すれば「没入シナリオ～焦燥の物語」であるが、没入したのが地元の市町村とすれば、福島県庁はこのシナリオを積極的に展開した主体でもあった。もちろん当事者は善意であったに違いない。岩手県や宮城県などの津波被災地は発災直後からインフラ整備のために国費が投入されていたが、福島県の場合、原発事故関係については基本的には東電が

8　当時の知事、佐藤雄平のインタビュー（『福島民友』2020年11月23日）。

賠償するべきであり、国による財政措置の根拠は薄かった。そこで岩手県や宮城県などと同列に扱われないように立法を要請したと思われる。

問題はその内容が旧来的な開発型「創造的復興」だったことである。国費が流れ込むようなプロジェクトを「誘致」することを中心に「復興」のプランを描いてしまった。したがって、可能な限り早く避難指示を解除して、プロジェクトが展開できるような土地を作らなければならなくなる。さらにそれらのプロジェクトを運用する人たちも呼び込まなくてはならなくなった。このような流れは事故前にそこで暮らしていた人たちやその生活とはそぐわない地域環境をもたらしている。

再三繰り返すように、被災者が望む最低で最大の期待は地域環境の原状回復である。しかし、避難指示が解除された地域の開発は、事故前にあった風景を見る影もなく破壊している。一方で避難指示が解除されていない帰還困難区域は事故前に暮らしていた家屋が劣化して朽ちていく光景であふれている。いずれにしても原状回復とはますますかけ離れていく。これでは事故前にそこで暮らしていた人たちがこのような土地に戻るモチベーションは湧かない。

もちろん「移住」してくる人たちの役割は重要である。現在でも少なくない人たちが敢えてこの地に「移住」してさまざまな活

写真６−２　双葉町からの避難者が多く住むいわき市勿来の復興公営住宅での餅まき＝ 2018 年６月、杉村和将撮影

動をしている。なかには「帰還」者の生活再建に力を尽くしている人たちもいる。ただし日本中で移住政策が取り組まれており、ここにだけ数万人もの人たちが「移住」することは現実的に想像できない。「移住」という政策の選択肢はありうるが、それで事故前の規模の町が再建できるわけではないのである。

本来、福島復興再生特別措置法は被災者や避難者の生活再建のために資するべきだった。東電に賠償責任があることは当然として、東電に対する求償権を明確にしながら、国が被災者や避難者の生活再建に取り組むべきだった。このための特別措置法であったならば、産業支援ばかりではなく、個人資産の形成につながるような個別の住宅再建も可能になったし、避難者が避難先の部屋を追い立てられるようなことも起こらなかったはずである。こうした提言は発災当時からさまざまな場で行われていた。

5　もう一つの物語

原発避難の特徴について、当初の外形的な「超長期」「広域」「大規模」から、時間を経るにしたがって明らかになってきた「跛行性（はこうせい）」「孤立」「感情被害」という特質を見てきた。その上で、これらの原発避難の特質とは合致しない「復興」の蹉跌について検証した。

まずは被災地に「復興」財源を確保することが自己目的化され、その目的を実現するために数多くのプロジェクトが企画された。これらのプロジェクトを実施して資金を流入させるためには、被災者が十分に納得できないままに、可能な限り早い時期の避難指示の解除が必要になった。同時に除染に伴う汚染土などの集約のために中間貯蔵施設の建設が始まり、２千人余りの人たちの土地と建物が実質的に収用された。

被災者の最低にして最大の願いは原状回復である。原発被災地ではそのために除染と廃炉が必然的に求められていた。しかし、短期間での廃炉は困難であり、また除染による原状回復も点と線においては一定の効果があったとしても、面としての除染は事実上不可能であった。

この時点で事故前までそこで暮らしていた人たちの「帰還」が困難になり、多数のプロジェクトを運用するためには、「移住」によって人材を確保するという方向に政策が転換されていく。さらにこれらのプロジェクトが姿を現すにつれて、事故前の地域の風景は一変し、被災者や避難者にとって、もはや帰るべき土地ではなくなってしまった。

地震や津波という自然現象を防ぐことはできない。ただし人類が出現するまでの間はどんなに地震や津波が激しくても人間社会への災害にはつながらない。つまり自然現象と自然災害との間には階梯が存在する。その階梯のことを社会的脆弱性と表現する。これが現在の災害復興学の到達点である。

一方、原発災害は社会的脆弱性そのものと言える。言い換えると原発災害をゼロにすることは理論的に可能である。そこに原発が存在していなければ原発災害は発生しない。原発災害被災者に自然災害の被災者とは別の苦しみがあるとすればこの点である。なぜそこに原発があったのか。

図４-２と図４-３でも明らかなように、原発立地自体では約半数の人たちが、何らかの意味で原発関連の仕事に従事していた。地域社会全体として考えれば、原発とともに生活が成り立っていたといっても過言ではない。どうしてこのような地域構造になっていったのか。このことの総括と検証は被災者にとって極めて重い課題となっている。

逆にいうと、どうしてそこに原発があったのかという課題を総括し検証することが被災者の軛の一つを解き放つことにつながる。本来、この役割を担わなければならないのは福島県庁だった。福島県庁こそが原発誘致の主体だったからである(今井・自治総研２０２１)。そしてその総括と検証を後世に伝えるべき施設が双葉町に置かれた「東日本大震災・原子力災害伝承館」のはずだった。

しかしこの伝承館ですら、前述の「福島イノベーション・コースト構想」に組み込まれ、産業復興のための観光誘客施設に位置付けられている[9]。伝承館が建てられている土地は事故前まで豊かな水田が広がっていた津波被災地であり、事故前まで暮らしていた人たちから買い上げた土地である。被災者や避難者は「復興」の蹉跌によって幾重にも疎外されている。

こうした流れを断ち切る「もう一つの物語」はあり得たのか。それは被災者が望む最低にして最大の希望である地域環境の原状回復を重視した方向性である。新規

9　今井照（２０２１）「失敗の伝承、伝承の失敗─原発事故の経験から」『年報行政研究』56号（２０２１年５月刊行予定）。

開発型の「創造的復興」ではなく、原状回復型のプログラムを提示することだった。原状回復の不可能性については本稿でも繰り返し述べてきた。それだけ原発事故の代償は大きい。それを踏まえてもなお目指すべきは原状回復であるべきだった。

その前提が廃炉と除染にあることは変わりない。事故を起こした原発の安定化作業と廃炉に向けた作業が困難を極めるのは現状と同じだろう。このことについては多くの人たちが同意するに違いない。ただし、トリチウムの含まれた放射能汚染水の海洋放出など、そのときどきで出てくる課題については、目指すべき方向性の相違によって対応が異なる。場所と土地の制約を訴えて放射能汚染水の海洋放出を目指す人たちの背後には開発型の「創造的復興」論が見え隠れする。原状回復への見通しのためには廃炉法の制定が不可欠となる[10]。

除染については帰還困難区域全域についても他区域と同様に点と線の除染が行われるべきであることは当然だが、面としての除染が技術的に不可能であることを踏まえれば自然減衰との組み合わせによる空間線量の低下と放射性物質の封じ込めに重点を移すことになるだろう。このように廃炉と除染に関しては現状の延長上に追加的な施策を講じることになる。

問題はそれ以外の「復興」政策である。「復興」のための国からの財源確保を自己目的化した福島県庁のスタンスは、そのこと自体については理解できないわけではない。しかしそこで経済産業省とタッグを組んだことによって生じた誤りは看過できない。地震と津波に関する復興財源は国の増税策とも絡み東北各地と足並みをそろえる必要があったが、時間的には原発事故処理期間が入るために後ろにずらさざ

10　尾松亮編著（2021）『原発廃炉地域ハンドブック（仮）』東洋書店新社、2021年春刊行予定。

るを得ない状況だった。それらの部分は県や市町村の基金として造成するべきだった。

原発事故に関する財源は本来、東電による賠償が基になるべきであるが、実態として国の関与が不可欠であり、実際に中間貯蔵施設の建設など国が直接的に事業執行する部分も増えている。したがって、国から東電への求償権を確保しつつ、一次的には東電に代わって国が復興財源を調達する法制化を要請するべきだった。福島復興再生特別措置法制定のロビー活動の失敗はここにあった。

そして最大の問題は、それによって確保した復興財源を何のために使うかという点であり、現状のように被災者が元の生活に戻れないような開発型「創造的復興」ではなく、原状回復型の生活再建と地域環境の回復を中心に取り組まれるべきだった。これが「もう一つの物語」である。

被災者の生活再建の方法は被災者の数だけ存在する。ある時期から国は事業再建のために個別の事業者ごとのケースに対応するチームを作った。経済産業省ベースの事業再建については、国からの各種の補助金などを活用して、事実上、自己負担ゼロでも事業所を再建するスキームができている。このしくみは津波被災地など自然災害においても適用されている。

しかし被災者の生活再建に関しては、個人資産の形成には公費を投入できないというタテマエによって、それほどの活動は行われていない。確かに地震や津波などの自然災害においては理論的に整理するべき内容が含まれているが、原発事故のように人為的な被害の場合には、加害者が被害者に対して、事故前と同レベルでの生活再建を賠償として行うことは（負担割合については争いがあるにしても）当然とされている。原発事故による被害の大きさと東電の当面の能力を考慮すれば、被災者の早期救済という観点から、前述のように国が代償して、その後東電に求償するというしくみが可能であり、そうであれば当面公費で被災者の生活再建を行うことは合理化されるはずである。

個別の事業者ごとに再建チームを作ったように、個別の被災者ごとに生活再建チームをつくり、たとえば住宅再建を東電に代わって行うことなどが求められた。希望者には事故前の土地や建物を買い取り、希望する土地で事故前と同水準の住宅建設を行うべきだった。その他の財物賠償についても同様である。

地域環境については原状回復を目標に掲げながら維持管理することを基本とし、必要があって事故前の地域での居住を希望する人たちには、特例宿泊制度の活用などによって事故前と同程度の生活を維持するための支援を賠償として実施する。原状回復を困難とするような開発は行わない。

「通い復興」を継続するために不可避となる二地域居住を法制的に保障する。役場など事業所が帰還したために必然的に起こりうる二地域居住にも法制的に対応する。具体的には避難元と避難先での双方の市民権（権利と義務）を法によって確立する。

これらのことを通じて、「跛行性」「孤立」「感情被害」といった質的な原発避難の特質をいささかでも緩和する。もしこれまで述べてきたような「もう一つの物語」を共有化できたとしたら、被災者の「生活の復興」や「関係の復興」に資することができたであろう。社会は誤りを繰り返すものであるから、類似の人為的災害が今後も起こるかもしれない。これらの教訓と反省が「伝承」されることを期待したい。

エピローグ

今井　照（自治総研）

原発被災者への調査は無数に行われてきた（《資料1》(5)参照）。一時期はアンケート公害とまで言われていたことがある。ただこれほど愚直にしつこく、ここまで続けた調査はこれしかないのではないかと思う。10年間に10回、しかも同じ人たちに対してお話をお聞きし続けた。最後までご協力をいただいたみなさまには感謝の言葉しかない。

それなのに、本文でも紹介したとおり、最後の調査の自由記述欄に「こうして自分の気持ちを発言できる機会をいただいた朝日新聞、並びに今井照元福島大教授、本当にありがとうございました」と書いてくださった方がいる。思わず目頭を熱くした。

私たちは全く非力である。お話をお聞きしてきた被災者のみなさんの期待に応えられていないのではないかと、この10年間、何度も繰り返し自責の念を感じてきた。この調査を通して少しでも事態の改善につなげたいと考えてきたが、いただいた声を新聞紙上に掲載することさえ十分には行えていない。毎年のように、これで終わりかなと思ったりもした。

それでも何とか続けてこれたのは、そのときどきの朝日新聞の担当記者の励ましと力があったからである。過去の経緯もよくわからないまま、異動とともに担当に任じられ、しかも要求の多い我々と、それ以上に要求の多い本社との間に入り、さぞご苦労も多かったと思う。

私の記憶では、2年続けて担当をしてくれた記者は二人しかいない。そのうち一人の深津弘記者がこの本のプロローグを書いてくださった。さらに1年間にわたる調査対象者への連載インタビュー企画について平林大輔デスクとともに進めてくれた。お二人と歴代の担当記者のみなさまに対して心からお礼を申し上げたい。

本書では、この10年間、調査に協力し続けてくださった方々20人に改めてお話をお聞きし、2011年3月11日から現在までの個々の生活や生き方のそれぞれをたどった。さらに、そのインタビューをどう読み取るかについて、原発事故時にいわき明星大学（現・医療創生大学）において、社会学者として被災者支援やアーカイブズ事業に携わってきた高木竜輔准教授（現・尚絅学院大学）に読み解いてもらった。

その上で、10年10次にわたる調査を総括的に取りまとめるつもりで、被災者の10年間の移り変わりをたどり、そのときどきのトピックスを紹介してきた。最後に、そもそも「原発避難」とはどういうことだったのかを改めて考えた。それはこの10年間、「原発避難」の特質に適した復興論が構築できず、結果として「復興」の蹉跌が生じてしまったのではないかという問題意識からである。巻末には《資料》として、調査の概要と10年10次分の調査票や単純集計表を添付している。

この調査は朝日新聞社と福島大学今井照研究室との共同調査として始まった。2017年度からは私の転職とともに、公益財団法人地方自治総合研究所（自治総研）に置かれた原発災害研究会（原災研）との共同作業になった。自治総研では本書と同時期に、ちくま新書から『原発事故 自治体からの証言』を公刊している。これもまた原災研の成果物である。原災研発足を促してくださった辻山幸宣前所長と、高木准教授とともに委員を務めてくださった西田奈保子准教授（福島大学）、事務局を担当した堀内匠研究員（2021年4月より北海学園大学に准教授として赴任予定）に感謝したい。

さらに自治総研では2019年に自治総研セミナー「自治体の可能性と限界～原発災害から考える」を開催し、その記録として『原発災害で自治体ができたこと・できなかったこと』を公人の友社から刊行している。この二つの本は福島第一原発事故について、他にはない角度から検証したものであり、本書とともに手に取ってくだされればありがたい。

いつもビジネスにならない企画ばかりを持ち込み、「気概」だけで応じてくださっている公人の友社の武内英晴社長に、今回も甘えてお世話になった。こうして公刊できたことで、10年10次にわたる調査結果と被災者のみなさんの声を残すことができて、ほんの少しだけ肩の荷を下ろすことができた。感謝申し上げたい。

私もまた広義では福島第一原発事故の被災者のつもりである。その意味では、依然として割り切れない思いを胸に秘めながら、もうしばらく生きていくことになると思う。

２０２１年１月

《著者紹介》

深津　弘（ふかつ　ひろし）〔プロローグ〕
朝日新聞福島総局記者
１９６３年生まれ。１９８６年朝日新聞入社。熊本総局で水俣病、長崎総局で原爆関連の取材を担当。西部本社社会部と東京本社社会部では公害・環境問題、公共事業を主に担当。２０１８年４月から現職。９～10次調査とインタビュー企画の統括を担当。

高木竜輔（たかき　りょうすけ）〔第２章〕
尚絅学院大学准教授
１９７６年島根県出身。東京都立大学大学院、日本学術振興会（ＰＤ）を経て、２００８年からいわき明星大学人文学部助教、２０１１年から准教授。いわきで原発事故を経験する。それ以降、原発避難に関する研究を行っている。２０１９年から現職。
【主著】『原発避難者の声を聞く』（岩波ブックレット、共著）、『原発震災と避難』（有斐閣、共著）など。

今井　照（いまい　あきら）〔第３章、第４章、第５章、第６章、エピローグ、《資料》〕
（公財）地方自治総合研究所主任研究員
１９５３年生まれ。１９９９年から福島大学教授、２０１７年から現職。
【主著】『自治体再建―原発避難と「移動する村」』『地方自治講義』（いずれも、ちくま新書）、編著に『原発事故 自治体からの証言』（ちくま新書）、『福島インサイドストーリー―役場職員が見た原発避難と震災復興』『原発災害で自治体ができたこと・できなかったこと』（いずれも、公人の友社）など。

《資料１》

調査概要

今井　照（自治総研）

(1) 調査一覧

原発避難者実態調査は朝日新聞社と福島大学今井照研究室との共同調査として始まり、10年にわたって10次の調査を繰り返してきた（表7－1）。

表7－1　調査一覧

	調査期間	新聞掲載日	回答数	報告書[1]	主管
1次	2011年6月	6月24日	407	2011年7月号	特別報道部
2次	2011年9月	10月9日	287	2011年12月号	特別報道部
3次	2012年1月下旬～2月上旬	2月16日	273	2012年4月号	特別報道部
3次東京	2012年2月	3月10日	41	同上	東京総局
4次	2013年10月下旬～11月上旬	12月4日	185	2014年2月号	地域報道部
5次	2016年1月下旬～2月上旬	3月10日 3月11日	225	2016年4月号	福島総局
6次	2017年1月下旬～2月上旬	2月26日 2月28日	184	2017年4月号	福島総局
7次	2018年1月下旬～2月上旬	3月22日	161	2018年4月号	福島総局
8次	2019年1月下旬～2月上旬	3月6日 3月7日	156	2019年4月号	福島総局
9次	2020年1月上旬～2月下旬	3月5日 3月10日	138	2020年5月号	福島総局
10次	2020年12月上旬～2021年1月中旬	3月6日（予定）	141	2021年4月号（予定）	福島総局

(2) 調査の発端

まずこの調査がどのような経緯で始まり、続いてきたのかについてまとめておく。

本調査の発端は、震災や原発避難で混乱の続く4月初めに、朝日新聞社東京本社特別報道部から原発災害の被災者に関する包括的な調査について相談を受けたことに始まる。たまたま以前福島県の郡山支局に勤務し、「合併しない宣言」「第二役場構想」など独特の取り組みをしていた矢祭町役場の取材で知り合いだった木村英昭記者から話が持ち込まれた。

当時は原発避難の全体像を把握している人や組織はなかった。国は国で、東電は東電で、自治体は自治体で、それぞれに目の前で起きていることへ対応するのが精いっぱいだった。

その狭間に原発災害被災者が置かれていた。少なくとも10万人近い人たちに対して避難指示が出され、実際にはその周辺地域や首都圏を含めてさらに数万人規模が加わって避難行動が全国的に（場合によっては海外まで）展開されていた。一方、福島県内や東日本各地には、

1　各調査の報告は『自治総研』に掲載されている。各報告書ともに、自治総研のウェブサイトから閲覧できる。http://www.jichisoken.jp/publication/monthly/monthly.html

避難したくてもできない人たちもたくさん残されていた。だが当時は、たとえば個々の避難所にいる避難者数のような局所的、個別的なデータはあったが、包括的に把握する手段はどこにもなかった。

避難所に行けばあふれかえる人たちが、まさに立錐の余地なく暮らしていることは視認できた。避難元の市町村はもとより、避難者を受け入れている自治体や地域の人たちがボランティアを交えてこうした人たちを必死に支えていた。こういう光景が全国各地で散在して目撃され、報道されていたのは確かだが、それをつなげて見ている組織はなかった。まして、避難者統計に含まれない被災者の存在、たとえば後に「自主避難」と呼ばれる人たちや「避難したくてもできない」人たちの存在はまだ誰にも認知されていなかった。

新聞社の問題意識としては、そもそもいま何が起きているのかがわからないということだった。具体的には、現在、原発災害被災者・避難者の人たちはどのような環境に置かれているのか、彼らは何をどう考えているのか、彼らにとっていま何が必要なのか、といったことである。そこで原発事故が起きた地元の大学と連携して共同調査として実施したいという申し出があった。

もちろん私にとってもそのような問題意識には何の異存もなかった。個人的な話になるが、私は 2011 年３月 11 日を出張先の東京で迎えた。激しい揺れを感じて、これは首都直下地震がきたのではないかと思った。地震が収まった後は、テレビ画面で逃げ惑う自動車列を津波が飲み込むさまをリアルタイムで見ていた。

その日の夜から翌朝にかけて原発状況の悪化が報じられた。卒業生や知人の安否が案じられたが、自分には何もできなかった。そのころ、翌日の入試を控えて大学に残っていた同僚たちが学生たちの安否確認や避難行動の誘導で獅子奮迅の活動をしていたが、そこにも参加できなかった。つまり一瞬、乗り遅れた感を持っていた。そこにこの話が来たので、何のためらいもなく引き受けることにした。

(3) 調査の設計

メールや電話で事前の調整をして、調査企画案を詰めた後、４月 12 日、原発避難からちょうど１か月後に大学の研究室で木村英昭記者と大和田武記者を迎えて、初めての打ち合わせをした。新聞社側は当初、調査にあたって大学の学生も参加してくれるようにという希望を持っていた。そこで私も事前に学部内に周知をして、協力を得られる教員を募っていた。

避難所は各地に点在していたし、公共交通機関はまだ止まっていたので、学生に調査の一端を担わせるとしても、教員が避難所まで引率しないと調査実施が現実的に不可能だった。もちろん修羅場のような避難所で、まだまだ興奮状態にある避難者と接触することで学生への心的負担がかかることも想像されたので、指導教員を中心としたゼミ単位で行動することが望ましいと思われたのが一番の理由になる。事故前と比較すれば空間放射線量が高くなっている地域で行動することへの不安もあったが、一般的に避難所は少なくとも大学構内よりは低線量のところが多く、その点は当事者の了解を得られれば大丈夫と判断した。

ところが新聞社側から、内部で調整した結果、調査は新聞記者が行い、学生や教員には参加させないという結論になったと伝えられた。この間の事情は推測するしかないが、おそら

くは本社内での議論の結果、新聞記事として登載するようなデータは新聞社以外の人間の手を煩わせてはいけないということだったのではないかと思う。好意的に解釈すれば、新聞記事は新聞記者が責任を負うということであるが、ネガティブに受け止めれば学生や教員の調査は信用しないということでもあった。

こうして調査の実施そのものは新聞社が責任をもってあたり、研究室側は調査の設計や結果分析を担うという合同調査のスキームが確定した。実際の調査は、１次調査から４次調査までは、朝日新聞社の記者が調査対象者に直接面談して、あらかじめ新聞社側と研究室側とで整理した調査票に基づいて聞き取りを行い、それを東京本社で集計した。面談調査だったので、特に初期のころは調査票の質問項目以外にも多種多様な話を聞くことになった。１人について半日を要することも珍しくはなかった。２次調査以降は、避難場所が移動して面談がむずかしい場合には一部電話等で聞き取りを行っている例もある。

５次調査以降は、避難者の移動頻度が低下してきたので、基本的には郵送で調査票のやり取りを行い、東京本社で集計をしていたが、10 次調査については福島総局で集計した。集計に際しては学生アルバイトなどを雇用した。一部の調査対象者からの要望で直接電話や面談で聞き取りをした例もわずかながらある。またいずれの回の調査も新聞記事化にあたって回答者の何人かに対して追加の取材が行われている。

調査の主管は、３次調査までは朝日新聞社東京本社特別報道部が担当したが、４次調査は同じく東京本社の地域報道部に移管され、５次調査は東京本社地域報道部のもとで福島総局が直接の担当となった。６次調査以降は福島総局が主管している。被災者との面談は東京本社の主導のもとに朝日新聞社全体で取り組んできたが、５次調査で郵送調査に切り替えられてから調査後の必要なフォローについては福島総局が行っている。

「３次東京」と書かれている調査は一連の本調査の中では例外的なものとなっている。これは東京に避難している被災者の声を聞くために、朝日新聞社東京総局が３次調査と同じフォーマットで調査したものである。したがって調査対象者もその調査方法も他の調査とは異なっている。《資料２》(3) でわかるようにいくつかの質問では東京への避難者である特色が現れている。

３次調査が終わった段階で朝日新聞出版から『生きる』という本が出ている[2]。この本は１次調査から３次調査まで関わった記者たちが、毎回のインタビューで聞き取りながらも新聞記事には盛り込めなかったような話を可能な限り書き留めたものである。前述のように、この時点までは記者が直接、面談をして調査をしており、調査対象の被災者にはそれぞれ担当のような形で記者がついていた。厳しい１年間という時間を共有した担当記者と調査対象者との間にはある種の信頼関係が醸成されていいて、その空気がこの本にはよく表れている。社会調査としてもたぐいまれな本になっている。

しかしこの本の企画段階から新聞社内部での意見のすれ違いが目立ってきて、少なからず研究室側も影響を受けた。その後、この調査の主管部局が次々と変わっていくのも、おそらく新聞社内部での事情による。その経緯は直接、新聞社側から説明されたことはなく、側聞する限りであるが、非常時対応としての特別報道部の所管から、経常的な業務として地域報

2　朝日新聞特別取材班（2012）『生きる－原発避難民のみつめる未来』朝日新聞出版。

道部へ移管され、さらに現実的な対応として福島総局に移管されたと思われる。ただ実際にはそのようにスマートな理由ばかりではなく、新聞社内部での方針が揺れ動いていたと見られる。

その象徴は３次調査と４次調査、４次調査と５次調査との間にある不自然な間隔である。特に 2012 年９月 24 日の紙面で、突如として「原発避難者 100 人アンケート」という記事が掲載されて衝撃を受けた。記事内容を読むと、このアンケートは「４回目」という位置づけになっていて、１次から３次までの回答者から任意に 100 人を選んでアンケートを行ったことが推測された。この件については、共同調査の相手方である研究室側には事前にも事後にも一言の説明がなかった。このことは新聞社内部でも問題にされ、研究室側としても朝日新聞社に対して「申し入れ」を行ったが､誰がどのような経緯でこのような調査を行ったのか、現在でも明らかにされていない。結果的に４次調査は「1000 日目調査」という位置づけにして再開された。

さらに共同調査として苦労した点は、たとえ同じ主管部局が続いても、担当デスクや担当記者がほぼ毎回のように変わることだった。たとえば１次から３次までは特別報道部が主管していたが、わずか１年の間の３回の調査においてさえ担当デスクがその都度異動してすべて異なっていた。福島総局は５次から 10 次までの調査を主管していたが、こちらも毎年のように担当記者が変わった。記者も担当デスクもしばしば異動するため、それもやむをえなかった。

しかし調査を実施する都度、新聞社側の担当部署や担当記者が変わることによる弊害も少なくなかった。当然のことであるが、それぞれの記者には世界観があり、原発事故に対する重点の置き方や被災者に聞きたい内容が異なる。実際に現場で取材体験を重ねている記者の実感と研究室側のそれとはそれほど大きく異なることはないが、東京本社で記事を組み立てる立場のデスクたちとはアプローチがずれることもしばしば起きた。

質問項目の作り方も新聞社側と研究室側とで微妙なずれがあった。だからこそ共同調査の意味があると言えばそのとおりであるが、基本的には調査に向かうスタンスが違っていた。新聞社側が調査をするに際してまず考えることは、この調査を報じる記事の見出しをどのようなものにするか､つまり１面の見出しとして何が立ち､解説面では何を柱立てにしていくか、ということで、このことは再三再四、調査前に強調された。

一般的な社会調査でも仮説の設定は重要である。仮説に基づいて調査項目が設定されるのであって、そもそも問題点がどこにあるかという基本的な視点が存在しないまま、調査の結果に論点の析出を委ねるような調査をすると、結果的に調査が空回りすることになり、調査対象者の手間を煩わせるだけのものになりかねない。

一方、研究室側として一番警戒するのは、誘導的な調査にならないことである。仮説は大事だが、仮説にあてはまるように回答を誘導する調査になってはいけない。たとえば、最初の 2011 年４月 12 日の打ち合わせでは新聞社側から調査項目について、原発そのものに対する意識をもう少し詳しく問いたい、という意図が伝えられた。新聞社側としては、避難者の意識が反原発姿勢に転換したというメッセージを見出しに掲げることを想定していたと思われる。新聞記事としての社会的な訴求力を第一に考えているのであろう。

ただ私たちから見れば、避難者を含む被災者はそのような類型化にはあてはまらない。ど

のような立場や考え方の人も同時に被災している。むしろそのことの方が重要であると考えていた。被災後１か月の時点で聞くには早すぎる質問だと思った。今は被災状況を克明に記録して、それを明らかにすることの方が優先されると考えたのである。

第一線で取材している福島総局が５次調査から主管となった後は、それほど大きな問題は生じなかったが、それでも最終的には東京本社の担当デスクの意向も加わり、調整が必要なこともあった。

(4) 調査対象者の抽出

４月 12 日の最初の打ち合わせでは、調査の分母の取り方、調査地点の選び方、どれだけ長い期間で追跡可能な人をどう選ぶか、という論点も新聞社側から提示された。いずれもおそらく東京本社内の調査関係部署からの助言であろう。

確かにこれらのことは社会調査の基本事項ともいえる。しかし、そのことは重々承知しながらも、現場を見ている記者や我々にとってみれば、この調査でこうした指摘に十分こたえられるような質を確保することは現実的に難しかった。

調査に取り組み始めた震災後１か月の時点では、原発災害被災者がどこにどれだけいるのか、包括的な資料や統計は一切存在していなかった。役場も避難するほどの全域避難自治体が、個々の住民がどこにいるのかをある程度把握できたのは早くても７月頃だった。しかもまだまだ毎日のように住民が避難場所の移動を繰り返している時期であり、把握できているデータも流動性が高く、利用できる状態ではなかった。さらに、一部の地域だけに避難指示が出ているような自治体や、避難指示そのものが出ていない自治体においても多数の避難者がいたが、これらの自治体では避難者の所在についてほとんど把握をしていなかった。

つまり社会調査の基本となる調査対象者という分母が確定できなかったのである。しかし調査の緊急性や必要性は高い。震災直後の被災者の過酷な状況を一刻も早く総体的にとらえて発信し、多少なりとも事態の改善をはかっていかなければならないという主旨からも、これらの点については見切り発車せざるを得ない状況だった。

このような事情で調査対象者の抽出に際して無作為性を担保することはできなかった。現実にできたのは福島県内各地の避難所や２次避難所（旅館・ホテル等）に避難している人たちを調査対象者の中心としつつ、南相馬市のように一部が屋内退避に指定されていたり、不安を抱えながらも地域にとどまっている被災者に話を聞くことだった。その他に朝日新聞社の取材網を通じて、山形県や新潟県の避難所や全国各地に避難している人たちを避難先から個別に把握して調査対象者として組み入れた。

福島県内の避難所や２次避難所については地理的な分布に配慮して選定した。結果的に調査対象者は原発災害の被災者を幅広く包括するものになった。避難先から把握していったので、多様な避難元の避難者から話を聞くことができた。もちろんその中には避難指示がまだ出ていない（あるいはその後も出ていない）地域からの避難者も含まれている。

本調査の最大の特徴はこのような調査対象者にある。「３次東京」を除いて、本調査では一貫して同一人に対して繰り返し調査を行っている。これも前述のように最初から意図されていたことだった。社会調査的な意味で調査対象者の抽出が困難だったので、それに代わる方

法として、同一人に対して継続的、長期的に調査をすることが求められたのである。

１次調査では500人を目標に全国各地で調査を進めたが、最終的には約400人にとどまった。当時の過酷な状況では被災者からの訴えがとめどなくあふれ、ひとりの調査で半日を要することは珍しくなく、一方、調査期間を延長すると環境の変化が激しすぎて調査の意味が薄れることから、やむを得ずその時点でまとめることにした。

１次調査から２次調査までの３か月間は、仮設住宅への入居が始まるなど、ほとんどの避難者が移動したため連絡が取れなくなることも多く、調査対象者が減少した。３次調査から４次調査までは２年弱の期間が空いていて、同じように調査対象者と連絡が取りにくくなっていることと、この間、特に仮設住宅居住の避難者を中心にあまりにも各種の調査が多数実施され、そのうえいくら心情や要望を書いて提出しても事態の改善が実現しないことに無力感が蔓延し、協力をいただけないケースが多く、さらに調査対象者が減少した。

５次調査からは郵送調査になった。10次調査までの回収率は表７−２のとおりである。４次調査に比べて郵送調査に転換した５次調査の回答数が増えており、一般的な郵送調査と比較しても回収率が高くなっている。郵送調査という技法の変更以外にその要因を推測すると、客観的情勢として福島県庁が応急仮設住宅や「みなし仮設」と呼ばれるアパートなどの供与を2017年３月までとすることを明らかにするなど、被災者への逆風が高まっていたことが影響しているかもしれない。

また調査技術的には、５次調査では調査票送付前の段階で、一度、郵便による所在確認を行い、その時点で調査への協力を依頼するとともに、所在不明者については新しい連絡先の把握に努めたことがあげられる。しかしその後も９次調査まで回答者数がなだらかに減少している。前の調査で郵便が移転先不明で返送されてきたものは、次の調査では郵送をしていないので、そもそも送付先が減少しているから回答数が減少するのは必然的でもある。ただし有効回答数の回収率は５割を前後したまま推移していることにも注目したい。１０次調査では発送数が減少しているにもかかわらず、９次調査以上の回答をいただいた。回収率も高くなっている。

表７−２　郵送調査における回収率の推移

	発送数	転居先不明	有効数	回答数	回収率
５次調査	３９８人	３６人	３６２人	２２５人	６２．２%
６次調査	３６２人	１４人	３４８人	１８４人	５２．９%
７次調査	３４３人	１４人	３２９人	１６１人	４８．９%
８次調査	３４１人	３６人	３０５人	１５６人	５１．１%
９次調査	３０５人	１８人	２８７人	１３８人	４８．１%
10次調査	２８５人	１７人	２６８人	１４１人	５２．６%

言い換えると現在も回答を寄せて来てくださる人たちはほとんどが毎回、回答を送ってくださる人たちである。後述するように、継続して同一人に聞き続けることによる調査の意味は高く、特に10年という時間の変化を読み取る意義は高い。

(5) 本調査の特徴と限界

この 10 年間、原発災害被災者に対する調査は無数と言ってよいほど行われている。主体別にみると、①復興庁や自治体など公的主体による調査、②新聞テレビなど報道機関による調査、③大学や研究者などによる調査、に大別される。

①では、たとえば 2012 年以来、避難指示を受けた自治体が復興庁と共同で何回か調査を繰り返している（「原子力被災自治体における住民意向調査」）[3]。調査は市町村ごとに実施され、調査項目もそれぞれで異なっている。福島県庁は福島県からの避難者に対する大規模な調査を 2014 年、2015 年、2016 年の３回、実施している（「福島県避難者意向調査」）[4]。いずれも全数調査なので、調査そのものの信頼度は高い。

ただし調査の目的が避難者の帰還に備える施策への利用を想定しているので、避難者の意思や実態を包括的に把握するような設問になっているとは言い難い。この点で住民からの反発も多い。また世帯単位での調査のために回答者属性が高齢者の男性に傾いているのではないかという危惧がある。

②では、量的調査と質的調査が行われている。量的調査では世論調査の手法が多く取り入れられ調査の信頼度も高いが、調査対象が県民全体の無作為抽出になるので必ずしも被災者の意思を的確に反映したものにはならない。むしろ報道機関の調査の焦眉は質的調査にあり、たとえば NHK の「東日本大震災アーカイブス」に収録されている証言記録は福島県関係者だけでも 193 件の映像と 63 件の音声が公開されていて貴重な資料になっている[5]。NHK にはその他に有料の NHK アーカイブスがあり、関係する番組も収録されている。

③は把握不可能なほど大量に存在する。ほとんどは限定された調査対象（たとえば特定の仮設住宅居住者など）で、研究者の関心領域に基づく限定された分野の調査になる。その中では、福島大学の学内組織が双葉郡各町村の協力を得て、2011 年と 2017 年に「双葉８か町村災害復興実態調査」と「第２回双葉郡住民実態調査」を実施している[6]。また関西学院大学災害復興制度研究所避難疎開研究会が 2020 年７月から９月にかけて「原発事故で避難された方々にかかわる全国調査」を行っている[7]。

以上のような調査と比較して本調査の意義は次の点にある。第一に原発事故後３か月という時点から同一人を対象にした調査であることから、原発災害被災者の変化について時間軸とともにとらえることができること、第二に個人調査なので他の調査と比較して女性層や子育て世代層の比率が高いこと、第三に避難者のみならず、避難して戻った人や避難せずに残った人など多様な被災者を包括していること、などである。

限界はその裏返しで、冒頭に述べた事情により、社会統計的にみて母集団の構成を反映した抽出が行われたわけではないこと、調査対象者を追加しているわけではないので量的な意

---

3 https://www.reconstruction.go.jp/topics/main − cat 1 /sub − cat1 − 4/ikoucyousa/index.html
4 https://www.pref.fukushima.lg.jp/site/portal/ps − hinansha − ikouchousa.html
5 https://www9.nhk.or.jp/archives/311shogen/
6 『東京大学大学院情報学環情報学研究 . 調査研究編』３６巻（２０２０年３月）。
7 https://www.kwansei.ac.jp/news/detail/4220

味では減少傾向にあることなどで、その点では何パーセントという数字自体の科学性にはもの足りなさが残る。ただ全数調査の類似質問と比較してもそれほど大きな差異はないことから、全体としての傾向はある程度、的確に反映していると考えられる。

(6) 回答者の属性

調査回答者の基本的属性を整理しておく。１次調査の回答者 407 人を事故時の居住地別と１次調査時の区域指定別にみたのが表７－３である。約６割の人たちが福島第一原発から 20 キロ圏内の警戒区域に住み、自主避難６％を除くほとんどの人たちが避難指示区域で暮らしていた。前述のように調査を重ねるごとに避難先の把握が困難に陥り、しだいに回答者数が減ってくる。

比較のために 10 次調査時点での回答者もあわせて表記した。全体的な傾向として、避難指示が早めに解除された地域ほど回答者数の減少率が高い。言い換えると地域環境の厳しい人たちが引き続き調査に回答しているという傾向が見られる。

表７－３　事故時の居住地

	警戒区域	緊急時避難準備区域	計画的避難区域	自主避難	N.A.	計	10 次
南相馬市	22	43	3	9		77	24
広野町	24					24	10
楢葉町	25					25	8
富岡町	42	1	1			44	14
川内村		9	1			10	1
大熊町	42					42	20
双葉町	37					37	16
浪江町	57	3	2			62	24
葛尾村	6	5	10			21	4
飯舘村			19			19	6
いわき市			2	6		8	1
田村市	3	11				14	8
川俣町			13	1		14	1
その他			1	8	1	10	4
総計	234	96	52	24	1	407	141

回答者の男女比は表７－４のとおりである。この調査は他の類似調査のような世帯主調査ではなく、あくまでも個人対象の調査なので、女性比率は他の類似調査と比べて高いのが特徴となっている。

表7-4　回答者の男女比

単位%	1次	2次	3次	4次	5次	6次	7次	8次	9次	10次
男	56.6	57.5	55.9	58.9	54.2	57.1	57.8	55.1	60.1	55.3
女	43.4	42.5	44.1	41.1	45.8	42.9	42.2	44.9	39.9	44.7

回答者を年代別にみたものが表７－５となる。この調査は同じ人を対象に実施しているので、毎年、年齢は１歳ずつ上がることになる。10年が過ぎれば10歳が加算される。ただしこのようなことを加味しても、若年世代からの回答数が減少している傾向は見て取れる。「復興」度合いや避難元地域に対する経験や思いの差が回答者の年齢の変化に現れているのかもしれない。結果的にボリュームとしては４次調査以降、60歳代以上が半数を占めている。

表7-5　回答者の年代別比

単位%	1次	2次	3次	4次	5次	6次	7次	8次	9次	10次
10歳代	1.0	0.7	0.0	0.5	0.0	0.0	0.0	0.0	0.0	0.0
20歳代	8.6	6.6	5.2	2.7	0.9	0.5	0.6	0.6	0.0	0.0
30歳代	14.3	18.1	18.6	12.4	8.0	7.6	6.2	3.8	4.3	2.8
40歳代	15.8	14.6	15.2	14.1	16.4	14.1	16.8	15.4	13.8	11.3
50歳代	16.3	15.7	17.5	15.7	17.3	15.8	16.8	14.7	15.2	14.9
60歳代	26.7	27.9	27.1	28.6	27.1	30.4	25.5	21.8	23.2	22.0
70歳代	12.6	12.5	12.6	20.5	24.0	23.9	25.5	32.7	32.6	36
80歳以上	4.7	3.8	3.7	5.4	6.2	7.6	8.7	10.9	10.9	12.8
平均年齢	—	—	—	—	60.4	61.5	61.8	64.4	64.9	66.5

《資料２》

〈全記録〉

1 次から 10 次調査

(1)【1次】原発事故による避難生活に関する住民アンケート

1　避難のようす

■Q1 避難前に住んでいたのはどちらですか

南相馬市	広野町	楢葉町	富岡町	川内村	大熊町	双葉町	浪江町
77	24	25	44	10	42	37	62

葛尾村	飯舘村	いわき市	田村市	川俣町	その他	計
21	19	8	14	14	10	407

■Q2 住んでいたところは何の区域にあてはまりますか。

警戒区域	234	57.5%
緊急時避難準備区域	96	23.6%
計画的避難区域	52	12.8%
自主避難	24	5.9%
計	406	−

■Q3 いま、どなたと避難していますか（自宅に戻っている場合は、「いま、どなたと住んでいますか」）。

家族全員	221	54.3%
家族の一部と	137	33.7%
ひとりで	45	11.1%
その他	2	0.5%
計	405	−

■Q4 今の避難所は何カ所目の避難先ですか（親類、知人宅などを含む）。

0	1か所目	2か所目	3か所目	4か所目	5か所目	6か所目
6	48	91	99	74	38	17

7か所目	8か所目	9か所目	10か所目	11か所目	12か所目	計
12	9	2	0	1	1	396

■Q5 これまで避難先を移るときにいちばん参考にしたことは何ですか。

役所の指示	177	43.5%
近所の人の誘い	16	3.9%
親族友人の勧め	106	26.0%
周囲の流れ	28	6.9%
新聞テレビの情報	27	6.6%
その他	46	11.3%
計	400	−

■Q6-1 当面はどこに落ち着きたいですか。ひとつ選んでください。

仮設住宅	154	37.8%
公営住宅・借り上げ住宅	115	28.3%
親類・知人宅	2	0.5%
現在の避難先のまま	55	13.5%

住んでいた自宅	46	11.3%
その他	18	4.4%
まだ考えられない	16	3.9%
計	406	−

■Q6-2 その理由は（自由回答）

2　政府の避難指示について

■Q7 政府によるこれまでの避難指示についてどう思いますか。

非常に適切	10	2.5%
ある程度適切	53	13.0%
あまり適切でなかった	135	33.2%
全く適切でなかった	203	49.9%
計	401	−

■Q8 その理由は（自由回答）

3　地域復帰への期待とこれからの生活

■Q9 ご自宅は持ち家ですか、借家ですか。

持ち家	351	86.2%
借家	56	13.8%
計	407	−

■Q10 放射能の影響がなければ、その家は住むことができる状態ですか。

住める	234	57.5%
修理すれば住める	129	31.7%
住めない	42	10.3%
計	405	−

■Q11 震災前に住んでいた地域に戻りたいですか。

戻りたい	251	61.7%
できれば戻りたい	69	17.0%
あまり戻りたくない	19	4.7%
戻りたくない	30	7.4%
決めていない	16	3.9%
戻っている	8	2.0%
その他	13	3.2%
計	406	−

■Q12 その理由は何ですか。次のうちから一番近いものをあげてください。

（Q11 で①②⑥の人に）

仕事や職場があるから	38	9.3%
土地や建物をもっているから	74	18.2%
長い間、暮らしてきたところだから	164	40.3%
知り合いが多いから	21	5.2%
生活しやすいから	24	5.9%

（Q11 で③④⑤の人に）

仕事や職場を失ったから	6	1.5%
土地や建物を失ったから	2	0.5%
他の地域に親族や故郷があるから	0	0.0%
知り合いが少ないから	0	0.0%
放射能汚染が心配だから	48	11.8%

（上にあてはまらない人に）

その他	13	3.2%

■Q13-1 避難生活であなたの健康状態に変化はありましたか。

悪くなった	169	41.5%
悪くなる不安がある	34	8.4%
変わらない	202	49.6%
計	405	–

■Q13-2 具体的には（自由回答）

■Q14 これからの生活で不安に思っていることは何ですか（複数回答、３つまで）。

収入	住まい	子の就学	親の介護	病気	近所づきあい
236	159	79	30	97	40

日常生活	役場からの支援	放射能	風評被害	特にない	その他
26	27	249	39	7	32

4　原子力発電所について

■Q15 震災前、原子力発電所の安全性についてどのように考えていましたか。

安全だと思っていた	184	45.2%
ある程度、安全だと思っていた	87	21.4%
あまり安全だとは思っていなかった	55	13.5%
安全だと思っていなかった	63	15.5%
わからない	18	4.4%
計	407	–

■Q16-1 今回の原発事故は防げたと思いますか。

はい	186	45.7%
いいえ	112	27.5%
わからない	108	26.5%
計	406	

■Q16-2 理由（自由回答）

■Q17　震災前、原子力発電所は地域経済に役立っていたと思いますか。

役立っていた	211	51.8%
ある程度役立っていた	95	23.3%
あまり役立っていなかった	39	9.6%
役立っていない	59	14.5%
計	404	–

■Q18-1 原子力発電を利用することに賛成ですか。反対ですか。

賛成	104	25.6%
反対	286	70.3%
計	390	−

■Q18-2 日本の原子力発電は、今後、どうしたらよいと思いますか。

増やすほうがよい	10	2.5%
現状維持にとどめる	110	27.0%
減らすほうがよい	156	38.3%
やめるべきだ	129	31.7%
計	405	−

■Q19 菅政権は中部電力・浜岡原発の運転停止を要請しました。評価しますか。評価しませんか。

評価する	307	75.4%
評価しない	85	20.9%
計	392	−

5　行政機関等への評価

今回の震災や原発事故への対応について、いくつかうかがいます。

■Q20 まず、市役所や町村役場の対応について、どのように評価しますか。

大いに評価する	52	12.8%
ある程度評価する	172	42.3%
あまり評価しない	89	21.9%
全く評価しない	88	21.6%
計	401	−

■Q21 では、福島県庁の対応については、どのように評価しますか。

大いに評価する	29	7.1%
ある程度評価する	157	38.6%
あまり評価しない	126	31.0%
全く評価しない	72	17.7%
計	384	−

■Q22 では、政府の対応については、どのように評価しますか。

大いに評価する	3	0.7%
ある程度評価する	51	12.5%
あまり評価しない	149	36.6%
全く評価しない	200	49.1%
計	403	−

■Q23 では、東京電力の対応については、どのように評価しますか。

大いに評価する	7	1.7%
ある程度評価する	59	14.5%
あまり評価しない	116	28.5%
全く評価しない	221	54.3%
計	403	−

■Q24（Q20〜23 について）それぞれに理由があれば教えてください（自由回答）。

6　基本情報

■Q25 震災の直前、あなたは仕事をしていましたか。

していた	299	73.5%
していない	108	26.5%
計	407	−

■Q26　震災の直前、仕事をしていた人にうかがいます。 そのご職業は何ですか。

農業	漁業	製造業	医療福祉	学校教育	商店飲食店
62	1	35	21	5	39

電気ガス水道	建設不動産	運輸郵便通信	公務	その他	計
7	27	11	2	88	298

■Q27（仕事をしていた人に）震災前にしていたお仕事に復帰できる見通しはありますか。

ある	48	11.8%
ない	151	37.1%
すでに復帰	20	4.9%
別の仕事に就いた	9	2.2%
わからない	67	16.5%
計	295	−

■Q28　震災の直前、仕事をしていない人にうかがいます。ご家族の中で主に仕事をしていた人の職業はなんですか。

農業	漁業	製造業	医療福祉	学校教育	商店飲食店
7	5	11	6	1	4

電気ガス水道	建設不動産	運輸郵便通信	公務	その他	計
8	16	6	7	40	111

■Q29 あなたはこれまで原子力発電所と関係している仕事をしたことはありますか。

ある	110	27.0%
ない	296	72.7%
計	406	−

■Q30 あなた以外のご家族で原発と関係した仕事をしている人、または過去にしていた人はいますか。

ある	166	40.8%
ない	240	59.0%
計	406	−

7　自由意見

■Q31 今のお気持ちに一番近いものはどれですか。

がんばろうと思う	206	50.6%
しかたないと思う	77	18.9%
気力を失っている	27	6.6%
怒りが収まらない	61	15.0%

その他	28	6.9%
計	399	−

■Q32 その他、困っていることや訴えたいことがあればお話しください（自由回答)。

8　属性

■Q33 性別

男	226	55.5%
女	173	42.5%
計	399	−

■Q34 年齢

10 歳代	4	1.0%
20 歳代	35	8.6%
30 歳代	58	14.3%
40 歳代	64	15.7%
50 歳代	66	16.2%
60 歳代	108	26.5%
70 歳代	51	12.5%
80 歳以上	19	4.7%
計	405	−

■調査場所一覧

山形県	12
茨城県	1
埼玉県	8
新潟県	15
石川県	1
岐阜県	1
愛知県	5
三重県	1
滋賀県	1
京都府	3
大阪府	20
兵庫県	3
和歌山県	1
島根県	1
広島県	1
山口県	1
高知県	1
福岡県	7
佐賀県	2
長崎県	2
熊本県	1
大分県	2
宮崎県	1
鹿児島県	4
沖縄県	3
不明	1
県外合計	99

福島市	53
会津若松市	51
郡山市	37
いわき市	9
相馬市	1
二本松市	35
田村市	13
南相馬市	20
川俣町	3
北塩原村	7
会津坂下町	10
西郷村	10
石川町	13
猪苗代町	31
飯舘村	8
不明	7
県内合計	308

(2)【2 次】原発事故による避難生活に関する住民アンケート

1　避難のようす

■Q1 いまのお住まいは６月調査時と同じですか。それとも移りましたか。移った方は、何回移ったかをお答えください。

同じ	88	30.7%
６月の調査の後、移った	199	69.3%
計	287	−

■Q2 お住まいを移った方にお聞きします。現在はどこにお住まいですか。

震災前の自宅	11	5.5%
知人・親類宅	4	2.0%
仮設住宅	100	50.3%
借り上げ住宅（みなし仮設）	68	34.2%
賃貸住宅（自己負担）	3	1.5%
その他	13	6.5%
計	199	

■Q3 現在のお住まいに移転された理由をお聞きします。次の中から当てはまるものを１つだけ選んでください。

職場が近いなど仕事の関係で	21	10.4%
学校など子どもの関係で	29	14.4%
放射能の影響が心配だから	21	10.4%
親類・知人の近くだから	20	10.0%
地区の人が一緒だから	10	5.0%
行政の指示や指導	50	24.9%
経済的負担が少ないから	3	1.5%
その他	47	23.4%
計	201	−

■Q4 震災前に暮らしていた家族といま、いっしょに住んでいますか。それとも、震災によって別々に暮らしていますか。

一緒に住んでいる	142	49.8%
別々に暮らしている	132	46.3%
その他	11	3.9%
計	285	−

■Q5 あなたの家族には、１８歳以下の子どもはいますか。

いる	134	46.9%
いない	152	53.1%
計	286	−

2　故郷への思いとこれからの生活

■Q6（継続質問）震災前に住んでいた地域に戻りたいですか。

戻りたい	123	43.0%
できれば戻りたい	63	22.0%
あまり戻りたくない	22	7.7%

戻りたくない	27	9.4%
決めていない	12	4.2%
戻っている	23	8.0%
その他	16	5.6%
計	286	−

■Q7 その理由は何ですか（自由記述）。

■Q8 今後どれくらいの期間でもともと住んでいた地域に戻れると思いますか。

1年以内	20	7.0%
1年～5年以内	101	35.6%
5年～10年以内	28	9.9%
10年～20年以内	37	13.0%
20年以上	33	11.6%
戻れないと思う	33	11.6%
その他	32	11.3%
計	284	−

■Q9 その理由は何ですか（自由記述）。

■Q10 もともと暮らしていた地域に戻る条件として重視するものは何ですか。２つまで選んでください（複数回答）。

除染による放射線量の低下	249
上下水道・電気などの復旧	101
親類や知人が戻ること	29
買い物や通院に不便がなくなること	52
学校の再開	24
職場の再開	20
その他	32

■Q11（継続質問） これまでの避難生活であなたの健康状態に変化はありましたか。

悪くなった	97	34.0%
悪くなる不安がある	39	13.7%
変わらない	149	52.3%
計	285	−

■Q12 市町村からの連絡や情報を主としてどのように入手していますか。

広報誌	140	49.0%
ウェブサイト（ホームページ）	24	8.4%
テレビ	14	4.9%
新聞	23	8.0%
親類・知人からの連絡	26	9.1%
町内会からの連絡	14	4.9%
説明会	4	1.4%
その他	41	14.3%
計	286	−

■Q13 どのような情報が最も知りたいですか。

住んでいた地域の現状	75	26.3%
これからの復興ビジョン	109	38.2%
他の住民の所在地	3	1.1%
義援金などの生活支援	37	13.0%
避難先の行政情報	15	5.3%
その他	46	16.1%
計	285	－

3　原子力発電について

■Q14（継続質問）原子力発電を利用することに賛成ですか。反対ですか。

賛成	54	19.4%
反対	225	80.6%
計	279	－

■Q15 福島第一原発の事故による放射性物質があなたやご家族に与える影響について、どの程度不安を感じていますか。次の４つの中から１つだけ選んでください。

大いに感じている	170	59.4%
ある程度感じている	76	26.6%
あまり感じていない	35	12.2%
全く感じていない	5	1.7%
計	286	－

■Q16 政府は、今回の原発事故で、避難する際の放射線の量の目安として年間２０ミリシーベルトを示しています。あなたは、この目安をどのように考えますか。

もっと厳しくするべきだと思う	194	77.3%
妥当だと思う	51	20.3%
もっと緩めるべきだと思う	6	2.4%
計	251	－

■Q17 放射能に汚染されたがれきや土壌の撤去・除染など、国や自治体の放射能汚染対策についてどう評価しますか。ご意見をお聞かせください（自由記述）。

■Q18　放射能に汚染されたがれきなどを保管する中間貯蔵施設の福島県内への設置について賛成ですか、反対ですか。

賛成	150	55.4%
反対	121	44.6%
計	271	－

■Q19（継続質問）日本の原子力発電は今後、どうしたらよいと思いますか。

増やすほうがよい	2	0.7%
現状維持にとどめる	52	18.1%
減らすほうがよい	122	42.5%
やめるべきだ	111	38.7%
計	287	－

4　現在の心境や将来の展望

■Q20 震災前、あなたの家計を支えていた人はいま、震災前にしていた仕事に復帰できる見通し

はありますか。

ある	20	7.4%
ない	121	44.6%
すでに復帰	77	28.4%
別の仕事に就いた	20	7.4%
わからない	33	12.2%
計	271	−

■Q21 いまの生活費を支える主な収入源は何ですか。１つだけお答えください。

勤労収入	79	27.6%
事業収入	5	1.7%
年金	82	28.7%
預貯金	20	7.0%
仮払い賠償金	64	22.4%
義援金	18	6.3%
親類・知人の支援	2	0.7%
その他	16	5.6%
計	286	−

■Q22 今後の生計のめどは立っていますか。

めどは立っている	109	38.1%
めどは立っていない	177	61.9%
計	286	−

■Q23 原発事故の賠償についてお尋ねします。国や東京電力の賠償に関する取組みをどの程度評価しますか。１つだけ選んでください。

大いに評価する	3	1.1%
ある程度評価する	45	15.8%
あまり評価しない	115	40.5%
まったく評価しない	121	42.6%
計	284	−

■Q24（継続質問）いまのお気持ちに一番近いものはどれですか。

がんばろうと思う	135	47.5%
しかたないと思う	51	18.0%
気力を失っている	34	12.0%
怒りが収まらない	52	18.3%
その他	12	4.2%
計	284	−

■Q25 いまの生活で困っていることは何ですか（複数回答、３つまで）。

仕事	117
生活費	126
健康の悪化	76
子どもの教育	66

住環境（狭い・うるさいなど）	80
生活に不便（買い物・病院など）	47
近所の人間関係	38
家族関係	46
特にない	32

■Q26（継続質問） これからの生活で不安に思っていることは何ですか（複数回答、３つまで）。

収入	住まい	子の就学	親の介護	病気	近所づきあい
159	132	60	23	78	12

日常生活	役場からの支援	放射能	風評被害	特にない	その他
30	16	159	64	1	18

5　属性

■Q27 現在の職業は何ですか。

農業	漁業	製造業	医療福祉	学校教育	商店飲食店
33	0	15	10	2	10

電気ガス水道	建設不動産	運輸郵便通信	公務	その他	計
4	6	10	12	185	287

■Q28 現在の職業は原子力発電と関係がありますか。

ある	24	8.4%
ない	263	91.6%
計	287	－

■Q29 現在のお住まいは福島県内ですか、県外ですか。

県内	205	71.4%
県外	82	28.6%
計	287	－

■Q30 性別

男	165	57.5%
女	122	42.5%
計	287	－

■Q31 年齢

10 歳代	2	0.7%
20 歳代	19	6.6%
30 歳代	52	18.1%
40 歳代	42	14.6%
50 歳代	45	15.7%
60 歳代	80	27.9%
70 歳代	36	12.5%
80 歳以上	11	3.8%
計	287	－

■調査場所一覧

宮城県	2
山形県	5
茨城県	1
栃木県	1
埼玉県	8
千葉県	2
東京都	1
神奈川県	1
新潟県	9
石川県	1
岐阜県	1
愛知県	4
滋賀県	1
京都府	2
大阪府	15
兵庫県	3
和歌山県	1
島根県	1
岡山県	1
山口県	1
愛媛県	1
高知県	1
福岡県	6
佐賀県	2
長崎県	2
熊本県	1
大分県	1
宮崎県	1
鹿児島県	3
沖縄県	3
県外合計	82

福島市	21
会津若松市	19
郡山市	17
いわき市	29
白河市	2
須賀川市	1
喜多方市	1
相馬市	1
二本松市	20
田村市	9
南相馬市	28
本宮市	1
桑折町	4
川俣町	9
大玉村	1
猪苗代町	14
会津美里町	5
西郷村	2
石川町	1
三春町	15
広野町	2
新地町	2
飯舘村	1
県内合計	205

(3)【３次】原発事故による避難生活に関する住民アンケート・３次　*（右）３次東京調査*

1　避難の様子

■Q1　（継続質問）震災前に暮らしていた家族といま、一緒に住んでいますか。
それとも、震災によって別々に暮らしていますか

一緒に住んでいる	126	46.2%	*22*	*53.7%*
別々に暮らしている	138	50.5%	*18*	*43.9%*
その他	9	3.3%	*1*	*2.4%*
計	273	–	*41*	–

■Q2 今の生活には慣れましたか

慣れた	84	31.0%	*14*	*35.9%*
まあまあ慣れた	133	49.1%	*18*	*46.2%*
あまり慣れていない	31	11.4%	*4*	*10.3%*
慣れていない	23	8.5%	*3*	*7.7%*
計	271	–	*39*	–

■Q3 その理由は何ですか

■Q4　（継続質問）これまでの避難生活であなたの健康状態に変化はありましたか

悪くなった	79	29.0%	*22*	*55.0%*
今後悪くなる不安がある	35	12.9%	*3*	*7.5%*
特に変わりない	158	58.1%	*15*	*37.5%*
計	272	–	*40*	–

2　故郷への思いとこれからの生活

■Q5　（継続質問）震災前に住んでいた地域に戻りたいですか

戻りたい	97	36.1%	*12*	*29.3%*
できれば戻りたい	58	21.6%	*5*	*12.2%*
あまり戻りたくない	15	5.6%	*1*	*2.4%*
戻りたくない	45	16.7%	*9*	*22.0%*
まだ決めていない	16	5.9%	*6*	*14.6%*
すでに戻っている	25	9.3%	*0*	*0.0%*
その他	13	4.8%	*8*	*19.5%*
計	269	–	*41*	–

■Q6　いつ、住んでいた地域に戻りたいですか

今すぐ戻りたい（1年未満）	70	36.3%	*10*	*47.6%*
1年以上〜5年未満	68	35.2%	*6*	*28.6%*
5年以上〜10年未満	13	6.7%	*2*	*9.5%*
10年以上〜20年未満	7	3.6%	*0*	*0.0%*
20年以上	13	6.7%	*3*	*14.3%*
すでに戻っている	22	11.4%	*0*	*0.0%*
計	193	–	*21*	–

■Q7　（継続質問）今後どれくらいの期間でもともと住んでいた地域に戻れると思いますか

1年未満	12	4.7%	*4*	*10.5%*
1年〜5年未満	64	25.1%	*3*	*7.9%*

５年～１０年未満	29	11.4%	*6*	*15.8%*
１０年～２０年未満	20	7.8%	*3*	*7.9%*
２０年以上	29	11.4%	*3*	*7.9%*
戻れないと思う	63	24.7%	*14*	*36.8%*
その他	38	14.9%	*5*	*13.2%*
計	255	－	*38*	－

■Q8　その理由は何ですか

以下、震災前に暮らしていた地域に「すでに戻っている」方にお尋ねします。
その他の方はＱ１２へお進みください

■Q9　このまま今いる地域に住み続けたいですか

住み続けたい	24	72.7%
震災前に暮らしていた地域に戻りたい	4	12.1%
福島県内の別の地域に行きたい	0	0.0%
福島県外の別の地域に行きたい	5	15.2%
計	33	－

■Q10　その理由は何ですか

■Q11　まだ震災前に暮らしていた地域に戻ってない人たちについてどのように思いますか

以下、全員にお尋ねします

3　原子力発電について

■Q12　（継続質問）原子力発電を利用することに賛成ですか。反対ですか

賛成	46	18.1%	*11*	*29.7%*
反対	208	81.9%	*26*	*70.3%*
計	254		*37*	－

■Q13　（継続質問）日本の原子力発電は今後、どうしたらよいと思いますか

増やすほうがよい	2	0.8%	*0*	*0.0%*
現状維持程度にとどめる	43	16.2%	*5*	*12.2%*
減らすほうがよい	98	36.8%	*17*	*41.5%*
やめるべきだ	123	46.2%	*19*	*46.3%*
計	266	－	*41*	－

■Q14　（継続質問）福島第一原発の事故による放射性物質があなたやご家族に与える影響についてどの程度、不安を感じていますか

大いに感じている	145	53.7%	*24*	*60.0%*
ある程度感じている	80	29.6%	*11*	*27.5%*
あまり感じていない	35	13.0%	*4*	*10.0%*
全く感じていない	10	3.7%	*1*	*2.5%*
計	270	－	*40*	－

■Q15　国や自治体が進めている除染対策はどの程度、効果があると思いますか

大いに効果がある	2	0.8%	*0*	*0.0%*

ある程度効果がある	55	21.0%	*7*	*18.4%*
あまり効果はない	118	45.0%	*11*	*28.9%*
全く効果はない	87	33.2%	*20*	*52.6%*
計	262	−	*38*	−

■Q16　国や自治体による健康管理調査についてどの程度、評価しますか

大いに評価する	26	10.0%	*1*	*2.5%*
ある程度評価する	82	31.4%	*20*	*50.0%*
あまり評価しない	99	37.9%	*9*	*22.5%*
全く評価しない	54	20.7%	*10*	*25.0%*
計	261	−	*40*	−

■Q17　震災前に住んでいた市町村の復興への取り組みについて、どの程度、評価しますか

大いに評価する	12	4.8%	*2*	*5.4%*
ある程度評価する	52	20.8%	*6*	*16.2%*
あまり評価しない	107	42.8%	*17*	*45.9%*
全く評価しない	79	31.6%	*12*	*32.4%*
計	250	−	*37*	−

■Q18　その理由は何ですか

4　現在の心境や将来の展望

■Q19　震災、原発事故から一年が経ちます。全国的に事故が風化し、福島のことが忘れ去られていると感じることはありますか

大いにある	67	25.1%	*13*	*31.7%*
ある程度ある	114	42.7%	*16*	*39.0%*
あまりない	47	17.6%	*8*	*19.5%*
全くない	39	14.6%	*4*	*9.8%*
計	267	−	*41*	−

■Q20　具体的に教えてください

■Q21　いまから５年後にあなたの生活はどのようになっていると思いますか

震災前と同じような生活に戻っている	47	19.5%	*8*	*22.9%*
いまと同じような避難生活をしている	75	31.1%	*9*	*25.7%*
これまでとは違った新しい生活をしている	119	49.4%	*18*	*51.4%*
計	241	−	*35*	−

■Q22　具体的に教えてください

■Q23　（継続質問）震災前、あなたの家計を支えていた人はいま、震災前にしていた仕事に復帰できる見通しはありますか

ある	31	12.2%	*3*	*8.6%*
ない	126	49.4%	*12*	*34.3%*
すでに復帰している	66	25.9%	*9*	*25.7%*
別の仕事に就いた（就ける見通しだ）	21	8.2%	*3*	*8.6%*
わからない	11	4.3%	*8*	*22.9%*
計	255	−	*35*	−

■Q24　（継続質問）今後の生計のめどは立っていますか

めどは立っている	151	55.5%	*21*	*52.5%*
めどは立っていない	121	44.5%	*19*	*47.5%*
計	272	−	*40*	−

■Q25　（継続質問）いまのお気持ちに一番近いものはどれですか。ひとつお選びください

がんばろうと思う	129	47.8%	*11*	*28.2%*
しかたないと思う	59	21.9%	*11*	*28.2%*
気力を失っている	27	10.0%	*6*	*15.4%*
怒りが収まらない	45	16.7%	*8*	*20.5%*
その他	10	3.7%	*3*	*7.7%*
計	270	−	*39*	−

■Q26　震災から 1 年がたちますが、あなたの生活はどのように変化していますか

(26－1)震災前に親しかった人と連絡を取っていますか

よくとっている	93	34.6%	*11*	*26.8%*
多少とっている	114	42.4%	*21*	*51.2%*
あまりとっていない	42	15.6%	*4*	*9.8%*
とっていない	20	7.4%	*5*	*12.2%*
計	269	−	*41*	−

(26－2)震災後に新しく親しくなった人はいますか

たくさんいる	60	22.2%	*10*	*25.0%*
多少いる	119	44.1%	*18*	*45.0%*
あまりいない	56	20.7%	*5*	*12.5%*
まったくいない	35	13.0%	*7*	*17.5%*
計	270	−	*40*	−

■Q27　震災から 1 年がたちますが、あなたの周囲の人たちのようすは変化していますか

(27－1)復興への意欲を持つ人が多くなった

あてはまる	18	7.3%	*4*	*10.3%*
ややあてはまる	71	28.6%	*8*	*20.5%*
あまりあてはまらない	106	42.7%	*17*	*43.6%*
あてはまらない	53	21.4%	*10*	*25.6%*
計	248	−	*39*	−

(27－2)落ち着いた避難生活をしている人が多くなった

あてはまる	56	23.0%	*11*	*27.5%*
ややあてはまる	113	46.5%	*12*	*30.0%*
あまりあてはまらない	51	21.0%	*12*	*30.0%*
あてはまらない	23	9.5%	*5*	*12.5%*
計	243	−	*40*	−

(27－3)気持ちが沈んでいる人が多くなってきた

あてはまる	51	21.0%	*6*	*15.8%*
ややあてはまる	77	31.7%	*16*	*42.1%*
あまりあてはまらない	83	34.2%	*11*	*28.9%*

あてはまらない	32	13.2%	*5*	*13.2%*
計	243	－	*38*	－

■Q28 （継続質問）これからの生活で不安に思っていることは何ですか。３つまで選んでください

収入	132	*24*
住まい	118	*26*
子どもの就学	56	*3*
親の介護	27	*2*
病気	69	*18*
近所つきあい	15	*2*
日常生活	24	*7*
役場からの支援	20	*8*
放射能	153	*19*
風評被害	48	*4*
特にない	7	*1*
その他	28	*4*

■Q29 現在のお住まいは福島県内ですか、県外ですか

県内	201	73.9%
県外	71	26.1%
計	272	－

■Q30 性別

男	152	55.9%	*19*	*46.3%*
女	120	44.1%	*22*	*53.7%*
計	272	－	*41*	－

■Q31 年齢

10 代	0	0.0%	*1*	*2.4%*
20 代	14	5.2%	*4*	*9.8%*
30 代	50	18.6%	*5*	*12.2%*
40 代	41	15.2%	*6*	*14.6%*
50 代	47	17.5%	*9*	*22.0%*
60 代	73	27.1%	*5*	*12.2%*
70 代	34	12.6%	*7*	*17.1%*
80 歳以上	10	3.7%	*4*	*9.8%*
計	269	－	*41*	－

■Q32 昨年 10 月以降、住所が移った

はい	47	17.3%	*4*	*9.8%*
いいえ	224	82.7%	*37*	*90.2%*
計	271	－	*41*	－

(4)【4次】原発事故による避難生活に関する住民アンケート

1　避難のようす

■Q1　震災前の自宅がある地域は現在、どのように指定されていますか。

避難指示解除準備区域	44	23.8%
居住制限区域	37	20.0%
帰還困難区域	50	27.0%
旧緊急時避難準備区域	28	15.1%
指定されていない	26	14.1%
計	185	−

■Q2　現在の住まいは

仮設住宅	78	42.2%
借り上げ住宅	56	30.3%
知人、親戚宅	1	0.5%
震災前の自宅	27	14.6%
新たに購入した新居	8	4.3%
その他	15	8.1%
計	185	−

■Q3（継続質問）震災前に暮らしていた家族といま、一緒に住んでいますか。

一緒に住んでいる	97	54.2%
別々に暮らしている	82	45.8%
計	179	−

■Q4　Ｑ３で②と回答の方は、家族の居住状況とその理由、いつごろから別々の生活になったか、などについて教えてください。

■Q5（一部継続）これまでの避難生活であなたの健康状態に変化はありましたか。

悪くなった	57	31.0%
一時悪くなった	46	25.0%
特に変わりない	77	41.8%
よくなった	4	2.2%
計	184	−

■Q6（一部継続）震災前に親しかった人達と連絡を取り合うことがありますか。

よくある	70	37.8%
たまにある	80	43.2%
ほとんどない	35	18.9%
計	185	−

■Q7（一部継続）現在、お住まいの近所の人たちとよく話をしていますか。

よく話をする	90	48.6%
たまに話をする	55	29.7%
ほとんど話をしない	40	21.6%
計	185	−

2　帰還意向と住まいの見通し

■Q8（継続質問）震災前に住んでいた地域に戻りたいですか。

戻りたい	44	24.2%
できれば戻りたい	39	21.4%
あまり戻りたくない	18	9.9%
戻りたくない	39	21.4%
まだ決めていない	14	7.7%
すでに戻っている	28	15.4%
計	182	－

■Q9（継続質問）（Q8 で①、②と答えた方）今後どれくらいの期間で、震災前に住んでいた地域に戻れると思いますか。

１年未満	6	7.4%
１年～５年未満	24	29.6%
５年～１０年未満	19	23.5%
１０年～２０年未満	10	12.3%
２０年以上	3	3.7%
戻れないと思う	19	23.5%
計	81	－

■Q10（Q8 で①～⑤と答えた方）「震災前に住んでいた地域に戻りたい（戻りたくない）（まだ決めていない）」という気持ちは、避難指示区域が再編されたことと何らかの関係がありますか。

ある	28	19.2%
ない	118	80.8%
計	146	－

■Q11　その理由は何ですか。（自由記述）

■Q12（Q8 で①～⑤と答えた方）
今後の住まいについて、どのようにお考えですか。

いまの避難先に住み続ける	33	21.7%
新しい住まいを見つける（移住）	51	33.6%
元の住まいに戻るつもり（帰還）	39	25.7%
今後の見通しは立ってない	29	19.1%
計	152	－

■Q13（Q8 で①～⑤と答えた方）福島第一原発事故による避難生活の長期化に伴い、県内６町村（双葉町、富岡町、大熊町、浪江町、飯舘村、葛尾村）は、新たな場所に災害公営住宅や役場機能などを集約する「長期避難者生活拠点」（仮の町）を検討しています。あらたな拠点ができたら、そこでの生活を希望しますか。しませんか。

希望する	23	15.5%
希望しない	80	54.1%
どちらとも言えない	28	18.9%
その他	17	11.5%
計	148	－

■Q14　その理由は何ですか。

■Q15　震災と原発事故に伴う福島県の県内、県外避難者は14万人を超えています。避難者が当面、住む場所を確保するために効果的と思われる対策は何だと思いますか。

避難先に災害公営住宅を建てる	47	26.0%
今の仮設住宅を長期間住めるように改修する	34	18.8%
避難先で自宅を建てる資金を援助する	71	39.2%
その他	29	16.0%
計	181	—

3　原子力発電と事故について

■Q16（継続質問）原子力発電を利用することに賛成ですか、反対ですか。

賛成	24	13.7%
反対	151	86.3%
計	175	—

■Q17（継続質問）日本の原子力発電は今後、どうしたらよいと思いますか。

増やすほうがよい	1	0.5%
現状維持程度にとどめる	20	10.9%
減らすほうがよい	73	39.7%
やめるべきだ	90	48.9%
計	184	—

■Q18（継続質問）福島第一原発事故による放射性物質があなたやご家族に与える影響についてどの程度、不安を感じていますか。

大いに感じている	81	44.0%
ある程度感じている	59	32.1%
あまり感じていない	30	16.3%
全く感じていない	14	7.6%
計	184	—

■Q19　福島第一原発の放射能汚染水の問題についてうかがいます。あなたは、汚染水の問題について、どの程度深刻だと思いますか。

大いに深刻だ	147	79.5%
ある程度深刻だ	26	14.1%
あまり深刻ではない	8	4.3%
まったく深刻ではない	1	0.5%
その他	3	1.6%
計	185	—

■Q20　安倍首相はオリンピック招致を訴える演説で、福島の原発事故について「状況はコントロールされている」と発言しました。あなたは、この発言をその通りだと思いますか。そうは思いませんか。

そのとおりだ	10	5.4%
そうは思わない	163	88.6%
その他	11	6.0%
計	184	—

■Q21　環境省は現在、放射性廃棄物の中間貯蔵施設について、双葉、大熊、楢葉の３町の中での設置を検討しています。これに賛成ですか。反対ですか。

賛成	82	45.6%
どちらかというと賛成	65	36.1%
どちらかといえば反対	19	10.6%
反対	14	7.8%
計	180	–

■Q22　その理由を選んでください。
（Q21 で①、②と回答の方は①、②、⑤から一つ、③、④と回答の方は③、④、⑤から一つ選んでください）

福島県内で出た廃棄物だから	29	15.9%
どこか引き受けなければならないから	98	53.8%
いずれ近隣市町村の廃棄物も搬入されるから	4	2.2%
住んでいた地域が永遠に汚染されるから	15	8.2%
その他	36	19.8%
計	182	–

4　現在の心境や将来の展望

■Q23（一部継続）震災前、あなたの家計を支えていた人はいま、仕事をしていますか。

同じ仕事をしている	67	36.2%
別の仕事をしている	31	16.8%
仕事を探している	12	6.5%
当面、仕事はしないつもり	6	3.2%
もう仕事はしないつもり	41	22.2%
その他	28	15.1%
計	185	–

■Q24　避難生活を続ける中で、経済的な支えは何ですか。（３つまで）

給与	68	36.8%
自営の収入	17	9.2%
年金	81	43.8%
預貯金	28	15.1%
東電からの賠償金	89	48.1%
義援金	12	6.5%
親類、知人の支援	3	1.6%
その他	6	3.2%

■Q25（継続質問）今後の生計のめどは立っていますか。その理由も教えてください。

めどは立っている	107	58.2%
めどは立っていない	77	41.8%
計	184	–

■Q26（継続質問）いまのお気持ちに一番近いものはどれですか、ひとつお選びください。

がんばろうと思う	102	55.1%
しかたないと思う	38	20.5%
気力を失っている	14	7.6%
怒りが収まらない	18	9.7%
その他	13	7.0%
計	185	–

■Q27（継続質問）これからの生活で不安に思っていることは何ですか。３つまで選んでください。

回答	人数	割合
収入	71	38.4%
住まい	50	27.0%
子どもの就学	21	11.4%
親の介護	13	7.0%
病気	49	26.5%
近所つきあい	10	5.4%
日常生活	20	10.8%
役場からの支援	4	2.2%
放射能	67	36.2%
風評被害	27	14.6%
特にない	4	2.2%
その他	10	5.4%

■Q28　強制避難者には、東電から賠償金（慰謝料）が一人あたり月１０万円支払われています。避難指示解除後いつまで払われることが望ましいと考えますか。

回答	人数	割合
半年	8	4.8%
1 年	32	19.3%
2 年	17	10.2%
3 年以上	93	56.0%
解除後は必要ない	16	9.6%
計	166	−

■Q29　その理由を教えてください。

■Q30　国は、自然界でうける放射線を除いた被曝線量（追加被曝線量）が年間 20 ミリシーベルト以下の地域は、長期的な目標として追加被曝線量を 1 ミリシーベルト以下（毎時 0.23 マイクロシーベルトに相当）にすることを目標としています。すでに住民が戻っている地域では、追加被曝線量が年間 1 ミリシーベルト以下になるまで除染すべきだと思いますか。

回答	人数	割合
思う	118	66.7%
思わない	59	33.3%
計	177	−

■Q31　その理由は何ですか。

■Q32　市町村の役所から避難生活に必要な情報の伝達について、どのようにお考えですか。

回答	人数	割合
必要な情報が届いている	106	57.6%
情報は届くがわかりにくい	36	19.6%
必要な情報が届いていない	27	14.7%
その他	15	8.2%
計	184	−

■Q33　東京電力の住宅や家財に対する財物補償についてどのようにお考えですか。

回答	人数	割合
思っていたより手厚い	8	4.5%
適切だと思う	33	18.5%
思っていたより手薄い	90	50.6%

その他	47	26.4%
計	178	−

■Q34　東京五輪の開催決定は、福島の復興に影響があると思いますか。

よい影響がある	25	13.6%
悪い影響がある	63	34.2%
どちらともいえない	70	38.0%
影響がない	26	14.1%
計	184	−

■Q35　その理由をお答えください。

■Q36（一部継続）震災、原発事故から 12 月 3 日で 1000 日がたちます。全国的に事故が風化し、福島のことが忘れ去られていると感じることがありますか。

大いにある	82	45.1%
ある程度ある	71	39.0%
あまりない	26	14.3%
全くない	3	1.6%
計	182	−

■Q37（一部継続）Q36 で回答した理由を、具体的に教えてください。

■回答者属性

県内	158	85.4%
県外	27	14.6%
計	185	−

男性	109	58.9%
女性	76	41.1%
計	185	−

10 代	1	0.5%
20 代	5	2.7%
30 代	23	12.4%
40 代	26	14.1%
50 代	29	15.7%
60 代	53	28.6%
70 代	38	20.5%
80 歳以上	10	5.4%
計	185	−

(5)【5 次】原発事故による避難生活に関する住民アンケート

■Q1　震災前の自宅がある地域は現在、どう指定されていますか。

避難指示解除準備区域	51	22.7%
居住制限区域	40	17.8%
帰還困難区域	67	29.8%
旧緊急時避難準備区域	−	−
指定されていない	67	29.8%
計	225	−

■Q2　現在の住まいを教えてください。

仮設住宅	65	29.0%
借り上げ住宅	47	21.0%
復興公営住宅	5	2.2%
新たに購入した新居	50	22.3%
知人、親戚宅	3	1.3%
震災前の自宅	38	17.0%
その他	16	7.1%
計	224	−

★Q3～14 は避難を続けている方にお聞きします。震災前の自宅に戻っている方は Q15 に移ってください。

■Q3　原発事故から間もなく５年となります。避難先の地域の人たちと話をするようになりましたか。

よく話をする	38	21.3%
たまに話をする	84	47.2%
ほとんど話をしない	56	31.5%
計	178	

（4 次調査とは設問の表現が異なる）

■Q4　避難していることを近所の人たちに言いたくないと思うことがありますか。

ある	68	38.2%
ない	62	34.8%
どちらともいえない	48	27.0%
計	178	−

■Q5　避難先の人たちとの付き合いがどう変わってきたか、教えてください（自由にお書きください）

■Q6　この５年で、震災前に住んでいた地域の人たちと話す機会はどうなりましたか。

増えた	8	4.5%
震災前と変わらない	27	15.3%
減った	142	80.2%
計	177	−

■Q7　震災前にいた地域の人たちとの付き合いがどう変わってきたか、教えてください（自由にお書きください）。

■Q8　この５年で、震災前にいた地域への関心はどうなりましたか。

強くなった	26	14.5%
震災前と変わらない	61	34.1%
弱くなった	92	51.4%
計	179	

■Q9　あなたの住民票を避難先自治体に移すことについて、どうお考えですか。

移すつもりはない	103	59.2%
いずれ移そうと思っている	61	35.1%
すでに移した	10	5.7%
計	174	－

■Q10　その理由を教えてください（自由にお書きください）。

■Q11　いまの生活は仮暮らしで落ち着かないと思いますか。

落ち着かないと思う	96	53.3%
落ち着いていると思う	43	23.9%
どちらともいえない	41	22.8%
計	180	－

■Q12　震災前にいた地域は、これから何年たてば帰れる環境になると思いますか。

５年以内	37	21.5%
１０年以内	29	16.9%
２０年以内	16	9.3%
２１年以上	25	14.5%
もう帰れないと思う	65	37.8%
計	172	－

（2次～4次と選択肢が異なる）

■Q13　震災前にいた地域に帰りたいですか。

元のまちのようになれば帰りたい	72	40.9%
元のまちのようにならなくても帰りたい	30	17.0%
元のまちに戻らないから帰りたくない	45	25.6%
元のまちに戻っても帰りたくない	29	16.5%
計	176	－

■Q14　避難指示が終わった地域に戻っていない方におたずねします。戻らない理由は何ですか（あてはまるものをすべて選んでください）。

避難先で仕事に就いているから	10	14.1%
子どもを転校させたくないから	13	18.3%
生活環境（病院、買い物など）が不便だから	48	67.6%
住宅が住める状態にないから	37	52.1%
除染が十分にされていないから	40	56.3%
福島第一原発に近づきたくないから	31	43.7%

★Q15～19 は震災前にいた地域に戻った方におたずねします。戻っていない方は Q20 に移ってください。

■Q15　あなたが住む地域からまだ避難を続けている人たちをどう思いますか。

回答	人数	割合
戻ってきてほしい	16	27.6%
戻るべきではない	4	6.9%
その人が自分で決めるべきだ	38	65.5%
計	58	−

■Q16　その理由を教えてください（自由にお書きください）。

■Q17　あなたが住む地域から避難先に住民票を移した人をどう思いますか。

回答	人数	割合
理解できる	31	45.6%
理解できない	5	7.4%
どちらともいえない	32	47.1%
計	68	−

■Q18　あなたが住む地域の今についてどう思いますか（あてはまるものをすべて選んでください）。

回答	人数	割合
人が少なくてさびしい	23	35.4%
生活が不便	24	36.9%
住民が生き生きしている	4	6.2%
地域の先行きが見えない	40	61.5%
もっと良いまちになると思う	8	12.3%

■Q19　その理由を教えてください（自由にお書きください）。

★Q20 から先はすべての方におたずねします。

■Q20　政府は 2017 年 3 月までに避難指示解除準備区域、居住制限区域の避難指示を解除する方針です。どうお考えですか。

回答	人数	割合
賛成	35	16.2%
どちらかといえば賛成	50	23.1%
どちらかといえば反対	68	31.5%
反対	63	29.2%
計	216	−

■Q21　その理由を教えてください（自由にお書き下さい）。

■Q22　現在の福島第一原発の状況についてどのようにお感じですか。

回答	人数	割合
まだ危険な状態にある	90	40.4%
安心できる状態にはない	124	55.6%
不安は感じない	9	4.0%
計	223	−

■Q23　原発事故で出た福島県外の指定廃棄物（８千ベクレルを超える汚泥や焼却灰など）を、福島県に持ち込んで処分することをどう考えますか。

回答	人数	割合
賛成	21	9.5%
ほかに適地がなければやむを得ない	130	58.6%
反対	71	32.0%

計	222	－

■Q24　中間貯蔵施設についておたずねします。３０年後に県外で最終処分するとの約束は守られると思いますか。

そう思う	4	1.8%
そう思わない	172	77.1%
どちらともいえない	47	21.1%
計	223	－

■Q25　中間貯蔵施設は福島県内の汚染土を保管する施設ですが、今後、他県からの持ち込みはあると思いますか。

そう思う	137	62.6%
そう思わない	21	9.6%
どちらともいえない	61	27.9%
計	219	－

■Q26　原発が立地する双葉、大熊、富岡、楢葉の４町の今後をどう推測しますか。

新しい産業が増えていずれ多くの住民が戻ってくる	7	3.2%
廃炉の作業員が多く住み、以前とは別のようなまちになる	109	50.5%
規模は小さくなるが戻った住民で助け合って暮らしていく	37	17.1%
ほとんど人が住まなくなる	63	29.2%
計	216	－

■Q27　日常生活の中で事故直後の避難の体験を突然思い出すことがどの程度ありますか。

よくある	64	29.1%
ときどきある	112	50.9%
あまりない	34	15.5%
まったくない	10	4.5%
計	220	－

■Q28　あなたは次の機関が復興に向けて十分な力を注いでいると思いますか。

	国	福島県	震災前に住んでいた自治体
十分に力を注いでいると思う	20	51	46
	9.5%	25.2%	22.4%
十分ではないと思う	191	151	159
	90.5%	74.8%	77.6%
計	211	201	205

■Q29　その理由を教えてください（自由にお書きください）。

■Q30　新たな規制基準を満たした日本の原発を再稼働することをどう思いますか。

賛成	7	3.2%
どちらかといえば賛成	36	16.4%

どちらかといえば反対	77	35.0%
反対	100	45.5%
計	220	–

■Q31　いまのお気持ちに一番近いものはどれですか。一つお選びください

がんばろうと思う	70	32.4%
しかたないと思う	50	23.1%
気力を失っている	38	17.6%
怒りが収まらない	40	18.5%
その他	18	8.3%
計	216	–

■Q32　来年の３月で震災と原発事故から５年がたちます。事故が風化し、福島のことが忘れ去られていると感じることがありますか。

大いにある	110	49.8%
ある程度ある	90	40.7%
あまりない	15	6.8%
全くない	6	2.7%
計	221	–

■Q33　その理由を教えてください（自由にお書きください）。

■Q34　性別を教えてください

男性	119	54.1%
女性	101	45.9%
計	220	–

■Q35　年齢を教えてください。

10 代	0	0.0%
20 代	2	0.9%
30 代	19	8.6%
40 代	34	15.4%
50 代	39	17.6%
60 代	59	26.7%
70 代	55	24.9%
80 歳以上	13	5.9%
計	221	–

(6)【6次】原発事故による避難生活に関する住民アンケート

■Q1　震災前の自宅がある地域は現在、どれに該当しますか。

避難指示解除準備区域	33	17.9%
居住制限区域	25	13.6%
帰還困難区域	56	30.4%
旧緊急時避難準備区域	−	−
すでに避難指示が解除された	58	31.5%
指定されていない	12	−
元々指示が出ていない	−	6.5%
計	184	−

（4次〜5次と選択肢が異なる）

■Q2　現在の住まいを教えてください。

仮設住宅	29	15.8%
借り上げ住宅	29	15.8%
復興公営住宅	14	7.6%
新たに購入した新居	63	34.2%
知人、親類宅	1	0.5%
震災前の自宅	34	18.5%
賃貸住宅（自己負担）	10	5.4%
その他	4	2.2%
計	184	−

■Q3　震災前の自宅は今、どのような状態ですか。

			内、避難継続者	
すぐに住める	46	26.0%	25	17.5%
修理しないと住めない	44	24.9%	39	27.3%
修理しても住めない	35	19.8%	35	24.5%
解体・売却・解約して存在しない	24	13.6%	23	16.1%
その他	28	15.8%	21	14.7%
計	177	−	143	−

■Q4　震災前の自宅を、今後どのようにする予定ですか（自由にお書きください）。

Q5〜10は避難を続けている方にお聞きします。
震災前の地域に戻っている方はQ11に移ってください

■Q5　避難していることを避難先の近所の人たちに言いたくないと思うことがありますか。

ある	61	44.5%
ない	50	36.5%

どちらともいえない	26	19.0%
計	137	−

■Q6　その理由を教えてください（自由にお書きください）。

■Q7　あなたの住民票を避難先の自治体に移すことについて、どうお考えですか

移すつもりはない	74	55.2%
いずれ移そうと思っている	51	38.1%
すでに移した	9	6.7%
計	134	−

■Q8　その理由を教えてください（自由にお書きください）。

■Q9　震災前にいた地域に帰りたいですか

元のまちのようになれば帰りたい	52	39.7%
元のまちのようにならなくても帰りたい	26	19.8%
元のまちに戻らないから帰りたくない	34	26.0%
元のまちに戻っても帰りたくない	19	14.5%
計	131	−

■Q10　避難指示が解除されても元の地域に戻っていない方、または、今春に避難指示が解除されても元の地域に戻らない方におたずねします。戻らない理由は何ですか（あてはまるものをすべて選んでください）。

避難先で仕事に就いているから	23	42.6%
子どもを転校させたくないから	19	35.2%
生活環境（病院、買い物など）が不便だから	50	92.6%
住宅が住める状態にないから	44	81.5%
除染が十分にされていないから	42	77.8%
福島第一原発に近づきたくないから	35	64.8%
現在の住環境を変えたくないから	20	37.0%
除染土を保管する袋が生活圏にあるから	38	70.4%
その他	18	33.3%

★Q11〜12は震災前にいた地域に戻った方におたずねします。戻っていない方はQ13に移ってください

■Q11　震災前にいた地域に戻ってよかったと感じますか。

よかった	23	62.2%
どちらかといえばよかった	9	24.3%

どちらかといえばよくなかった	2	5.4%
よくなかった	3	8.1%
計	37	−

■Q12　その理由を教えてください（自由にお書きください）

★Q13 から先はすべての方におたずねします

■Q13　国は今年３月までに避難指示解除準備区域、居住制限区域の避難指示を解除する方針です。どうお考えですか

			内、避難継続者	
賛成	30	17.1%	15	10.8%
どちらかといえば賛成	51	29.1%	37	26.6%
どちらかといえば反対	50	28.6%	46	33.1%
反対	44	25.1%	41	29.5%
計	175	−	139	−

■Q14　その理由を教えてください（自由にお書きください）。

■Q15　避難指示の解除に伴い、東京電力は精神的賠償を打ち切る方針ですが、その是非についてどう思いますか。

			内、避難継続者	
打ち切りもやむをえない	39	21.4%	25	17.2%
被災者の生活再建まで継続するべきである	79	43.4%	69	47.6%
不十分なのでさらに充実するべきである	37	20.3%	33	22.8%
どちらともいえない	27	14.8%	18	12.4%
計	182	−	145	−

■Q16　その理由を教えてください（自由にお書きください）。

■Q17　経済産業省は、原発事故の賠償や廃炉費用などが当初の想定から１０．５兆円増え、２１．５兆円になる新たな試算を示しました。この増加分の一部については、電気料金の上乗せなど国民負担を増やして確保する方針です。国民負担を増やすことについてどう思いますか。

			内、避難継続者	
賛成	22	12.0%	18	12.3%
反対	101	55.2%	82	56.2%
どちらともいえない	60	32.8%	46	31.5%
計	183	–	146	–

■Q18　その理由を教えてください（自由にお書きください）。

■Q19　避難指示の解除に伴い、国や福島県などは住宅支援を打ち切る方針ですが、その是非についてどう思いますか。

			内、避難継続者	
打ち切りもやむをえない	50	28.1%	34	23.9%
被災者の生活再建まで継続するべきである	81	45.5%	68	47.9%
不十分なのでさらに充実するべきである	22	12.4%	21	14.8%
どちらともいえない	25	14.0%	19	13.4%
計	178	–	142	–

■Q20　その理由を教えてください（自由にお書きください）。

■Q21　原発事故で避難したことによって、差別やいじめの被害を受けたり、周囲で見聞きしたりしたことはありますか。

			内、避難継続者	
自分や家族が被害に遭った	33	19.0%	28	20.3%
見聞きしたことがある	81	46.6%	62	44.9%
ない	60	34.5%	48	34.8%
計	174	–	138	–

■Q22　その内容を具体的に教えてください（自由にお書きください）。

■Q23　国が避難指示解除の要件の一つとする「年間積算線量が２０ミリシーベルト以下」という放射線量の基準についてどう思いますか。

			内、避難継続者	
不安は感じない	22	12.8%	13	9.6%
不安だが生活できると思う	71	41.3%	51	37.8%
不安で生活できない	79	45.9%	72	53.3%
計	172	–	136	–

■Q24　現在の福島第一原発の状況についてどのようにお感じですか、

			内、避難継続者	
まだ危険な状態にある	80	44.4%	66	46.2%
安心できる状態にはない	94	52.2%	73	51.0%
不安は感じない	6	3.3%	4	2.8%
計	180	–	143	–

■Q25　中間貯蔵施設についておたずねします。３０年後に県外で最終処分するとの約束は守られると思いますか。

			内、避難継続者	
そう思う	8	4.4%	6	4.2%
そう思わない	143	79.0%	117	81.3%
どちらともいえない	30	16.6%	21	14.6%
計	181	–	144	–

■Q26　中間貯蔵施設は福島県内の汚染土を保管する施設ですが、今後、他県からの持ち込みはあると思いますか。

			内、避難継続者	
そう思う	102	57.0%	84	59.2%
そう思わない	20	11.2%	17	12.0%
どちらともいえない	57	31.8%	41	28.9%
計	179	–	142	–

■Q27　原発が立地する双葉、大熊、富岡、楢葉の４町の今後をどう推測しますか。

			内、避難継続者	
新しい産業が増えていずれ多くの住民が戻ってくる	4	2.3%	3	2.2%
廃炉の作業員が多く住み、以前とは別のようなまちになる	101	57.4%	86	62.3%
規模は小さくなるが戻った住民で助け合って暮らしていく	44	25.0%	31	22.5%
ほとんど人が住まなくなる	27	15.3%	18	13.0%
計	176	–	138	–

■Q28　国は原発を「重要なベースロード（基幹）電源」と位置づけ、新たな規制基準を満たした原発を再稼働させる方針です。国の原発政策についてどう思いますか。

			内、避難継続者	
賛成	8	4.5%	5	3.5%
どちらかといえば賛成	21	11.7%	14	9.8%
どちらかといえば反対	63	35.2%	53	37.1%
反対	87	48.6%	71	49.7%
計	179	–	143	–

■Q29　いまのお気持ちに一番近いものはどれですか。一つお選びください。

がんばろうと思う	57	32.0%
しかたないと思う	45	25.3%
気力を失っている	24	13.5%
怒りが収まらない	36	20.2%
その他	16	9.0%
計	178	–

■Q30　今年３月で震災と原発事故から６年がたちます。事故が風化し、福島のことが忘れ去られていると感じることがありますか。

大いにある	76	42.9%
ある程度ある	84	47.5%
あまりない	8	4.5%
全くない	9	5.1%
計	177	

■Q31　その理由を教えてください（自由にお書きください）。

■Q32　性別を教えてください。

男性	105	57.1%
女性	79	42.9%
計	184	−

■Q33　年齢を教えてください。

10 代	0	0.0%
20 代	1	0.5%
30 代	14	7.6%
40 代	26	14.1%
50 代	29	15.8%
60 代	56	30.4%
70 代	44	23.9%
80 歳以上	14	7.6%
計	184	−

(7)【7次】原発事故による避難生活に関する住民アンケート

■Q1　現在の住まいを教えてください。

仮設住宅	11	6.9%
借り上げ住宅	13	8.2%
復興公営住宅	17	10.7%
新たに購入した新居	62	39.0%
知人、親類宅	4	2.5%
震災前の自宅	40	25.2%
賃貸住宅（自己負担）	7	4.4%
その他	5	3.1%
計	159	–

■Q2　いまのお気持ちに一番近いものはどれですか（１つだけ選んでください）。

がんばろうと思う	79	50.0%
しかたないと思う	34	21.5%
気力を失っている	19	12.0%
怒りが収まらない	15	9.5%
その他	11	7.0%
計	158	–

■Q3　今年３月で震災と原発事故から７年がたちます。行政やボランティアの支援のあり方についてどう思いますか。

継続するべきだ	109	72.7%
拡充するべきだ	16	10.7%
縮小するべきだ	25	16.7%
計	150	–

■Q4　その理由を教えてください（自由にお書きください）

■Q5　原発事故の賠償についておたずねします。国や東京電力の賠償に関するこれまでの取り組みをどの程度評価しますか。

大いに評価する	10	6.4%
ある程度評価する	66	42.3%
あまり評価しない	54	34.6%
まったく評価しない	26	16.7%
計	156	–

■Q6　その理由を教えてください（自由にお書きください）。

■Q7　帰還困難区域などを除いて2017年春までに広範囲で避難指示が解除されました。国や自治体が解除に向けて実施した除染やインフラ整備などの対策について、どう思いますか。

十分だった	9	5.9%
どちらかといえば十分だった	35	22.9%
どちらかといえば不十分だった	57	37.3%

不十分だった	52	34.0%
計	153	－

■Q8　その理由を教えてください（自由にお書きください）。

■Q9　あなたは避難を続けていますか、震災前の地域に住んでいますか。

避難を続けている（Q10へ）	114	73.1%
震災前の地域に住んでいる（Q17へ）	42	26.9%
計	156	－

★Q10からは避難を続けている方におたずねします

■Q10　国や福島県などは避難者への住宅支援（仮設住宅の提供や家賃補助）を段階的に打ち切っています。打ち切り後の住まいは決まっていますか。

決まっている・すでに住宅を再建している	85	76.6%
決まっていない	20	18.0%
その他	6	5.4%
計	111	－

■Q11　その理由を教えてください
（「1. 決まっている・すでに住宅を再建している」と答えた方は住まいの場所を決めた理由、「2. 決まっていない」と答えた方は住まいが決まっていない理由をお書きください）。

■Q12　あなたの住民票を避難先の自治体に移すことについて、どうお考えですか。

移すつもりはない	56	51.4%
いずれ移そうと思っている	45	41.3%
すでに移した	8	7.3%
計	109	－

■Q13　その理由を教えてください（自由にお書きください）。

■Q14　震災前の地域に戻らない理由は何ですか（該当するものをすべて選んでください）

避難指示が続いているから	39	37.9%
避難先で仕事に就いているから	21	20.4%
子どもを転校させたくないから	23	22.3%
生活環境（病院、買い物など）が不便だから	56	54.4%
住宅が住める状態にないから	59	57.3%
除染が十分にされていないから	46	44.7%
放射線被曝への健康不安があるから	48	46.6%
福島第一原発に近づきたくないから	42	40.8%
現在の住環境を変えたくないから	29	28.2%
除染土を保管する袋が生活圏にあるから	33	32.0%
その他	14	13.6%

★Q15、Q16は震災前の自宅が帰還困難区域、大熊町、双葉町の方におたずねします。それ以外の避難中の方はQ19へ移ってください

■Q15　帰還までには、さらなる時間を要します。震災前に住んでいた町が様変わりしたとしても、町として存続してほしいと思いますか。

思う	36	64.3%
思わない	3	5.4%
どちらともいえない	17	30.4%
計	56	－

■Q16　その理由を教えてください（自由にお書きください）。

★Q17、Q18 は震災前の地域に住んでいる方におたずねします

■Q17　震災前の地域に戻ったり、住んだままでいたりすることについて、よかったと感じますか

よかった	18	50.0%
どちらかといえばよかった	13	36.1%
どちらかといえばよくなかった	3	8.3%
よくなかった	2	5.6%
計	36	－

■Q18　その理由を教えてください（自由にお書きください）。

★Q19 はすべての方におたずねします

■Q19　この７年を振り返って感じることや、将来への思いを自由にお書きください。

(8)【8次】原発事故による避難生活に関する住民アンケート

■Q1　現在の住まいを教えてください。

仮設住宅	2	1.3%
借り上げ住宅	6	3.8%
復興公営住宅	16	10.3%
新たに購入した新居	72	46.2%
知人、親類宅	2	1.3%
震災前の自宅	44	28.2%
賃貸住宅（自己負担）	9	5.8%
その他	5	3.2%
計	156	－

■Q2　今年３月で震災と原発事故から８年がたちます。御自身の生活の復興度合いについて、数値で表すと一番近いものはどれですか。

１．　２．　３．　４．　５．　６．

０％　２０％　４０％　６０％　８０％　１００％

0%	8	5.2%
20%	33	21.3%
40%	26	16.8%
60%	49	31.6%
80%	33	21.3%
100%	6	3.9%
計	155	－

■Q3　どのくらいの頻度で、自分が『被災者』であると感じますか。

しばしば感じる	49	31.8%
ときどき感じる	52	33.8%
たまに感じる	31	20.1%
ほとんど感じない	22	14.3%
計	154	－

■Q4　いまのお気持ちに一番近いものはどれですか。

がんばろうと思う	48	31.4%
しかたないと思う	54	35.3%
気力を失っている	21	13.7%
怒りが収まらない	22	14.4%
その他	8	5.2%
計	153	－

■Q5　東京五輪・パラリンピックは『復興五輪』を掲げていますが、福島県の復興にどの程度寄与すると思いますか。

大いに寄与する	6	3.9%
ある程度寄与する	46	29.9%
あまり寄与しない	65	42.2%
ほとんど寄与しない	37	24.0%
計	154	−

■Q6　国は帰還政策の柱として総額３兆円をかけて除染を進め、多くの地域で避難指示を解除しました。こうした国の除染の取り組みをどの程度評価しますか。

大いに評価する	8	5.2%
ある程度評価する	56	36.1%
あまり評価しない	54	34.8%
ほとんど評価しない	37	23.9%
計	155	−

■Q7　その理由を教えてください（ご自由にお書きください）。

■Q8　震災と原発事故から８年が経った今も、避難を続けている人が大勢います。元の地域に戻らない理由は何だと思いますか（該当するものをすべて選んでください）。

避難先で仕事に就いているから	98	63.2%
子どもを転校させたくないから	91	58.7%
生活環境（病院、買い物など）が不便だから	122	78.7%
住宅が住める状態にないから	78	50.3%
除染が十分にされていないから	68	43.9%
放射線被曝への健康不安があるから	80	51.6%
福島第一原発に近づきたくないから	61	39.4%
現在の住環境を変えたくないから	74	47.7%
除染土を保管する袋が生活圏にあるから	52	33.5%
周りに戻っている人が少ないから	88	56.8%
その他	20	12.9%

（5次〜7次調査とは設問が異なっている）

■Q9　県内に３千台ある放射線量測定装置（モニタリングポスト）についておたずねします。原子力規制委員会は線量の低い地域での撤去を検討していますがどう思いますか。

撤去しても構わない	30	19.5%
撤去すべきでない	81	52.6%
よく分からない	43	27.9%
計	154	−

■Q10　その理由を教えてください（自由にお書きください）。

■Q11　福島県知事選で多くの人が避難を続ける双葉郡の投票率が過去最低を記録しました。その理由についてどう思いますか（該当するものをすべて選んでください）。

地域への関心が薄いから	68	45.9%

避難先から戻るつもりがないから	69	46.6%
投票所など投票環境が不十分だから	55	37.2%
選挙運動が活発ではないから	35	23.6%
適当な候補者がいないから	27	18.2%
自分が投票してもしなくても選挙結果は変わらないから	47	31.8%
誰が知事になっても同じだから	42	28.4%
その他	20	13.5%

■Q12　あなたは震災前とは別の地域に住んでいますか、震災前の地域に住んでいますか。

震災前とは別の地域に住んでいる（Q13 へ）	104	67.1%
震災前の地域に住んでいる（Q16 へ）	51	32.9%
計	155	–

（7 次調査とは選択肢の表現が異なる）

★Q13、14、15 は震災前とは別の地域に住んでいる方におたずねします

■Q13　あなたの住民票を避難先の自治体に移すことについて、どうお考えですか。

移すつもりはない	47	47.0%
いずれ移そうと思っている	45	45.0%
すでに移した	8	8.0%
計	100	–

■Q14　その理由を教えてください（自由にお書きください）。

■Q15　震災前に住んでいた地域にどのくらいの頻度で行きますか。

週に 1 回以上行く	10	9.9%
月に 1 回以上行く	16	15.8%
年に 1 回以上行く	50	49.5%
ほとんど行かない	25	24.8%
計	101	–

★Q16 は震災前の地域に住んでいる方におたずねします

■Q16　あなたは現在の住宅とは別に住まいを持っていますか。

持っている（Q17 へ）	5	10.2%
持っていない（Q19 へ）	44	89.8%
計	49	–

★Q17、18 は持っている人におたずねします

■Q17　現在の住宅とは別の住まいにどのくらいの頻度で行きますか。

週に1回以上行く	2	40.0%
月に1回以上行く	1	20.0%
年に1回以上行く	1	20.0%
ほとんど行かない	1	20.0%
計	5	−

■Q18　複数の住まいを持つ理由は何ですか（自由回答）

★Q19はすべての方におたずねします

■Q19　この8年を振り返って感じることや、将来への思いを自由にお書きください

(9)【9 次】原発事故に関する住民アンケート

■Q1　あなたは震災前とは別の地域に住んでいますか、震災前の地域に住んでいますか。

震災前とは別の地域に住んでいる	88	64.2%
震災前の地域に住んでいる	49	35.8%
計	137	－

■Q2　現在の住まいを教えてください。

仮設住宅	0	0.0%
借り上げ住宅	0	0.0%
復興公営住宅	18	13.0%
新たに購入した新居	63	45.7%
知人、親類宅	3	2.2%
震災前の自宅	38	27.5%
賃貸住宅（自己負担）	8	5.8%
その他	8	5.8%
計	138	－

■Q3　原発事故から間もなく 10 年目に入りますが、事故前と比べて、現在のあなたの生活はどのように変わりましたか。それぞれお答えください。

3-A　一緒に住んでいる家族の人数

増えた	10	7.4%
変わらない	65	47.8%
減った	61	44.9%
計	136	－

3-B　収入

増えた	3	2.2%
やや増えた	15	11.1%
変わらない	34	25.2%
やや減った	20	14.8%
減った	63	46.7%
計	135	－

3-C　仕事

事故前から仕事をしていない	21	15.4%
事故前と同じ仕事をしている	32	23.5%
事故前とは別の仕事をしている	32	23.5%
仕事をやめて今は仕事をしていない	51	37.5%
計	136	－

3-D　友だちや近所とのつきあい

増えた	5	3.7%
やや増えた	23	17.0%
やや減った	29	21.5%
減った	78	57.8%
計	135	－

■Q4　事故から現在までの政治や社会の変化について、あなたはどのように感じますか。それぞれお答えください。

4-A　原発事故に関する社会の関心

高まった	16	11.8%
やや高まった	16	11.8%
やや低くなった	37	27.2%
低くなった	67	49.3%
計	136	−

4-B　原発事故の検証（教訓や反省のとりまとめ）

行われてきた	1	0.8%
ある程度、行われてきた	51	39.2%
あまり行われてこなかった	50	38.5%
行われてこなかった	28	21.5%
計	130	−

4-C　国の原発事故対応に対する信頼度

上がった	2	1.5%
やや上がった	20	15.3%
やや下がった	46	35.1%
下がった	63	48.1%
計	131	−

4-D　東京電力の原発事故対応に対する信頼度

上がった	2	1.5%
やや上がった	18	13.7%
やや下がった	36	27.5%
下がった	75	57.3%
計	131	−

■Q5　事故から現在までの国や自治体、東京電力の取り組みについて、採点するとすれば、100 点満点で何点になりますか。それぞれについて点数でお答えください。

5-A　国（　　　　　）点

0~10 点	10~20 点	20~30 点	31~40 点	41~50 点	51~60 点	61~70 点	71~80 点	81~90 点	91~100 点
20 人	7 人	18 人	7 人	39 人	7 人	10 人	6 人	2 人	3 人
16.8%	5.9%	15.1%	5.9%	32.8%	5.9%	8.4%	5.0%	1.7%	2.5%

平均 42.2 点

5-B　福島県庁（　　　　　）点

0~10 点	11~20 点	21~30 点	31~40 点	41~50 点	51~60 点	61~70 点	71~80 点	81~90 点	91~100 点
15 人	4 人	7 人	11 人	33 人	13 人	12 人	15 人	3 人	4 人
12.8%	3.4%	6.0%	9.4%	28.2%	11.1%	10.3%	12.8%	2.6%	3.4%

平均 50.4 点

5-C　市町村（事故のときに住んでいた市町村）（　　　　　　）点

0~10点	11~20点	21~30点	31~40点	41~50点	51~60点	61~70点	71~80点	81~90点	91~100点
14人	7人	7人	13人	33人	13人	9人	13人	7人	2人
11.9%	5.9%	5.9%	11.0%	28.0%	11.0%	7.6%	11.0%	5.9%	1.7%

平均49.2点

5-D　東京電力（　　　　　　）点

0~10点	11~20点	21~30点	31~40点	41~50点	51~60点	61~70点	71~80点	81~90点	91~100点
31人	12人	20人	9人	18人	7人	8人	11人	1人	2人
26.1%	10.1%	16.8%	7.6%	15.1%	5.9%	6.7%	9.2%	0.8%	1.7%

平均36.6点

■Q6　事故から現在までの間の出来事の中で、国や東京電力などがこうあるべきだったと思うことは何ですか。自由にお書きください。

■Q7　これから１０年後のことをあなたはどのように想像していますか。それぞれお答えください。

7-A　福島第一原発の廃炉

計画通りに進む	2	1.5%
多少、計画より遅れる	19	14.3%
かなり計画より遅れる	78	58.6%
ほとんど進まない	34	25.6%
計	134	–

7-B　放射性物質による健康への影響

健康を害する人が出てくる	42	32.1%
多少、健康を害する人が出てくる	51	38.9%
あまり健康を害する人は出てこない	32	24.4%
健康を害する人は出てこない	6	4.6%
計	131	–

■Q8　これから１０年の間で、国や自治体、東京電力などに、いちばん力を入れてほしいことは何ですか。自由にお書きください。

■Q9　いまのお気持ちに一番近いものはどれですか。

がんばろうと思う	47	35.3%
しかたないと思う	26	19.5%
気力を失っている	31	23.3%
怒りが収まらない	20	15.0%
その他	9	6.8%
計	133	–

■Q10　（Ｑ９で選んだ気持ちについて）その理由を教えてください。

■Q11　この９年間を振り返って感じることや、今後の不安、いま言いたいことなどがあれば、何でも自由にお書きください。

(10)【10次】原発事故に関する住民アンケート

■Q1 震災前とは別の地域に住んでいますか、震災前と同じ地域に住んでいますか。

震災前とは別の地域に住んでいる	94	66.7%
震災前の地域に住んでいる	47	33.3%
計	141	－

■Q2 現在の住まいを教えてください。

仮設住宅	0	0.0%
借り上げ住宅	0	0.0%
復興公営住宅	15	10.6%
新たに購入した新居	71	50.4%
知人、親類宅	1	0.7%
震災前の自宅	36	25.5%
賃貸住宅（自己負担）	9	6.4%
その他	9	6.4%
計	141	－

■Q3 震災前の自宅は今、どのような状態ですか。

住んでいる	38	27.3%
時々、行き来して住んでいる	8	5.8%
空き家（修理すれば住める）	19	13.7%
空き家（修理しても住めない）	13	9.4%
解体・売却・解約して存在しない	38	27.3%
その他	23	16.5%
計	139	－

■Q4 震災前にお住まいの市町村の復興は進んでいると思いますか。

進んでいる	19	13.8%
どちらかといえば進んでいる	44	31.9%
どちらかといえば遅れている	45	32.6%
遅れている	30	21.7%
計	138	－

■Q5-A 東京電力の対応についておたずねします。
この１０年間、東電は責任を十分に果たしてきたと思いますか。

思う	4	2.9%
やや思う	38	27.5%
あまり思わない	38	27.5%
思わない	58	42.0%
計	138	－

■Q5-B 東電の賠償は十分だったと思いますか。

思う	6	4.3%
やや思う	27	19.6%
あまり思わない	44	31.9%

思わない	61	44.2%
計	138	－

■Q5-C　事故前の東電の安全対策は十分だったと思いますか。

思う	3	2.2%
やや思う	4	2.9%
あまり思わない	42	30.2%
思わない	90	64.7%
計	139	－

■Q6-A　国の対応についておたずねします。
この１０年間、国は責任を十分に果たしてきたと思いますか。

思う	4	2.9%
やや思う	24	17.4%
あまり思わない	47	34.1%
思わない	63	45.7%
計	138	－

■Q6-B 国に原発事故の責任はあると思いますか。

思う	97	69.8%
やや思う	21	15.1%
あまり思わない	10	7.2%
思わない	11	7.9%
計	139	－

■Q6-C 避難指示の範囲は適切だったと思いますか。

思う	10	7.1%
やや思う	32	22.9%
あまり思わない	32	22.9%
思わない	66	47.1%
計	140	－

■Q6-D 避難指示の解除の時期は適切だったと思いますか。

思う	6	4.3%
やや思う	21	15.2%
あまり思わない	45	32.6%
思わない	66	47.8%
計	138	－

■Q6-E 住宅支援は十分だったと思いますか。

思う	10	7.1%
やや思う	36	25.7%

あまり思わない	42	30.0%
思わない	52	37.1%
計	140	−

■Q6-F 除染の進め方は適切だったと思いますか。

思う	6	4.4%
やや思う	29	21.2%
あまり思わない	48	35.0%
思わない	54	39.4%
計	137	−

■Q6-G 被災地の再生を目的にした「復興政策」は適切だったと思いますか。

思う	3	2.2%
やや思う	28	20.3%
あまり思わない	56	40.6%
思わない	51	37.0%
計	138	−

■Q7-A 原発に対する考えをおたずねします。
日本の原子力発電は今後、どうしたらよいと思いますか。

増やすほうがよい	2	1.4%
現状維持程度にとどめる	27	19.3%
減らすほうがよい	40	28.6%
やめたほうがいい	71	50.7%
計	140	−

■Q7-B 新たな規制基準を満たした日本の原発を再稼働することをどう思いますか。

賛成	4	2.9%
とちらかといえば賛成	21	15.1%
どちらかといえば反対	54	38.8%
反対	60	43.2%
計	139	−

■Q7-C 現在の福島第一原発の状況についてどのようにお感じですか。

まだ危険な状態にある	64	46.4%
安心できる状態にはない	67	48.6%
不安には感じない	7	5.1%
	138	−

■Q7-D 福島第一原発にたまり続けるトリチウムを含んだ処理水を、海に放出することについてどう思いますか。

賛成	6	4.3%

とちらかといえば賛成	22	15.8%
どちらかといえば反対	37	26.6%
反対	74	53.2%
計	139	–

■Q7-E 事故後３０～４０年で完了とする福島第一原発の廃炉は、計画通りに進むと思いますか。

計画通りに進む	1	0.7%
多少、計画より遅れる	18	13.0%
かなり計画より遅れる	71	51.4%
ほとんど進まない	48	34.8%
計	138	–

■Q7-F 中間貯蔵施設に運び込まれた放射性廃棄物を、搬入開始から３０年後（２０４５年）までに福島県外で最終処分するとの約束は守られると思いますか。

そう思う	5	3.6%
そう思わない	108	78.3%
どちらともいえない	25	18.1%
計	138	–

■Q8 今後、国に一番力を入れてほしい政策は何ですか。

原発事故の賠償	25	18.4%
帰還困難区域の解消	11	8.1%
帰還住民のための生活環境整備	23	16.9%
帰還しない住民への支援	27	19.9%
被災地の農林水産業の再生	6	4.4%
被災地の新たな産業の育成	16	11.8%
被災者の心のケア	2	1.5%
地域コミュニティーの再生	4	2.9%
風評被害対策	5	3.7%
震災と原発事故の伝承	17	12.5%
計	136	–

■Q9 今後、国に望むことは何ですか。自由にお書きください。

■Q10 今年９月、福島県の「東日本大震災・原子力災害伝承館」が双葉町にオープンしました。震災と原発事故の教訓として、どのようなメッセージを伝えるべきだと思いますか。自由にお書きください。

■Q11 震災前にお住まいの地域への親しみ（愛着）は、震災前と比べ、どのように変わりましたか。

増している	20	14.9%
同じくらい	57	42.5%
減っている	57	42.5%

計	134	－

■Q12 いまのお気持ちに一番近いものはどれですか。

がんばろうと思う	51	38.3%
しかたないと思う	33	24.8%
気力を失っている	24	18.0%
怒りが収まらない	20	15.0%
その他	5	3.8%
計	133	－

■Q13 （Q12で選んだ気持ちについて）その理由を教えてください。

■Q14 この１０年間を振り返って、世の中の人に、これだけは伝えたいと思うことを何でもお書きください。

（震災前と違う地域にお住いの方におたずねします）
■Q15-A このまま今いる地域に住み続けたいですか。

住み続けたい	40	44.9%
いずれ転居したい（震災前に住んでいた地域）	14	15.7%
いずれ転居したい（震災前に住んでいた地域とは別の地域）	6	6.7%
まだ決めていない	23	25.8%
その他	6	6.7%
計	89	－

■Q15-B （Aで選んだ回答について）その理由を教えてください。

■Q15-C 震災前にお住まいの地域に戻らない理由は何ですか 該当するものをすべて選んでください。

避難指示が続いているから	28	35.4%
避難先で仕事をしているから	19	24.1%
子どもを転校させたくないから	11	13.9%
現在の住環境を変えたくないから	21	26.6%
生活環境が不便だから	39	49.4%
周りに戻っている人が少ないから	33	41.8%
住宅が住める状態にないから	31	39.2%
除染が十分にされていないから	36	45.6%
放射線被曝への健康不安があるから	34	43.0%
福島第一原発の廃炉作業に不安があるから	41	51.9%
計	77	－

■Q15-D 今の住まいにあなたの住民票はありますか。

ある	16	18.2%
ない（いずれ移すつもり）	33	37.5%

ない（移さないつもり）	39	44.3%
計	88	–

■Q15-E Dで「ない」（２と３）を選んだ方におたずねします。住民票を移していない理由は何ですか。自由にお書きください。

■Q15-F 生活していくうえで、今後も、国や県の支援は必要ですか。

必要	74	86.0%
必要ない	12	14.0%
計	86	–

■Q15-G Fで「必要」（１）を選んだ方におたずねします。あなたにとって一番必要な支援は何ですか。自由にお書きください。

■Q15-H 今後も震災前の地域との「つながり」を持ち続けたいと思いますか。

持ち続けたい	71	85.5%
そうは思わない	12	14.5%
計	83	–

原発避難者「心の軌跡」

実態調査10年の〈全〉記録

2021年2月24日　初版発行

編著者　今井　照・朝日新聞福島総局
発行人　武内英晴
発行所　公人の友社
〒112-0002　東京都文京区小石川５－２６－８
ＴＥＬ ０３－３８１１－５７０１
ＦＡＸ ０３－３８１１－５７９５
Ｅメール　info@koujinnotomo.com
http://koujinnotomo.com/

　ISBN978-4-87555-858-3　C3030　Printed in Japan